普通高等教育"十二五"规划教材（高职高专教育）

土木工程材料

主　编　张　丽

副主编　温俊生

编　写　刘存柱

主　审　张巨松

中国电力出版社

CHINA ELECTRIC POWER PRESS

内 容 提 要

本书为普通高等教育"十二五"规划教材（高职高专教育），主要内容包括土木工程材料的基本性质、土、无机胶凝材料、水泥混凝土、建筑钢材、砌体材料、沥青材料、高分子聚合物材料、沥青混合料、建筑功能材料、土木工程材料试验。本书全部采用国家（部）、行业的最新技术标准、规范和试验规程，将新材料、新理论、新技术和新方法充实到教材中，并结合具体的工程实践，使教材具有先进性、实效性和针对性。

本书主要作为道路桥梁工程技术、公路监理、高等级公路维护与管理、土建类各专业的教材，也可供土木工程监理、工程设计、施工和管理等技术人员参考。

图书在版编目（CIP）数据

土木工程材料/张丽主编. —北京：中国电力出版社，2015.1
普通高等教育"十二五"规划教材. 高职高专教育
ISBN 978 - 7 - 5123 - 7069 - 2

Ⅰ.①土… Ⅱ.①张… Ⅲ.①土木工程－建筑材料－高等职业教育－教材 Ⅳ.①TU5

中国版本图书馆 CIP 数据核字（2015）第 015123 号

中国电力出版社出版、发行
（北京市东城区北京站西街 19 号　100005　http://www.cepp.sgcc.com.cn）
汇鑫印务有限公司印刷
各地新华书店经售

*

2015 年 1 月第一版　2015 年 1 月北京第一次印刷
787 毫米×1092 毫米　16 开本　17 印张　411 千字
定价 **34.00** 元

敬 告 读 者

本书封底贴有防伪标签，刮开涂层可查询真伪
本书如有印装质量问题，我社发行部负责退换

前　言

　　"土木工程材料"是"道桥工程检测技术"系列课程教程之一，本书是依据道路桥梁工程技术专业（检测方向）高等职业教育的培养目标为重点而编写的。主要适用于土木工程专业及相关专业在校大学生和土木工程监理、工程设计、施工和管理等技术人员参考。

　　教材力求体现高等职业教育的特点，以培养学生的职业能力为目标，理论内容以"基本理论和基础知识为基础，重点阐述建筑材料的性质、特点、应用和工程案例"的原则进行编写；试验部分按"明确试验目的、介绍试验仪器；说明试验方法、叙述试验步骤；引用规程原文、强调注意事项；注重结果分析、侧重技能培养"的原则进行编写，以增强学生毕业后的工作适应性。本教材全部采用国家（部）、行业的最新技术标准、规范和试验规程，将新材料、新理论、新技术和新方法充实到教材中，并结合具体的工程实践，使教材具有先进性、实效性和针对性。由于学时有限，教师对教材中的次要内容和提高部分，可酌情选用。

　　本书由辽宁省交通高等专科学校张丽主编，温俊生担任副主编。第二章、第三章、第四章、第五章、第六章、第七章、第九章和土木工程材料试验由张丽编写；绪论、第一章、第十章由温俊生编写；第八章由刘存柱编写。全书由张丽统稿。

　　全书由沈阳建筑大学张巨松教授担任主审，并为本书的编写提供了大量的参考资料，在此表示衷心的感谢！

　　对支持本书编写的各位同事、朋友以及附于书末主要参考文献的作者们致以诚挚的谢意！

　　由于编者学识水平和实践经验所限，加之时间仓促，书中错误和疏漏在所难免，恳请读者提出宝贵意见。

编　者

2015 年 1 月

目　录

绪　　论

"土木工程材料"课程是土木工程类各专业的一门专业基础课，是研究土木工程用材料组成、性能和应用的一门课程。

一、土木工程材料的定义、特点及分类

1. 土木工程材料的定义

土木工程材料是指在各种土木建筑工程中应用的各种材料的总称。从广义上讲应包括构成建筑物本身的材料（钢材、木材、水泥、砂石、砖、防水材料等），施工过程中所用的材料（脚手架、模板等）以及各种配套器材（水、暖、电设备等）。

2. 土木工程材料的特点

随着基本建设的飞速发展，有大量的工业建筑、水利工程、交通运输、农田水利、港口建设、科学文化和民用住宅等基建工程，需要大量的土木工程材料。土木工程材料必须具有一定的强度以及耐久性能，才能使工程具有足够的使用寿命并尽量减少维修费用。现代科学的发展，使生产力不断的提高，人民生活水平不断改善，这就要求土木工程材料的品种与性能更加完备，要求土木工程材料具有轻质、高强、美观、保温、吸声、防水、防震、防火、节能等功能。因此，土木工程材料具有四大特点：使用量大、价格低廉、经久耐用，以及具有一定的使用功能。

3. 土木工程材料的分类

土木工程材料种类繁多，为了便于研究及使用常从不同角度对其进行分类。

根据材料的化学组成可分为无机材料和有机材料以及这两类材料的复合物，见表0-1。

表0-1　　　　　　　　　　　　　土 木 工 程 材 料 分 类

	无机材料	金属材料	黑色金属：铁，碳素钢，合金钢
土木工程材料			有色金属：铝、锌、铜等及其合金
	无机材料	非金属材料	天然石材：毛石、料石、石板、碎石、卵石、砂 烧土制品：瓷器、石、陶瓷、砖、瓦 玻璃及熔融制品：玻璃、玻璃棒、矿棉、铸石 胶凝材料： 　　气硬性：石灰、石膏、菱苦土、水玻璃 　　水硬性：各类水泥，混凝土、砂浆、硅酸盐制品
	有机材料	植物质材料	木材、竹材、植物纤维及其制品
		高分子材料	涂料、橡胶、胶黏剂、塑料
		沥青材料	石油沥青、煤沥青、沥青制品
	复合材料	金属-非金属 无机非金属-有机	钢纤维混凝土、钢筋混凝土等 玻纤增强塑料，聚合物混凝土、沥青混凝土、水泥刨花板等

根据土木工程材料在建筑物上的使用功能，可分为结构材料、墙体材料、建筑功能材料和交通工程材料，见表0-2。

表0-2　　　　　　　　　　　　　土 木 工 程 材 料 分 类

土木工程材料	建筑结构材料	基础柱、梁、框架、板等	砖、钢筋混凝土、木材、钢材、预应力钢筋混凝土
	墙体材料	内外承重墙	石材、普通砖、空心砖、混凝土、砌块、加气混凝土砌块、混凝土墙板、石膏板、金属板材以及复合墙板等
	功能材料	防水材料	沥青制品、橡胶及树脂基防水材料
		绝热材料	玻璃棉、矿棉及制品、膨胀珍珠岩、膨胀蛭石及制品、加气混凝土、微孔硅酸钙、泡沫塑料、木丝板等
		吸声材料	
		装饰材料及其他功能材料	石材、建筑陶瓷、玻璃及制品、塑料制品、涂料、木材、金属等
	交通工程材料	道路工程材料	石材、混凝土、沥青混凝土
		桥梁工程材料	桥梁用钢材、石材、混凝土

二、本课程的学习目的、内容及学习方法

1. 学习本课程的目的

学习本课程目的在于使学生获得土木工程材料科学的基础理论、基础知识和基本技能，掌握常用土木工程材料的基本概念和技术性质；为后续专业课程提供建筑材料的基础知识；为今后工作，能合理地选择和正确的使用建筑材料打下基础。

2. 本课程研究的内容

本课程涉及各种常用的土木工程材料，如土、石灰、石膏、水玻璃、水泥、砂石、混凝土、岩石、砖、砌块、建筑砂浆、钢材、木材、沥青、沥青混合料、高分子聚合物、塑料、防水材料、装饰材料、绝热材料及吸声材料等。本课程主要讨论这些材料的组成结构、技术性质、技术要求与应用，以及试验方法等方面的内容。

3. 本课程的学习方法

由于本课程涉及的材料种类繁多、内容庞杂、系统性差、理论不完善、经验公式多，试验内容广和操作技能要求高等特点。因此，要着重掌握材料的基本概念、技术性质、技术要求与应用。避免死记硬背，要运用好事物的内因和外因的关系，共性与特性的关系。材料的组成与结构是决定材料性质的内在因素，而外界条件则是影响性质的外在因素，抓住代表性材料的一般性质，运用对比的方法去掌握其他品种工程材料的特性。

土木工程材料课程是一门以生产实践和科学实验为基础的实践性很强的科学，因而试验课是本课程的重要环节。通过试验可以使基础理论得以验证，学会检测材料性质的试验方法，从而培养学生严谨、科学的态度。因此，要求学生试验前要做好预习，明确试验目的，在试验过程中严格按照试验规程，利用试验仪器和设备，对材料的性能和技术指标进行试验室测定，这样才能更好地掌握常用土木工程材料的常规试验方法。试验结束后要具有整理、分析和报告试验结果的能力，并评定材料的技术性质。

三、土木工程材料应具备的工程性质

土木工程的各个部位都处于不同的环境条件并起一定的作用，如道路和桥梁建筑物不仅

要受到车辆动荷载的复杂力系作用，而且又受到复杂恶劣环境的影响；梁、板、柱以及承重的墙体主要承受各种荷载作用；房屋屋面要承受风霜雨雪的作用且能保温、防水；基础除承受建筑物全部荷载外，还要承受冰冻及地下水的侵蚀；墙体要起到抗冻、隔声、保温隔热等作用。这就要求用于不同工程部位的材料应具有相应的性质。这些性质归纳起来可分为：

1. 力学性质

力学性质是指材料抵抗荷载作用的能力。主要通过测定各种材料的静态强度（如抗压、抗拉、抗弯、抗剪等强度）来反映材料的力学性质，还可通过某些特殊的指标来反映（如道路工程中粗集料的磨耗值、磨光值、冲击值及沥青混合料的稳定度、流值等）。

2. 物理性质

物理性质是指材料与各种物理过程（水、热作用）有关的性质。一般材料的强度随温度的升高或湿度的加大而降低。通常用热稳定性和水稳定性来表征材料强度变化的程度。通常通过测定材料的物理常数，来了解材料的内部组成结构，根据物理常数推断材料的力学性能，并进行材料的配合比设计。物理指标包括：

（1）热稳定性：如沥青软化点等。

（2）水稳定性：如沥青混合料的残留稳定度等。

（3）物理常数：如材料的密度、孔隙率、含水率等。

3. 耐久性

耐久性是指材料在使用环境中，受到各种因素（如日光、空气、水、荷载等）的长期作用下，仍能基本保持原有的性能。为保证建筑物具有较长的使用年限，要求材料必须具有良好的耐久性。

材料在受到周围介质的侵蚀时，会导致强度降低（如桥墩在工业污水中）；在受到大气因素（气温的变化、紫外线、空气中的氧、水等）的综合作用，会引起材料的老化（如沥青的老化）。

4. 工艺性质

工艺性质是指材料适合于按照一定工艺要求加工的性能。例如，水泥混凝土拌和物要求有一定的和易性，以便浇筑。材料的工艺性质可通过一定的试验方法和指标进行控制。

四、土木工程材料与建筑工程的关系

1. 材料是工程结构物的物质基础

土木工程材料是土木工程重要的物质基础。材料质量的好坏、选用是否适当、配制是否合理等，均直接影响结构物的质量和使用寿命。

2. 材料的使用与工程造价密切相关

在建筑结构物的修建费用中，土木工程材料费用占很大比重。一般工程，材料费占工程总造价的 $50\%\sim60\%$，重要工程约占 $70\%\sim80\%$。因此，在保证工程质量的前提下，要节约工程投资、降低工程造价，必须合理地选择和应用材料。

3. 材料是促进工程技术发展的重要基础

工程建筑实现新设计、新技术、新工艺，新材料是重要的一环。许多新设计由于材料未能突破，而未能实现。新材料的出现，又推动新设计、新技术的发展。在工程建设中，材料是促进工程技术发展的重要基础。

五、土木工程材料的发展概况

土木工程材料的发展是随着人类社会生产力的发展而发展的。在古代人类的主要建筑材料是天然的土、石、竹、木等。到了人类用黏土烧制砖瓦、陶瓷，用岩石烧制石灰、石膏，土木工程材料进入了人工生产阶段，为较大规模的土木工程建立了基本条件。在漫长的封建社会中，土木工程材料的发展极为缓慢，长期限于砖、石、木材作为结构材料。资本主义的兴起，城市的出现与扩大，工业的迅速发展，交通的日益发达，需要建造大规模的建筑物和建筑设施，例如大跨度的工业厂房，高层的公用建筑以及桥梁、港口等，推动了土木工程材料的前进，在18～19世纪相继出现了钢材、水泥、混凝土以及钢筋混凝土成为了主要的结构材料，使建筑业的发展进入了一个新阶段。20世纪出现了预应力混凝土，工业的发展使具有特殊功能的材料应运而生，如绝热材料，吸声材料，耐热、耐腐蚀、抗渗透以及防辐射材料等，各种装饰材料层出不穷。21世纪高性能混凝土将得到广泛应用。

随着技术的进步，传统材料的性能越来越难以满足建筑工程发展的要求，为了适应建筑工业的自动化和不断提高土木工程质量的要求，土木工程材料今后的发展趋势将向着轻质、高强、耐久、多功能、复合材料、制品预制化、良好的工艺性、智能化，以及再生化、利废化、节能化和绿色化等方向发展。

（1）尽可能地提高材料的强度，降低材料的自重。

（2）提高材料的耐久性。

（3）生产多功能、高效能的材料，产品可再生循环和回收利用。

（4）由单一材料向复合材料以及制品发展。

（5）建筑制品将向预制化方向发展，构件尺寸日益增大。

（6）生产所用的原材料充分利用工农业废料，生产价廉、低能耗的材料；不破坏生态环境、有效保护天然资源。

（7）利用现代科学技术及手段，在深入认识材料的内在结构对性能影响的基础上，按指定的要求，设计与制造更多品种的土木工程材料。

六、建筑材料技术标准简介

1. 技术标准的内容及作用

技术标准（技术规范）是针对原材料、产品以及工程的质量、规格、等级、性质要求、检验方法、评定方法、应用技术等所作出的技术规定。因此，技术标准是在从事产品生产、工程建设、科学研究以及商品流通领域中所需共同遵循的技术依据。

2. 技术标准的等级

根据发布单位与适用范围不同，技术标准可分为国家标准、行业标准和企业及地方标准四级。

（1）国家标准。

国家标准是指对全国范围的经济、技术及生产发展有重大意义的标准。对需要在全国范围内统一的技术要求，需制定国家标准。它是由国务院标准化主管部门组织草拟、审批、并由国家技术监督局发布。

（2）行业标准。

行业标准是指全国某行业范围的技术标准。这级标准由国务院有关行政主管部门制定发布，报国家技术监督局备案。在公布国家标准之后，该项行业标准即行废止。

（3）地方标准。

对没有国家标准和行业标准，又需在省、自治区、直辖市范围内统一的技术要求，可以制定地方标准，在该地区执行。

（4）企业标准。

企业生产的产品没有国家标准和行业标准，根据生产厂能保证的产品质量水平，应当制定企业标准，作为组织生产的依据。

各级技术标准在必要时可分为试行与正式标准。按其权威程度又可分为强制性标准和推荐性标准。按其特性可分为基础标准、方法标准、原材料标准、能源标准、包装标准、产品标准等。

3. 标准的代号、编号与名称

每个技术标准都由代号、编号、制订修订年份和标准名称组成。标准代号反映了该标准的等级是国家标准、行业标准、地方标准还是企业标准，代号用汉语拼音字母的首母表示，如国标 GB、建工 JG、建材 JC，交通 JT、石油 SY、冶金 YB、水电 SD 等。推荐性国家标准，在代号后加符号 T，表示为 GB/T。国家标准和行业标准代号列于表 0-3。

表 0-3　　　　　　　　　　　　　国家标准和行业标准代号

标准等级	代号	示　例
国家标准	国标 GB（guo biao）	GB 175—2007　通用硅酸盐水泥
交通行业标准	交通 JT（Jiao Tong）	JTG E 30—2005　公路工程水泥及水泥混凝土试验规程
建材行业标准	建材 JC（Jian Cai）	JC/T 479—2013　建筑生石灰

技术标准是根据一个时期的技术水平制定的。随着科学技术的发展，不变的标准不但不能满足技术发展的需要，而且会对技术的发展起到限制和束缚的作用。技术标准应根据技术发展的要求不断地进行修订。目前世界各国与我国都确定为每五年左右修订一次。

4. 国际标准化组织 ISO

ISO 是国际上范围与作用最大的标准化组织之一。它的宗旨是在世界范围内促进标准化工作的发展，以便于国际物质交流与互助，并扩大在知识、科学、技术与经济方面的合作。其主要任务是制定国际标准，协调世界范围内的标准化工作，报道国际标准化的交流情况以及其他国际性组织合作研究有关标准化问题等。我国是国际标准化协会成员之一，当前我国各种技术标准都正在向国际标准靠拢，以便于科学技术的交流与提高。

第一章　土木工程材料的基本性质

基本要求

了解土木工程材料的组成与结构；掌握土木工程材料的物理性质、力学性质和耐久性；掌握材料各种密度的含义和它们之间的关系。

重　点

土木工程材料的物理性质、力学性质和耐久性。

工程材料所具有的各种性质，主要取决于材料的组成和结构状态，同时还受到环境条件的影响。为了能够合理地选择和正确地使用材料，必须了解材料的各种性质及其与组成、结构状态的关系。

第一节　材料的组成与结构

一、材料的组成

无机非金属材料是由金属元素和非金属元素所组成，其化学成分常以氧化物含量的百分数形式表示。根据化学组成可大致地判断材料的化学稳定性，如氧化、燃烧、受酸、碱、盐类的侵蚀等。

金属元素与非金属元素按一定化学组成及结构特征构成具有一定的分子结构和性质的物质，称为矿物。无机非金属材料是由不同的矿物构成的，其性质主要取决于其矿物组成。有些材料由单一矿物组成，如石灰、石膏等。有些材料由多种矿物组成，其性质决定于每种矿物的性质及其含量，如硅酸盐水泥。

金属材料的化学成分，以其元素的百分含量表示。金属元素与合金元素之间常以固溶体、化合物及混合物等形式共存，形成不同的金属组织。每种组织具有一定的性质，因此金属中各种组织的含量比例不同，将使金属具有明显不同的性质。

工程中的有机材料主要是有机高分子材料，它是由分子量极大的聚合物组成，其组成元素主要有 C 和 H，以及 O、N、S 等。

材料的化学组成和矿物组成是影响材料性质的决定性因素，不仅影响其化学性质，而且也是决定其物理力学性质的重要因素。

二、材料的结构

对固体材料的研究，可包括从原子、分子直至宏观可见的各个层次的构造状态，统称为结构。对材料结构的研究，通常可分为微观结构、亚微观结构和宏观结构三个结构层次。

（一）微观结构

微观结构是指用电子显微镜及 X 射线衍射分析等手段来研究材料内部质点（原子、离子、分子）在空间中分布情况的结构层次。根据内部质点在空间的分布状态不同可分为晶体和非晶体。

1. 晶体

相同质点在空间中作周期性重复排列的固体称为晶体。晶体可分为原子晶体、离子晶体、分子晶体和金属晶体。

晶体具有以下特点：

（1）具有一定的几何外形。

（2）具有各向异性。

（3）具有固定的熔点和良好的化学稳定性。

（4）质点的规则排列使得晶体内部的不同晶面上质点分布密度不同，在那些质点密集的晶面之间联系薄弱。当外力作用时，若在一定限度内，可产生弹性变形，若超过某一限度，这些晶面之间将受到剪应力作用，或者产生断键而开裂（脆性材料的破坏）或者晶面间发生相对滑动，使材料产生塑性变形（金属的塑性变形）。

2. 非晶体

非晶体是一种不具有明显晶体结构的结构状态，常称为无定形体或玻璃体，如玻璃、硅胶等。质点间的结合力为共价键与离子键。熔融状态的物质经急剧冷却，当接近凝固点时，熔融体具有很大的黏度，因此质点来不及达到位能最低就凝固成固体状态，即成为一种无序的玻璃体结构。

玻璃体没有规则的几何外形，不具有各向异性的性质，没有一定的熔点，只能出现软化现象。由于玻璃体中质点的化学键没有达到最大程度的满足，它总有自发地向晶态转变的趋势，是化学不稳定的结构。它易与其他物质发生化学作用，如水淬矿渣磨细后与石灰在有水的条件下能起硬化作用而被用作水泥的混合材料。

（二）亚微观结构

亚微观结构也称细观结构，是指用光学显微镜观测手段研究的结构层次。它包括晶体粒子、玻璃体、胶体，以及材料内部孔隙的形态、大小、分布等结构状况。晶体粒子、玻璃体、胶体，以及材料内部孔隙的形态、大小、分布等状态不同都将影响材料的性质。例如：所有晶体材料都是由大量的、排列不规则的晶粒所组成，因此晶体材料并不像晶体本身那样具有固定的几何外形和明显的各向异性。晶粒的形状和大小对材料的性质也有很大的影响，晶粒细化往往会使材料强度提高。

（三）宏观结构

宏观结构（亦称构造）是指用放大镜或用肉眼即能分辩的结构层次，如材料的孔隙、岩石的层理、木材的纹理、节疤等。

1. 按孔隙尺寸分

（1）致密结构，如金属、玻璃、天然石材等。

（2）微孔结构，如水泥制品、石膏制品及黏土砖瓦等。

（3）多孔结构，如加气混凝土、泡沫塑料等。

2. 按构成形态分

（1）聚集结构，如水泥混凝土、砂浆、沥青混凝土、烧土制品、塑料等。

（2）纤维结构，如玻璃纤维、矿棉、棉麻等。

（3）层状结构，如胶合板、纸面石膏板等各种叠合成层状的板材。

（4）散粒结构，如砂、石及粉状或颗粒状的材料（膨胀珍珠岩、膨胀蛭石、粉煤灰等）。

（5）纹理结构：天然材料在生长或形成过程中自然造就天然纹理，如大理石等。

材料的宏观结构是影响材料性能的重要因素。若组成和微观结构相同，宏观结构不同的材料会出现不同的工程性质，如玻璃砖及泡沫玻璃具有不同的使用功能。若组成和微观结构不同，但宏观结构相同，也会出现相似的工程性质，如泡沫玻璃与泡沫混凝土都可以作为绝热材料。

第二节　材料的物理性质

一、材料的密度

在土木工程材料中，没有孔隙的少数匀质材料（如金属、玻璃等）密度只有一种，但是绝大多数材料（如粗、细集料等）都含有孔隙。由于材料状态及测定条件不同，质量有干燥质量与潮湿质量，体积所包含内部的孔隙不同，由此得出不同密度的定义。

现以粗集料为例，集料的组成结构除具有单一岩石外，集料间还具有空隙，空隙存在于颗粒之间，孔隙存在于颗粒内部。材料孔隙之间相互连通，且与外界相通的孔隙称为开口孔隙，而不与外界相通的孔隙称为闭口孔隙。

集料体积与质量关系如图 1-2-1 所示。

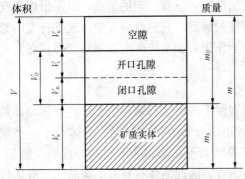

图 1-2-1　集料体积与质量关系图

1. 密度

密度是指材料在绝对密实状态下，烘干材料单位体积（不包括开口与闭口孔隙）的质量。

$$\rho_t = \frac{m_s}{V_s} = \frac{m}{V_s} \qquad (1-2-1)$$

式中　ρ_t——密度，g/cm^3；

m_s——材料实体的烘干质量，g；

V_s——材料在绝对密实状态下实体的体积，cm^3；

m——材料的质量，g。

由于密度试验是在空气中称量材料的质量，材料中的空气质量为 0，故 $m_s = m$。

材料密度的大小取决于材料的组成及微观结构，相同组成及微观结构的材料其密度为定值。

为了测得含有孔隙材料的密度，应将其磨成细粉，除去孔隙，经干燥至恒重后用李氏瓶测定其绝对密实体积。

2. 表观密度

表观密度（亦称视密度）是指材料在规定条件下，单位表观体积（包括材料实体、闭口孔隙体积）的质量。

$$\rho_a = \frac{m_s}{V_s + V_n} = \frac{m}{V_s + V_n} \qquad (1-2-2)$$

式中　ρ_a——表观密度，g/cm^3；

V_s、V_n——分别为材料实体、闭口孔隙体积，cm^3。

3. 毛体积密度

毛体积密度是指材料在规定条件下，单位毛体积（包括材料实体、闭口孔隙和开口孔隙的体积）的质量。

$$\rho_b = \frac{m_s}{V_s + V_n + V_i} = \frac{m}{V_s + V_n + V_i} \qquad (1-2-3)$$

式中　　　ρ_b——毛体积密度，g/cm^3；

V_s、V_n、V_i——分别为材料实体、闭口孔隙和开口孔隙体积，cm^3。

根据材料含水状态，毛体积密度可分为干密度、饱和密度和天然密度。

4. 堆积密度

堆积密度是指材料在堆积状态下，单位体积（包括材料实体、闭口孔隙和开口孔隙及颗粒间空隙体积）物质颗粒的质量。

$$\rho = \frac{m_s}{V_s + V_n + V_i + V_v} = \frac{m}{V} \qquad (1-2-4)$$

式中　　　　　ρ——材料的堆积密度，kg/m^3；

V_s、V_n、V_i、V_v——分别为材料实体、闭口孔隙、开口孔隙和空隙的体积，m^3；

V——材料的堆积体积，m^3。

同一种材料存在如下关系：密度＞表观密度＞毛体积密度＞堆积密度。

在土木工程中，进行配合比计算、确定材料堆放空间，以及运输量、材料用量及构件自重等，经常会用到材料的密度、表观密度、毛体积密度和堆积密度的数值。

二、材料的孔隙率与密实度

1. 孔隙率

材料的孔隙率是指材料孔隙体积占其总体积（包括孔隙体积在内）的百分率。

$$n = \frac{V_0}{V_s + V_n + V_i} = \left(1 - \frac{\rho_b}{\rho_t}\right) \times 100\% \qquad (1-2-5)$$

式中　　　　n——材料的孔隙率，%；

V_0——材料的孔隙体积（包括闭口孔隙、开口孔隙），cm^3；

V_s、V_n、V_i——分别为材料实体、闭口孔隙、开口孔隙的体积，cm^3。

2. 密实度

密实度是指材料体积内被固体物质充实的程度。

$$D = \frac{V_s}{V_s + V_n + V_i} \times 100\% \qquad (1-2-6)$$

式中　　　　D——材料的密实度，%；

V_s、V_n、V_i——分别为材料实体、闭口孔隙、开口孔隙的体积，cm^3。

孔隙率与密实度从两个不同侧面来反映材料的致密程度，即 $D+n=1$。

建筑材料的许多工程性质，如强度、吸水性、抗渗性、抗冻性、导热性、吸声性等都与材料的致密程度有关。这些性质除取决于孔隙率的大小外，还与孔隙的构造特征密切相关。孔隙特征主要指孔隙的种类（开口孔与闭口孔隙）、大小及孔的分布等。在土木工程材料中，常以在常温、常压下水能否进入孔中来区分开口与闭口。

因此，开口孔隙率（n_k）是指常温常压下能被水所饱和的孔体积（即开口孔体积 V_i）占材料总体积的百分率，即

$$n_k = \frac{V_i}{V_s + V_n + V_i} \times 100\%$$ (1 - 2 - 7)

闭口孔隙率（n_b）是总孔隙率 n 与开口孔隙率 n_k 之差，即

$$n_b = n - n_k$$ (1 - 2 - 8)

由于孔隙率的大小及孔隙特征对材料的工程性质有不同的影响，因此常采用改变材料的孔隙率及孔隙特征的方法来改善材料的性能，例如对水泥混凝土加强养护提高密实度或加入引气剂，引入一定数量的闭口孔，都可以提高混凝土的抗渗及抗冻性能。

三、材料的空隙率与填充率

1. 空隙率

空隙率是指材料的堆积体积中，颗粒之间空隙体积占其总体积的百分率。

$$n' = \frac{V_V}{V_s + V_n + V_i + V_V} = \left(1 - \frac{\rho}{\rho_a}\right) \times 100\%$$ (1 - 2 - 9)

式中 n'——材料空隙率，%；

  ρ——材料的堆积密度，g/cm³；

  ρ_a——材料的表观密度，g/cm³。

2. 填充率

填充率是指材料的堆积体积中，颗粒填充的程度。以 D' 表示，用式（1 - 2 - 10）计算：

$$D' = 1 - n'$$ (1 - 2 - 10)

四、材料与水有关的性质

（一）亲水性与憎水性

材料与水接触时有两种现象，如图 1 - 2 - 2 所示。若材料遇水后其表面能降低，则水在材料表面易于扩展，这种与水的亲和性称为亲水性。表面与水亲和能力较强的材料称为亲水性材料，遇水后呈图 1 - 2 - 2（a）的现象，其润湿边角（固、气、液三态交点处，沿水滴表面的切线与水和固体接触面所成的夹角）$\theta \leqslant 90°$。与此相反，

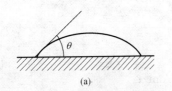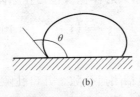

图 1 - 2 - 2 材料润湿边角
(a) 亲水性材料；(b) 憎水性材料

当材料与水接触时不与水亲和，这种性质称为憎水性，遇水呈图 1 - 2 - 2（b）的现象，$\theta > 90°$。

工程材料中，各种无机胶凝混凝土、石料、砖瓦等均为亲水性材料，它们为极性分子所组成，与水之间有良好的亲和性。沥青、油漆、塑料等为憎水性材料，因为极性分子的水与这些非极性分子组成的材料互相排斥的缘故。憎水性材料常作为防潮、防水及防腐材料。

（二）吸湿性与吸水性

1. 吸湿性

材料在潮湿空气中吸收水分的性质称为吸湿性。材料的吸湿性用含水率表示，即材料在自然状态下，所含水分的质量占其干燥质量的百分率。

$$W_h = \frac{m_s - m_g}{m_g} \times 100\% \tag{1-2-11}$$

式中　W_h——材料的含水率，%；

　　　m_s——材料在吸湿状态下的质量，g；

　　　m_g——材料在干燥状态下的质量，g。

材料的吸湿性主要取决于材料的组成及结构状态。开口孔隙率较大的亲水性材料，吸湿性较强。材料的含水率随环境的温度和湿度的变化而改变。最后材料的含水率将与环境湿度达到平衡状态，与空气湿度达到平衡时的含水率称为平衡含水率。此时的含水状态称为气干状态。

2. 吸水性

材料在水中吸收水分的性质称为吸水性。用吸水率表示，吸水率常用质量吸水率表示。

（1）质量吸水率。指材料在规定条件下，最大的吸水质量与烘干质量之比。

$$W_m = \frac{m_b - m_g}{m_g} \times 100\% \tag{1-2-12}$$

式中　W_m——材料的质量吸水率，%；

　　　m_b——材料吸水饱和状态下的质量，g；

　　　m_g——材料在干燥状态下的质量，g。

对于高度多孔的材料，其吸水率常用体积吸水率表示。

（2）体积吸水率。指材料吸水饱和时，吸入水的体积与材料自然状态下体积之比。

$$W_v = \frac{m_b - m_g}{V} \times \frac{1}{\rho_w} \times 100\% \tag{1-2-13}$$

式中　W_v——材料的体积吸水率，%；

　　　ρ_w——水的密度，g/cm^3；

　　　V——绝干材料在自然状态下的体积，cm^3。

由于在自然状态下，材料吸入水的体积与开口孔体积相等，因此材料体积吸水率与开口孔隙率数值相等。

体积吸水率与质量吸水率的关系为

$$W_v = W_m \times \rho_a \times \frac{1}{\rho_w} \tag{1-2-14}$$

式中　ρ_a——材料干燥状态下的表观密度，g/cm^3。

材料吸水率不仅取决于材料对水的亲憎性，还取决于材料的孔隙率及孔隙特征。密实材料及具有闭口孔的材料是不吸水的；具有粗大开口的材料因其水分不易存留，其吸水率也常小于其开口孔隙率；而孔隙率较大，且具有细小连通孔隙的亲水性材料，具有较大的吸水能力。

（三）耐水性

材料在水的作用下，其强度不会显著降低的性质称为耐水性，常用软化系数表示：

$$K = \frac{f_b}{f_g} \tag{1-2-15}$$

式中　K——材料的软化系数；

　　　f_b——材料在吸水饱和状态下的抗压强度，MPa；

f_g——材料在干燥状态下的抗压强度，MPa。

一般材料含水后，强度均会有所降低。材料的软化系数在 $0\sim1$ 之间。软化系数越小，说明材料吸水饱和后强度降低得越多，耐水性越差。处于水中或潮湿环境中的重要结构物所选用的材料其软化系数不得小于 0.85。干燥环境下使用的材料可不考虑耐水性。

五、材料的热性质

（一）导热性

材料传导热量的能力称为导热性，用导热系数表示。

$$\lambda=\frac{Qd}{(T_1-T_2)At} \tag{1-2-16}$$

式中　λ——材料的导热系数，$W/(m\cdot K)$；

　　　Q——传导的热量，J；

　　　d——材料的厚度，m；

T_2-T_2——材料两侧的温度差，K；

　　　A——材料的传热面积，m^2；

　　　t——传热时间，h。

导热系数越小，材料的导热性能越差，绝热性能越好。

材料的厚度 d 与导热系数 λ 的比值称为材料的热阻，用 R 表示，单位为 $m^2\cdot K/W$。它表明热量通过材料层时所受到的阻力。在同样的温差下，热阻越大，通过材料层的热量就越少，材料的导热性能越差。

导热系数与热阻都是评定材料隔热性能的重要指标。材料的导热系数主要取决于材料的组成及结构状态。

（1）组成与微观结构。金属材料导热系数最大，铜 $\lambda=370W/(m\cdot K)$，铝 $\lambda=221W/(m\cdot K)$；无机非金属材料次之，普通混凝土 $\lambda=1.51W/(m\cdot K)$；有机材料最小，松木（横纹）$\lambda=0.17W/(m\cdot K)$，泡沫塑料 $\lambda=0.03W/(m\cdot K)$。相同组成的材料，结晶结构的导热系数最大，微晶结构的次之，玻璃体结构的最小。

（2）孔隙率与孔隙特征。由于密闭空气的导热系数很小 $\lambda=0.023W/(m\cdot K)$，因此材料孔隙率越大，导热系数越小。在孔隙率相近的情况下，具有粗大或连通孔隙越多，导热系数越大。这是由于孔中气体产生对流的缘故。

由于水的导热系数 $\lambda=0.58W/(m\cdot K)$，比空气约大 25 倍，所以材料受潮后其导热系数明显地增加，若受冻 ［冰 $\lambda=2.33W/(m\cdot K)$］ 则导热系数更大。

人们常把防止内部热量散失称为保温，把防止外部热量进入称为隔热，将保温隔热统称为绝热。并将 $\lambda\leqslant0.175W/(m\cdot K)$ 的材料称为绝热材料。

（二）热容量与比热

热容量是指材料受热时吸收热量或冷却时放出热量的性质。可用式（1-2-17）表示：

$$Q=Cm(T_2-T_1) \tag{1-2-17}$$

式中　Q——材料热容量，J；

　　　C——材料的比热，$J/(kg\cdot K)$；

　　　m——材料的质量，kg；

T_2-T_1——材料受热或冷却前后的温度差，K。

比热 C 表示单位质量（kg）材料，温度上升（或降低）1K 时所需的热量。

材料具有较大的热容量值对室内温度的稳定有良好的作用。

六、材料的耐热性与耐燃性

（一）耐热性

材料长期在高温作用下，不失去使用功能的性质称为耐热性。

1. 热变质

一些材料长期在高温作用下会发生材质的变化，如二水石膏在 65～140℃脱水成为半水石膏；石英在 573℃由 α 石英转变为 β 石英，体积增大 2%；石灰石、大理石等在 900℃以上分解；可燃物常会在高温下急剧氧化而燃烧，如木材长期受热发生碳化，甚至燃烧。

2. 热变形性

材料的热变形性是指材料在温度变化时的尺寸变化。常用线膨胀系数表示。除了水结冰之外，一般材料均符合热胀冷缩的自然规律。材料受热作用要发生热膨胀导致结构破坏。混凝土膨胀系数为 10×12^{-6}，钢材为 $(10 \sim 12) \times 12^{-6}$，因此它们能组成钢筋混凝土共同工作。普通混凝土在 300℃以上，由于水泥石脱水收缩，集料受热膨胀，因而会导致结构破坏。钢材在 350℃以上时，其抗拉强度显著降低，会使钢结构产生过大的变形而失去稳定。

（二）耐燃性

材料的耐燃性是指材料对火焰和高温的抵抗能力。材料按耐燃性分为非燃烧材料、难燃烧材料和燃烧材料三大类。

1. 非燃烧材料

在空气中受高温作用不起火、不微燃、不碳化的材料称为非燃烧材料。无机材料均为非燃烧材料，如普通砖、玻璃、陶瓷、混凝土、钢材、铝合金材料等。玻璃、混凝土、钢材、铝材等受火焰作用会发生变形，所以虽然它们是非燃烧材料，但却不是耐火的材料。

2. 难燃烧材料

在空气中受高温作用难起火、难微燃、难碳化，当火源移走后燃烧会立即停止的材料称为难燃烧材料。这类材料多为以可燃材料为基体的复合材料，如沥青混凝土、水泥刨花板等，它们可推迟发火时间或缩小火势的蔓延。

3. 燃烧材料

在空气中受高温作用会立即起火或微燃，当火源移走后仍继续燃烧或微燃的材料称为燃烧材料，如木材及大部分有机材料。

为了使燃烧材料有较好的防火性，多采用在表面涂刷防火涂料。组成防火涂料的成膜物质可分为非燃烧材料（如水玻璃）或是有机含氯的树脂。它们在受热时能分解而放出的气体中含有较多的卤素（F、Cl、Br 等）和氮（N）有机材料具有自消火性。

第三节　材料的力学性质

一、材料的受力变形

材料受外力作用，其内部会产生一种用来抵抗外力作用的内力，同时还伴随着材料的变形。材料的变形分为弹性变形和塑性变形。

（一）弹性变形

材料在外力作用下产生变形，当外力取消后，能够完全恢复原来形状的性质称为弹性。这种能够完全恢复的变形称为弹性变形。

（二）塑性变形

材料在外力作用下产生变形，当外力取消后，仍保持变形后的形状和尺寸，并且不产生裂缝的性质称为塑性。这种不能恢复的变形称为塑性变形。

实际上，只有单纯的弹性或塑性的材料是不存在的。各种材料在不同的应力下，表现出不同的变形性能。

二、强度、强度等级和比强度

（一）强度

材料在外力作用下，抵抗破坏的能力称为强度。

根据外力作用方式的不同，材料的强度有抗压强度、抗拉强度、抗弯强度（或抗折强度）及抗剪强度等，如图1-3-1所示。

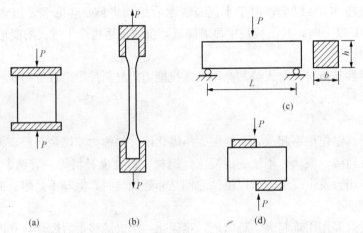

图1-3-1　材料所受外力示意图

(a) 抗压；(b) 抗拉；(c) 抗折；(d) 抗剪

抗压、抗拉、抗剪强度的计算公式如下：

$$f = \frac{F}{A} \tag{1-3-1}$$

式中　f——材料的抗压、抗拉、抗剪强度，MPa；

　　　F——材料破坏时的最大荷载，N；

　　　A——材料受力截面积，mm^2。

材料的抗弯强度用式（1-3-2）计算：

$$f_{tm} = \frac{3FL}{2bh^2} \tag{1-3-2}$$

式中　f_{tm}——材料的抗弯强度（或抗折强度），MPa；

　　　F——材料破坏时的最大荷载，N；

　　　b、h——试件截面的宽度和高度，mm。

　　材料的强度与组成和结构有关，不同种类的材料具有不同的抵抗外力的特点。相同种类的材料，孔隙率越大，强度越低。材料的强度还与试件的形状、尺寸、表面状态、温度、湿度及试验时的加荷速度等因素有关，如材料采用小试件比大试件的强度高；试件表面不平所测强度值偏低；温度升高强度将降低，含水的材料其强度较干燥时低；加荷速度快，测得的强度值偏高。

　　（二）强度等级

　　为了掌握材料的力学性质，合理选择材料，将材料按极限强度（或屈服点）划分成不同的等级，即强度等级，如石材、混凝土、砖等脆性材料主要用于抗压，因此以其抗压极限强度来划分等级，而钢材主要用于抗拉，故以其屈服点作为划分等级的依据。

　　（三）比强度

　　比强度是指单位体积质量的材料强度。比强度是评价材料是否轻质高强的指标。它等于材料的强度与其表观密度之比，其数值大者，表明材料轻质高强。

　　三、脆性与韧性

　　（一）脆性

　　材料在外力作用下，无明显的塑性变形而突然破坏的性质称为脆性。具有这种性质的材料称为脆性材料，如石材、砖、混凝土、铸铁等。脆性材料抵抗冲击或振动荷载的能力差，常用于承受静压力作用的工程部位，如基础、墙体、柱子、墩座等。

　　（二）韧性

　　材料在冲击、振动荷载作用下，能吸收较大的能量，同时产生较大的塑性变形而不发生突然破坏的性质称为韧性（或冲击韧性）。建筑钢材、木材、沥青混凝土等属于韧性材料。用作路面、桥梁、吊车梁以及抗震结构都要考虑材料的韧性。

第四节　材料的耐久性

　　材料在使用环境中，能抵抗周围介质的侵蚀，而保持原有性能，不变质、不破坏的能力称为耐久性。

　　材料在使用过程中，除受荷载作用外，还会受周围环境的各种自然因素的影响，如物理作用、化学作用、机械作用及生物作用。

　　（1）物理作用。主要有温度变化、冻融循环、干湿交替等，这些作用将使材料发生体积胀缩或导致内部裂缝的扩展，久而久之，会使材料逐渐破坏。

　　（2）化学作用。指材料受到酸、碱、盐等水溶液侵蚀，以及日光、紫外线等对材料的溶解、溶出、氧化等作用，使材料逐渐变质而破坏。

　　（3）机械作用。包括交变荷载、持续荷载作用以及撞击引起材料疲劳、冲击、磨损、空（气）蚀、磨耗等。

　　（4）生物作用。包括昆虫、菌类对材料的侵害作用，如木材常因腐朽而破坏。

　　材料的耐久性是一种综合性质，它包括抗渗性、抗冻性、耐蚀性、耐老化性、抗风化性、耐热性、耐磨性等诸方面内容。

　　一、抗渗性

　　材料抵抗压力水渗透的性质称为抗渗性（或不透水性）。常用抗渗等级来表示，如混凝土、砂浆等。抗渗等级用材料抵抗压力水渗透的最大水压力值来确定。材料的抗渗等级越高，抗渗性越好。材料的抗渗性也可用渗透系数 K 表示，K 越小，材料渗透得越少，抗渗性越好。

抗渗性主要取决于材料的孔隙率及孔隙特征。具有较大孔隙率，且孔径较大、开口连通孔的材料抗渗性较差。

对于地下建筑及水工建筑等，经常受压力水作用的工程所用材料及防水材料都应具有良好的抗渗性。

二、抗冻性

抗冻性指材料在含水状态下，经受多次冻融循环而不破坏，强度不显著降低，且质量不显著减少的性质。常用抗冻等级（记为 F）表示。抗冻等级是将材料吸水饱和后，进行冻融循环试验，所能承受的最大冻融循环次数。抗冻等级越高，抗冻性越好。

材料经多次冻融循环后，表面将出现裂纹、剥落等现象，造成质量损失、强度降低。这是由于材料孔隙内的水结冰时产生体积膨胀，对孔壁产生很大的压力所致。

材料的抗冻性好坏与材料的构造特征、强度、含水率等因素有关。密实及具有闭口孔的材料抗冻性较好；具有一定强度的材料对冰冻有一定的抵抗能力；材料含水率越大，冰冻破坏作用越大。此外，经受冻融循环的次数越多，材料遭损越严重。

温度低于−10℃的寒冷地区，建筑物的外墙及露天工程中使用的材料必须考虑材料的抗冻性。

三、抗侵蚀性

抗侵蚀性是材料抵抗使用环境中化学物质（水溶液、气体）的腐蚀能力。

金属材料在环境中主要是遭受氧化腐蚀，尤其是在一定湿度下，金属的氧化锈蚀更显著，而且这种侵蚀常伴有电化学腐蚀，使腐蚀作用加剧。

无机非金属材料在环境中主要是受到溶解、溶出、碳化及酸碱盐类的作用，如水泥及混凝土受到流动的软水作用，其成分会被溶解和溶出，使结构变得疏松，当遇到酸、碱或盐类时，还可能发生化学反应使结构遭受破坏。

为了提高材料的抗侵蚀能力，应针对侵蚀环境的条件选取适当的材料，在侵蚀作用较强时，应采用保护层的做法。

四、耐老化性

高分子材料在光、热及大气（氧气）的作用下，其组成及结构发生变化，致使其性质变化，失去弹性、变硬变脆或降低机械性能变软变黏，失去原有功能的现象称为老化。

防止老化的措施主要有改变聚合物的结构、加入防老剂以及表面涂防护层的方法。

影响材料耐久性的内容各不相同，如石材、砖、混凝土等暴露在大气中受风霜雨雪、日晒等作用产生风化和冻融，主要表现为抗风化性和抗冻性；钢材主要受化学腐蚀作用；木材等有机材料常因生物作用而遭损；沥青、高分子材料在阳光、空气、热的作用下逐渐老化等。又如寒冷地区室外工程的材料应考虑其抗冻性；处于有压力水作用下的水工工程所用材料应有抗渗性的要求；地面材料应有良好的耐磨性等。

为了提高材料的耐久性，首先应提高密实度改变孔结构，选择适当的组成原材料等；其次可用其他材料加以保护（覆面、刷涂料等）；应设法减轻环境条件对材料的破坏作用。

对材料耐久性的判断应在使用条件下进行长期的观察和测定，但这需要很长时间。通常是根据使用要求进行快速试验，如干湿循环、冻融循环、碳化、化学介质浸渍等，并据此对耐久性做出评价。

复习思考题

1. 材料的组成和结构对性质有何影响？
2. 试述密度、表观密度、毛体积密度、堆积密度的区别。
3. 孔隙率与密实度有何关系？如何计算？
4. 亲水性材料与憎水性材料怎样区分？在使用上有何不同？
5. 材料的吸水性、吸湿性、耐水性、抗渗性、抗冻性、导热性的含义是什么？各用什么指标表示？
6. 材料的强度与强度等级有何关系？比强度有什么意义？
7. 何为脆性材料？何为韧性材料？
8. 什么是软化系数？有何实用意义？
9. 导热系数与热阻有何关系？它们受哪些因素影响？
10. 何谓材料的耐久性？它应包括哪些内容？

第二章　土

基本要求

了解土的工程分类；掌握土的物理性质；熟悉土的工程应用。

重　点

土的物理性质。

第一节　土的工程分类

一、土的形成

土是由地表面的岩石经风化、剥蚀、搬运、沉积，形成固体矿物、水和气体的一种集合体。

自然界的土可以分成两大类：无黏性土和黏性土。

无黏性土是肉眼可见的松散颗粒，颗粒通过接触点接触，颗粒间的连接力可忽略不计。

黏性土是由肉眼难以辨别的微细颗粒所组成的。由于颗粒间存在着分子引力和静电力的作用，使颗粒之间相互连接。这种具有黏性、可塑性、胀缩性的土就是细粒土。

二、土的三相组成

土是由土颗粒（固相）、水（液相）和气体（气相）所组成的三相体系。固相部分一般由矿物质组成，构成土的骨架。液相是指土孔隙中的水。气相是指土孔隙中充填的空气。土骨架间的孔隙完全被水充满，称为饱和土；部分被水占据，另一部分被气体占据，称为非饱和土；完全充满气体，称为干土。土的三相比例不同，土的状态和工程性质也随之各异。影响土的工程性质的主要因素是土的三相组成、土的物理状态和土的结构，起主要作用的是三相组成。在三相组成中，关键的是土的固体颗粒，首先是颗粒的粗细。

三、土的粒度、粒组、粒度成分

天然土由大小不同的颗粒组成，土粒的大小称为粒度。天然土的粒径一般是连续变化的，为了描述方便，工程上将大小相近的土粒合并成组，称为粒组。土的粒度成分是指土中各种不同粒组的相对含量（以干土质量的百分比表示），它可以用来描述各种不同粒径土粒的分布特征。

四、土的工程分类

自然界的土种类繁多，工程性质各异。人们对土已提出过不少分类系统，如地质分类、土壤分类、粒径分类、结构分类等。在工程实践中常需要按土的主要工程特征进行分类。土的工程分类适用于公路工程用土的鉴别、定名和描述，以便对土的性状作定性评价。

国内外对土分类的依据，在总的体系上趋近于一致，各种分类法的标准也都大同小异。

一般原则是：①粗粒土按粒度成分及级配特征；②细粒土按塑性指数和液限，即塑性图法；③有机土和特殊土则分别单独各分为一类。

工程上以土中颗粒直径大于 0.075mm 的质量占全部土粒质量的 50% 作为第一个分类的界限。大于 50% 的称为粗粒土，小于 50% 的称为细粒土。

粗粒土的工程性质取决于土的颗粒级配。因此粗粒土按其粒径级配累积曲线再细分为若干亚类。

细粒土的工程性质不仅取决于颗粒级配，还与土的矿物成分和比表面积有关。而矿物成分和比表面积综合表现为土的吸附结合水的能力。反映土吸附结合水的能力的指标有液限 w_L、塑限 w_p 和塑性指数 I_p，其中液限和塑性指数与土的工程性质的关系更密切。因此，细粒土用液限和塑性指数作为分类的指标。

有机质含量高的土是不能作为工程建筑材料的，因此分类时还应考虑有机质含量。

我国公路用土根据土的颗粒组成特征、土的塑性指标（液限 w_L、塑限 w_p 和塑性指数 I_p）和土中有机质存在的情况，将土分为巨粒土、粗粒土、细粒土和特殊土四大类，并进一步细分为 12 种土。土分类总体系如图 2-1-1 所示。

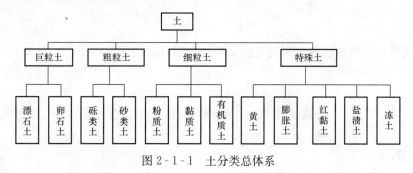

图 2-1-1　土分类总体系

土的颗粒组成特征用不同粒径粒组在土中的百分含量表示（应按筛分法）。表 2-1-1 为不同粒组的划分界限及范围。

表 2-1-1　　　　　　　　　　　　粒　组　划　分　表

200		60	20	5	2	0.5	0.25	0.075	0.002 (mm)
巨粒组		粗粒组						细粒组	
漂石 （块石）	卵石 （小块石）	砾（角砾）			砂			粉粒	黏粒
		粗	中	细	粗	中	细		

公路用土分类的基本代号见表 2-1-2。

表 2-1-2　　　　　　　　　国内外通用的表示土类名称的代号

土类、代号、特征	巨粒土	粗粒土	细粒土	有机土
成分代号	漂石 B 块石 Ba 卵石 Cb 小块石 Cba	砾 G 角砾 Ga 砂 S	粉土 M 黏土 C 细粒土（C 和 M 合称）F 粗细粒土合称 SI	有机质土 O

续表

土类、代号、特征	巨粒土	粗粒土	细粒土		有机土
级配和液限 高低代号		级配良好 w　高液限 H 级配不良 P　低液限 L			
特殊土代号		黄土：Y　红黏土：R　膨胀土：E　盐渍土：St			

注　1. 土类名称可用一个基本代号表示。

　　2. 当由两个基本代号构成时，第一个代号表示土的主成分，第二个代号表示土的副成分（级配或液限）。如 GP 表示不良级配砾石。

　　3. 当由三个基本代号构成时，第一个代号表示土的主成分，第二个代号表示土的副成分，第三个代号表示土中所含次要成分。如 GHC 表示高液限含黏土砾。

　　4. 液限的高低以 50 划分；级配以不均匀系数（C_u）和曲率系数（C_c）表示，详见《公路土工试验规程》（JTG E 40—2007）。

土颗粒组成特征应以土的级配指标的不均匀系数（C_u）和曲率系数（C_c）表示。不均匀系数 C_u 反映粒径分布曲线上的土粒分布范围，按式（2-1-1）计算：

$$C_u = \frac{d_{60}}{d_{10}} \qquad\qquad (2-1-1)$$

曲率系数 C_c 反映粒径分布曲线上的土粒分布形状，按式（2-1-2）计算：

$$C_c = \frac{(d_{30})^2}{d_{10} \times d_{60}} \qquad\qquad (2-1-2)$$

式中　d_{10}、d_{30}、d_{60}——分别为土的粒径分布曲线上对应通过率 10%、30%、60% 的粒径，mm。

一般认为：

（1）当 $C_u < 5$ 时为均匀土，级配不好；当 $C_u > 10$ 时为级配良好的土；

（2）不能单独使用 C_u 一个指标，而是要和 C_c 同时考虑，当同时满足 $C_u > 5$、$C_c = 1 \sim 3$ 时，为级配良好的土；若不能同时满足，则为级配不良的土。

（一）巨粒土分类

1. 巨粒土定名分类

试样中巨粒组质量大于总质量 50% 的土称为巨粒土。

（1）巨粒组质量大于总质量 75% 的土称为漂（卵）石；

（2）巨粒组质量为总质量 50%～75% 的土称为漂（卵）石夹土；

（3）巨粒组质量为总质量 15%～50%（含 50%）的土称为漂（卵）石质土；

（4）巨粒组质量小于总质量 15% 的土，可扣除巨粒，按粗粒土或细粒土的相应规定分类定名。

2. 漂（卵）石的定名

（1）漂石粒组质量大于卵石粒组质量的土称为漂石，记为 B；

（2）漂石粒组质量不大于卵石粒组质量的土称为卵石，记为 Cb。

3. 漂（卵）石夹土的定名

（1）漂石粒组质量大于卵石粒组质量的土称为漂石夹土，记为 BSI；

（2）漂石粒组质量不大于卵石粒组质量的土称为卵石夹土，记为 CbSI。

4. 漂（卵）石质土的定名

（1）漂石粒组质量大于卵石粒组质量的土称为漂石质土，记为 SIB；

（2）漂石粒组质量不大于卵石粒组质量的土称为卵石质土，记为 SICb；

（3）如有必要，可按漂（卵）石质土中的砾、砂、细粒土含量定名。

（二）粗粒土分类

试样中巨粒组土粒质量不大于总质量的 15%，且巨粒组土粒和粗粒组土粒质量之和大于总土质量 50% 的土称为粗粒土。

1. 砾类土

粗粒土中砾粒组质量大于砂砾组质量的土称为砾类土。砾类土应根据其中细粒含量和类别以及粗粒组的级配进行分类。

（1）砾类土中细粒组质量不大于总质量 5% 的土称为砾，按下列级配指标定名：

1）当 $C_u \geqslant 5$，$C_c = 1 \sim 3$ 时，称为级配良好砾，记为 GW；

2）不同时满足 $C_u \geqslant 5$，$C_c = 1 \sim 3$ 条件时，称为级配不良砾，记为 GP。

（2）砾类土中细粒组质量为总质量 5%～15%（含 15%）的土称为含细粒土砾，记为 GF。

（3）砾类土中细粒组质量大于总质量 15%，并不大于总质量的 50% 的土称细粒土质砾，按细粒土在塑性图（见图 2-1-2）中的位置定名：

1）当细粒土位于塑性图 A 线以下时，称为粉土质砾，记为 GM；

2）当细粒土位于塑性图 A 线或 A 线以上时，称为黏土质砾，记为 GC。

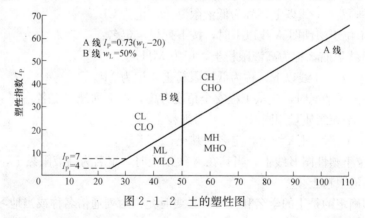

图 2-1-2　土的塑性图

2. 砂类土

粗粒土中砾粒组质量不大于砂粒组的土称为砂类土。砂类土应根据其中细粒含量和类别以及粗粒组的级配进行分类。

（1）砂类土中细粒组质量不大于总质量 5% 的土称为砂，按下列级配指标定名：

1）当 $C_u \geqslant 5$，$C_c = 1 \sim 3$ 时，称为级配良好砂，记为 SW；

2）不同时满足 $C_u \geqslant 5$，$C_c = 1 \sim 3$ 条件时，称为级配不良砂，记为 SP。

需要时，砂可进一步细分为粗砂、中砂和细砂：

粗砂：粒径大于 0.5mm 颗粒多于总质量 50%；

中砂：粒径大于 0.25mm 颗粒多于总质量 50%；

细砂：粒径大于 0.075mm 颗粒多于总质量 75%。

（2）砂类土中细粒组质量为总质量 5%～15%（含 15%）的土称为含细粒土砂，记为 SF。

（3）砂类土中细粒组质量大于总质量 15%，并不大于总质量的 50% 时，按细粒土在塑性图中的位置定名：

1）当细粒土位于塑性图 A 线以下时，称为粉土质砂，记为 SM。

2）当细粒土位于塑性图 A 线或 A 线以上时，称为黏土质砂，记为 SC。

（三）细粒土分类

试样中细粒组质量不小于总质量 50% 的土称为细粒土。

（1）细粒土应按下列规定划分为：

1）细粒土中粗粒组质量不大于总质量 25% 的土称为粉质土或黏质土；

2）细粒土中粗粒组质量为总质量 25%～50%（含 50%）的土称为含粗粒的粉质土或含粗粒的黏质土；

3）试样中有机质含量不小于总质量的 5%，且少于总质量的 10% 的土称有机质土。试样中有机质含量不小于 10% 的土称为有机土。

（2）细粒土应按塑性图分类。图 2-1-2 为土的塑性图，采用下列液限分区：

低液限 $w_L < 50\%$；高液限 $w_L \geqslant 50\%$。

（3）细粒土应按其在塑性图 2-1-2 中的位置确定土名称：

1）当细粒土位于塑性图 A 线以上时，按下列规定定名：

在 B 线或 B 线以右，称为高液限黏土，记为 CH；

在 B 线以左，$I_p = 7$ 线以上，称为低液限黏土，记为 CL。

2）当细粒土位于塑性图 A 线以下时，按下列规定定名：

在 B 线或 B 线以右，称为高液限粉土，记为 MH；

在 B 线以左，$I_p = 4$ 线以下，称为低液限粉土，记为 ML。

（4）分类遇搭界情况时，应从工程安全角度考虑，按下列规定定名：

1）土中粗、细粒组质量相同时，定名为细粒土；

2）土正好位于塑性图 A 线上，定名为黏土；

3）土正好位于塑性图 B 线上，当其在 A 线以上时，定名为高液限黏土，当其在 A 线以下时，定名为高液限粉土。

（5）本分类确定的是土的学名和代号，必要时允许附列通俗名称或当地习惯名称。

（6）含粗粒的细粒土应先按本方法（3）的规定确定细粒土部分的名称，再按以下规定最终定名：

1）当粗粒组中砾粒组质量大于砂粒组质量时，称为含砾细粒土，应在细粒土代号后缀以代号"G"。

2）当粗粒组中砂粒组质量不小于砾粒组质量时，称为含砂细粒土，应在细粒土代号后缀以代号"S"。

（7）土中有机质包括未完全分解的动植物残骸和完全分解的无定形物质，后者多呈黑色或暗色，有臭味，有弹性和海绵感，借目测、手摸及嗅感判别。当不能判别时，可采用下列方法，将试样在 105～110℃ 的烘箱中烘烤。若烘烤 24h 后试样的液限小于烘烤前的四分之三，该试样为有机质土。

（8）有机质土应根据塑性图 2-1-2 按下列规定定名。

1）位于塑性图 A 线以上时：

在 B 线或 B 线以右，称为有机质高液限黏土，记为 CHO；

在 B 线以左，$I_p=7$ 线以上，称为有机质低液限黏土，记为 CLO。

2）位于塑性图 A 线以下时：

在 B 线或 B 线以右，称为有机质高液限粉土，记为 MHO；

在 B 线以左，$I_p=4$ 线以下，称为有机质低液限粉土，记为 MLO。

（四）特殊土分类

特殊土主要包括黄土、膨胀土、红黏土、盐渍土和冻土。黄土、膨胀土、红黏土按图 2-1-2 所示的特殊塑性图上的位置定名。黄土属低液限黏土（CLY），分布范围大部分在 A 线以上，$w_L<40\%$；膨胀土属高液限黏土（CHE），分布范围大部分在 A 线以上，$w_L>50\%$；红黏土属高液限粉土（MHR），分布范围大部分在 A 线以下，$w_L>55\%$。

盐渍土按照土层中所含盐的种类和质量百分率进行分类，见表 2-1-3。

表 2-1-3 　　　　　　　　　盐　渍　土　分　类

名称	被利用的土层中平均总盐量（以质量%计）	
	氯化物和硫酸盐氯化物	氯化物硫酸盐和硫酸盐
弱盐渍土	0.3~1.0	0.3~0.5
中盐渍土	1~5	0.5~2
强盐渍土	5~8	2~5
过盐渍土	>8	>5

注　表中所指含盐种类名称的定性区分标准为：氯化物　$Cl^-/SO_4^{2-}>2$；硫酸盐氯化物　$Cl^-/SO_4^{2-}=2\sim1$；氯化物硫酸盐　$Cl^-/SO_4^{2-}=1\sim0.3$；硫酸盐　$Cl^-/SO_4^{2-}<0.3$。

第二节　土 的 物 理 性 质

土是由固体颗粒、水和气体所组成的三相体系。土的三相之间的比例关系决定土的物理力学性质及工程状态。

土的物理性质是指土的各组成部分（固相、液相和气相）的数量比例，性质和排列方式等所表现的物理状态，如轻重、干湿、松散程度等。土的物理性质是土最基本的工程地质性质，一般可用相应的指标表示它们的物理性质，以作为工程设计的依据。土的其他性质将在《工程岩土学》中学习。

土的物理性质指标反映土的工程性质的特征，具有重要的实用价值。土的指标中，土粒比重、土的密度、土的含水率是实测指标，由试验室直接测定其数值。其他指标是换算指标。

一、土的密度

为了便于说明和记忆，把交错分布的土颗粒、水和气分别集中起来，按体积划分为固相、液相和气相称为三相图，如图 2-2-1

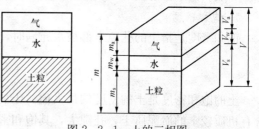

图 2-2-1　土的三相图

所示。根据三相图计算各相之间的比例关系所表达的土的物理性质指标。

1. 土粒比重

土粒比重（或土粒相对密度）是土粒在温度 $105\sim110℃$ 下烘至恒量时的质量与同体积 $4℃$ 蒸馏水质量的比值。

$$G_s = \frac{m_s}{m_w} \tag{2-2-1}$$

式中　G_s——土粒比重；

　　　m_s——土粒的质量，g；

　　　m_w——同体积 $4℃$ 蒸馏水的质量，g。

土粒比重常用比重瓶法、浮称法、虹吸筒法进行测定。

土粒比重只与组成土的矿物成分有关，而与土的孔隙大小和含水量无关。

2. 土的湿密度

土的湿密度（也称土的天然密度）是指天然状态下，土的单位体积的质量（质量即土粒的质量和孔隙中天然水分的质量）。

$$\rho = \frac{m}{V} \tag{2-2-2}$$

式中　ρ——土的湿密度，g/cm^3；

　　　m——土粒的质量和孔隙中天然水分的质量，g；

　　　V——土的总体积，cm^3。

土的湿密度与土的结构和含水量以及矿物成分有关，测定时必须用原状土样（即其结构未受扰动破坏），以保持其天然结构状态下的含水量，通常用环刀法测定。

土的含水量对土的密度影响很大。随含水量的不同，土的密度值一般变化于 $1.60\sim2.20g/cm^3$。

3. 干密度

干密度是指干燥状态下单位体积土的质量，即土的固体颗粒质量（m_s）与土的总体积（V）之比。

$$\rho_d = \frac{m_s}{V} \quad (g/cm^3) \tag{2-2-3}$$

土的干密度与含水量无关，它是土的密度的最小值。某一土样的干密度的大小，主要取决于土的结构，即孔隙度的大小。一般是干密度越大，土越密实，孔隙度也就越小。干密度在一定程度上反映了土粒排列的紧密程度，在工程中常用它来作为人工填土压实的控制指标。一般认为干密度在 1.60 以上，土就比较密实了。

4. 饱和密度

饱和密度是指土的孔隙全部被水充满时，单位体积土的质量。

$$\rho_{sat} = \frac{m_s + V_V\rho_w}{V} \tag{2-2-4}$$

土的饱和密度是土的密度的最大值。土的孔隙小，密度大，饱和密度就大，反之则小。含有机质较多的淤泥质土，孔隙大，其饱和密度就小，一般只有 $1.4\sim1.6g/cm^3$。饱和密度不用实测，往往用其他指标推导求得。

5. 浮密度

浮密度（或称浸水密度）是指土浸入水中受到水的浮力作用时的单位体积的质量。因土处于水面以下，孔隙全被水充满，同时又受到水的浮力作用，使土粒质量被减轻。

$$\rho' = \frac{m_s - V_s \rho_w}{V} \qquad (2-2-5)$$

式中　ρ'——土的浮密度，g/cm^3；

　　　m_s——土粒的质量，g；

　　　V_s——土粒的体积，cm^3；

　　　ρ_w——水的密度，g/cm^3。

在工程计算中，地下水位以下土层的密度，都要采用浮密度指标。

二、土的含水率

土中的水分为强结合水、弱结合水及自由水。土的含水率是指土中自由水的质量与固体颗粒质量之比，以百分数表示。

$$w = \frac{m_w}{m_s} \times 100\% \qquad (2-2-6)$$

式中　w——含水率，%；

　　　m_w——土中水的质量，g；

　　　m_s——干土质量，g。

测定方法常用烘干法或酒精燃烧法。其值越大，表明土中水分越多。一般砂土的天然含水率不超过 40%，多为 10%～30%，黏性土为 20%～50%。

三、饱和度

饱和度（也称饱水系数）是指土孔隙中水的体积（V_w）与全部孔隙体积（V_V）之比，以百分数表示。

$$S_r = \frac{V_w}{V_V} \times 100\% \qquad (2-2-7)$$

S_r 介于 0～1.0 之间，将土分为三种状态：

$$0 \leqslant S_r < 0.5 \quad 稍湿的$$
$$0.5 \leqslant S_r < 0.8 \quad 很湿的$$
$$0.8 \leqslant S_r \leqslant 1 \quad 饱和的$$

对砂性土的物理状态可以用 S_r 来表示，因为它对含水率的变化不敏感，当发生某种改变时，它的物理力学性质变化不大；而黏性土随着含水率增加，体积膨胀，结构也发生了改变。当处于饱和状态时，其力学性质可能降低为 0；还因黏粒间多是结合水，S_r 值也偏大，故对黏性土不用 S_r 这一指标。

四、土的孔隙性

土的孔隙性是指孔隙的大小、形状、数量及连通情况等特征。通常用孔隙度和孔隙比来表示。它决定于土粒排列的松紧程度。

1. 孔隙率

土的孔隙率是指土中孔隙的体积（V_V）与其总体积（V）之比，用百分数表示。

$$n = \frac{V_V}{V} \times 100\% \qquad (2-2-8)$$

颗粒排列紧密的土孔隙率小,反之则大。不均粒土的孔隙率小于均粒土的孔隙率。

2. 孔隙比

土的孔隙比是指土中孔隙的体积(V_V)与固体颗粒体积(V_s)之比,用小数表示。

$$e = \frac{V_V}{V_s} \qquad\qquad (2-2-9)$$

土的孔隙比越大,土越疏松。常见值为 $0.5\sim1.2$,若 $e<0.6$,可作为良好的地基;若 $e>1$,是工程性质不良的土。

n 与 e 不是实测指标,而是利用它们与 G_s、ρ、ω 等三项指标的关系来导出的。

五、土的物理指标换算关系

土的物理指标换算关系见表 2-2-1。

表 2-2-1   土的物理指标换算关系

指标	符号	物理表达式	换算关系式
干密度	ρ_d	$\rho_d = \dfrac{m_s}{V}$	$\rho_d = \dfrac{\rho}{1+\omega}$
饱和密度	ρ_{sat}	$\rho_{sat} = \dfrac{m_s + V_V \cdot \rho_w}{V}$	$\rho_{sat} = \dfrac{\rho(G_S - \rho_w)}{G_S(1+\omega)} + \rho_w$
浮密度	ρ'	$\rho' = \dfrac{m_s - V_s \cdot \rho_w}{V}$	$\rho' = \dfrac{\rho(G_S - \rho_w)}{G_S(1+\omega)}$
饱和度	S_r	$S_r = \dfrac{V_w}{V_V} \times 100\%$	$S_r = \dfrac{\rho G_S \cdot \omega}{\rho_w[G_S(1+\omega) - \rho]}$
孔隙率	n	$n = \dfrac{V_V}{V} \times 100\%$	$n = 1 - \dfrac{\rho}{G_S(1+\omega)}$
孔隙比	e	$e = \dfrac{V_V}{V_s}$	$e = \dfrac{G_S(1+\omega)}{\rho} - 1$

第三节 土 的 应 用

土和建筑是密不可分的,以至于人们把建筑行业统称为土木工程。在道路建筑中,土可被用作建筑材料,如作为路基(见图 2-3-1)、路面的构筑物;土也可作为建筑物周围的介质或环境,如隧道(见图 2-3-2)、涵洞及地下建筑等。

在道路工程中,石灰稳定土、石灰和水泥综合稳定土、石灰工业废渣稳定土等广泛用于路面的基层。石灰稳定土是指在土中掺入石灰和水,经拌和、压实及养生后而得到,包括石灰土(石灰稳定细粒土)、石灰粒料(石灰稳定中粗粒土,包括石灰砂砾土、石灰碎石土)。石灰水泥稳定土是用水泥和石灰稳定某种土,是将水泥和石灰与集料配合,加水经拌和、压实及养生后而得到。石灰工业废渣稳定土则是石灰和粉煤灰与集料配合,加水经拌和、压实及养生后而得到,包括二灰土、二灰砂、二灰砾石、二灰碎石。

图 2-3-1　沈阳—法库高速公路路基工程

图 2-3-2　阜新—盘锦高速公路海棠山隧道

复习思考题

1. 我国公路用土将土分为哪几大类？细分为多少种土？各种土如何定名？

2. 说出下列土符号的名称：B、Cb、G、S、M、C、F、O、GW、GF、GM、SP、SF、SC、CL、MH、CLO。

3. 土的物理性质指标主要有哪些？它们的含义和表达式是什么？

第三章 无机胶凝材料

 **基本要求**

熟悉气硬性胶凝材料和水硬性胶凝材料的概念。掌握石灰、石膏和水玻璃的定义、特性、技术性质要求和应用，熟悉它们的生产和硬化过程。掌握通用硅酸盐水泥的基本概念、熟料矿物组成及其特性、技术性质、技术标准和应用，熟悉硅酸盐水泥的生产及其凝结硬化，了解水泥石的腐蚀。了解其他品种水泥。

重 点

石灰、石膏和水玻璃的基本概念、特性、技术性质要求和应用。通用硅酸盐水泥的基本概念、技术性质、技术标准和应用。

工程上把能将其他材料胶结成为具有一定强度整体的材料，统称为胶凝材料（或称结合料）。其中，其他材料包括粉状材料（石粉等）、纤维材料（钢纤维、矿棉、玻纤、聚酯纤维等）、散粒材料（砂、石等）、块状材料（砖、砌块等）、板材（石膏板、水泥板等）。

胶凝材料按其化学成分不同分为无机胶凝材料和有机胶凝材料。无机胶凝材料按其能否在水中结硬，又分为气硬性胶凝材料和水硬性胶凝材料。气硬性胶凝材料只能在空气中硬化（如石灰、石膏、水玻璃等）。水硬性胶凝材料不仅能在空气中硬化，而且能在水中硬化（如各种水泥）。

第一节 石 灰

一、定义

1. 生石灰

（气硬性）生石灰由石灰石（包括钙质石灰石、镁质石灰石）焙烧而成，呈块状、粒状或粉状，化学成分主要为氧化钙，可和水发生放热反应生成消石灰。

2. 钙质石灰

主要由氧化钙或氢氧化钙组成，而不添加任何水硬性的或火山灰质的材料。

3. 镁质石灰

主要由氧化钙和氧化镁或氢氧化钙组成，而不添加任何水硬性的或火山灰质的材料。

二、分类和标记

1. 分类

（1）按生石灰的加工情况分为建筑生石灰和建筑生石灰粉。

（2）按生石灰的化学成分分为钙质石灰和镁质石灰两类。根据化学成分的含量每类分成不同等级，见表 3-1-1。

表 3-1-1　　　　　　　建筑生石灰分类（JC/T 479—2013）

类别	名称	代号
钙质石灰	钙质石灰 90	CL90
	钙质石灰 85	CL85
	钙质石灰 75	CL75
镁质石灰	镁质石灰 85	ML85
	镁质石灰 80	ML80

（3）建筑消石灰分类按扣除游离水和结合水后（CaO＋MgO）的百分含量加以分类，见表 3-1-2。

表 3-1-2　　　　　　　建筑消石灰分类（JC/T 481—2013）

类别	名称	代号
钙质消石灰	钙质消石灰 90	HCL90
	钙质消石灰 85	HCL85
	钙质消石灰 75	HCL75
镁质消石灰	镁质消石灰 85	HML85
	镁质消石灰 80	HML80

2. 标记

（1）生石灰的标记。

生石灰的识别标志由产品名称、加工情况和产品依据标准编号组成。生石灰块在代号后加 Q，生石灰粉在代号后加 QP。

示例：符合 JC/T 479—2013 的钙质石灰粉 90 标记为

CL 90—QP　JC/T 479—2013

说明：

CL——钙质石灰；

90——（CaO＋MgO）百分含量；

QP——粉状；

JC/T 479—2013——产品依据标准。

（2）消石灰的标记。

消石灰的识别标志由产品名称和产品依据标准编号组成。

示例：符合 JCT 481—2013 的钙质消石灰 90 标记为

HCL 90　JC/T 481—2013

说明：

HCL——钙质消石灰；

90——（CaO＋MgO）含量；

JC/T 481—2013——产品依据标准。

三、石灰的生产

石灰是由以碳酸钙（$CaCO_3$）为主要成分的岩石（如石灰石、白云石、白垩）为原料，经煅烧（加热至 900～1100℃），分解出二氧化碳后而得到的白色或灰白色的块状生石灰。其主要成分为氧化钙。化学反应如下：

$$CaCO_3 \xrightarrow{>900℃} CaO + CO_2 \uparrow \qquad (3-1-1)$$

优质的石灰洁白或略带灰色，质量较轻，多孔，生石灰块的堆积密度为 800～1000kg/m³。

石灰在煅烧过程中，由于石灰石原料的尺寸过大或煅烧温度较低等原因，会生成欠火石灰。欠火石灰的颜色发青，含有未完全分解的碳酸钙，有效氧化钙和氧化镁含量低，使用时缺乏黏结力。另一种情况是由于煅烧温度过高或时间过长，而生成过火石灰。过火石灰呈灰黑色，表面出现裂缝或玻璃状的外壳，体积收缩明显，密度大，消化缓慢，甚至用于建筑结构物中仍能继续消化，体积膨胀，导致结构物表面凸起和开裂等破坏现象，故危害极大。

煅烧石灰的岩石常含有少量的碳酸镁，它在650℃时分解生成氧化镁和排出二氧化碳，因此石灰中含有次要成分氧化镁。石灰按氧化镁含量不同分为钙质石灰（氧化镁含量≤5％）和镁质石灰（氧化镁含量＞5％）。

根据成品加工方法的不同分为：

(1) 生石灰块。由原料煅烧而成的原产品，主要成分为 CaO。

(2) 生石灰粉。由块状生石灰磨细而得到的细粉，主要成分为 CaO。

(3) 消石灰粉。（也称熟石灰）将生石灰用适量的水消化而得到的粉末，主要成分为 $Ca(OH)_2$。

(4) 石灰浆（石灰膏）。将生石灰加多量的水（约为石灰体积的3～4倍）消化而得到的可塑性浆体，主要成分为 $Ca(OH)_2$ 和水。如果水分加得更多，则呈白色悬浮液，称为石灰乳。

生石灰原料丰富，生产工艺简单，成本较低，因此石灰是建筑工程中使用最早和应用最广泛的材料之一，也是人类最早应用的胶凝材料。

四、石灰的消化和硬化

1. 石灰的消化（熟化）

在工程中生石灰可以磨成生石灰粉使用，更多的是将块状生石灰消化成消石灰粉或石灰膏后使用。其目的是使生石灰便于施工操作、具有一定的塑性和黏结性，而且可以剔除杂质。

生石灰加水反应生成氢氧化钙的过程称为石灰的消化或熟化。消化后的石灰称为消石灰或熟石灰。其化学反应式如下：

$$CaO + H_2O \longrightarrow Ca(OH)_2 + 64.9kJ/mol \qquad (3-1-2)$$

生石灰熟化的特点：一是放热反应，二是体积增大 1.0～2.5 倍。

将生石灰用适量的水消化而得到的粉末称为消石灰粉，其主要成分为 $Ca(OH)_2$。石灰消解的理论加水量仅为石灰质量的32％，但由于石灰消化是一个放热反应，实际加水量需达70％以上。将生石灰与多量的水（为石灰体积的3～4倍）消化而得到的可塑性浆体，称为石灰浆或石灰膏。如果水分加得更多，则呈白色悬浮液，称为石灰乳。

在石灰消化时，应控制加水速度和加水量。对活性大的石灰，消解时加水要快，水量要多，并不断搅拌，避免已消化的石灰颗粒包围于未消化颗粒的周围，使内部石灰不易消化。对活性差的石灰，加水要慢，水量要少，使水温不至于过低，以尽量减少未消化颗粒的含量。欠火石灰的消化虽快，但不能完全消化，未消化残渣含量高，有效 CaO 和 MgO 含量低，使用时缺乏黏结力。过火石灰的消化非常缓慢，在石灰硬化后仍在继续消化，体积膨胀，引起结构物隆起和开裂。为了消除过火石灰的危害，可在生石灰消化后通过筛网流入储灰池，在储灰池中陈伏半个月左右再使用。在陈伏期间，石灰浆表面应留有一层水膜，使之与空气隔绝，以防止石灰碳化（熟石灰与 CO_2 反应）。陈伏的目的是使过火石灰彻底熟化。

2. 石灰的硬化

石灰浆体在空气中逐渐硬化并产生一定的强度，石灰的硬化过程包括干燥硬化和碳化硬化两部分。

（1）石灰浆的干燥硬化。

石灰浆体在空气中，因水分的蒸发形成网状孔隙，滞留在孔隙中的自由水，由于表面张力的作用，而产生毛细管压力，使石灰粒子更加紧密而获得附加强度。此外，由于水分的蒸发，引起氢氧化钙溶液过饱和而结晶析出，并产生结晶强度。但结晶析出的氢氧化钙数量极少，因此强度增长不显著。其反应如下：

$$[Ca(OH)_2 + nH_2O] \xrightarrow{\text{晶化}} Ca(OH)_2 + nH_2O \uparrow \qquad (3-1-3)$$

（2）硬化石灰浆的碳化。

石灰浆体中的 $Ca(OH)_2$ 与空气中的 CO_2 作用生成 $CaCO_3$ 晶体，释放出水分并蒸发而使石灰浆硬化。碳化作用主要发生在与空气接触的石灰浆体表面。其反应如下：

$$Ca(OH)_2 + nH_2O + CO_2 \xrightarrow{\text{碳化}} CaCO_3 + (n+1)H_2O \qquad (3-1-4)$$

$CaCO_3$ 晶体与 $Ca(OH)_2$ 晶体相互共生，形成紧密交织的结晶网，从而使石灰浆体具有一定的强度。

石灰浆体的硬化包括上面两个同时进行的过程，即内部以干燥硬化为主，表层则以碳化硬化为主。由于空气中 CO_2 含量较低，而且表面形成的 $CaCO_3$ 薄层阻止 CO_2 进入内部，又阻碍内部水分的蒸发，故石灰的硬化较减慢。

五、石灰的特性

（1）可塑性好。生石灰消化为石灰浆生成的 $Ca(OH)_2$，是以胶体分散状态的颗粒存在，总表面积大，表面吸附了一层较厚的水膜，保水性好；水膜降低了颗粒间的摩擦力，使浆体具有良好的塑性，易摊铺成薄层。把石灰膏加入到水泥砂浆中，砂浆的保水性和可塑性显著提高。

（2）强度低。石灰是一种硬化缓慢、强度较低的胶凝材料。石灰和砂以 1：3 的比例配制的石灰砂浆，28d 抗压强度仅 0.2～0.5MPa。

（3）硬化时体积收缩大。石灰在硬化过程中蒸发大量的水分，产生较大的体积收缩而开裂。工程中为了减少收缩，在石灰浆中掺入砂或麻刀，既提高了抗拉强度、抵抗了开裂，又促进了水分的蒸发，提高了硬化的速度，还可节约石灰。

（4）耐水性差。尚未硬化的石灰浆体，处于潮湿环境中，由于水分无法蒸发而不能硬化；硬化的石灰受潮后，由于 Ca（OH）$_2$ 易溶解于水而使强度降低，在水中还会溃散，故石灰不宜用于潮湿环境中。

六、石灰的技术要求和技术标准

1. 石灰的技术性质

（1）有效氧化钙和氧化镁含量。

石灰中产生黏结性的有效成分是活性氧化钙和氧化镁，它们的含量是评价石灰质量的主要指标。石灰中有效氧化钙和氧化镁的含量越多，石灰的活性越高，质量越好，黏结性也越好。

石灰中氧化钙分为结合氧化钙和游离氧化钙两类。结合氧化钙是在煅烧中生成的钙盐，不起胶凝作用。游离氧化钙又分为活性和非活性两种。非活性氧化钙是由渣化或过烧造成的，它通过粉碎后可变成活性的氧化钙。有效氧化钙是指活性的游离氧化钙。

有效氧化钙含量是石灰中活性的游离氧化钙占石灰试样质量百分率，用中和滴定法测定；氧化镁含量是石灰中氧化镁占石灰试样质量百分率，用络合滴定法测定。

（2）生石灰产浆量。

生石灰产浆量是指质量为 10kg 的生石灰经消化后，所产石灰浆体的体积（dm^3）。石灰产浆量越高，则表示其质量越好。

（3）二氧化碳（CO$_2$）含量。

生石灰或生石灰粉中 CO$_2$ 的含量越高，说明石灰石在煅烧时欠火造成的未完全分解的碳酸盐含量越高，则有效氧化钙和氧化镁含量越低，石灰的黏结力越差。

（4）三氧化硫（SO$_3$）含量。

生石灰中三氧化硫含量过多时，在石灰硬化后，会产生体积膨胀，导致结构物表面凸起和开裂等破坏现象，引起石灰体积安定性不良。

（5）消石灰游离水含量。

消石灰粉游离水含量是指化学结合水以外的含水量。生石灰在消化时加水量是理论需水量的 2～3 倍，除部分水被消化放热蒸发掉外，多加的水残留于氢氧化钙中，蒸发后留下孔隙会加剧消石灰粉的碳化作用，从而影响石灰的质量。

（6）细度。

细度是指石灰颗粒的粗细程度。以石灰在规定的套筛上筛余百分率控制，过量的筛余物将影响石灰的黏结性。筛余物包括未消化的过火石灰和欠火石灰颗粒，含有大量钙盐的石灰颗粒或未燃尽的煤渣等。石灰越细，其活性越大。

（7）体积安定性。

体积安定性是指消石灰粉在消化、硬化过程中体积变化的均匀性。

2. 石灰的技术标准

（1）生石灰的技术要求。

建筑生石灰按氧化镁含量分为钙质石灰（氧化镁含量≤5%）和镁质石灰（氧化镁含量＞5%）两类。

按《建筑生石灰》（JC/T 479—2013），建筑生石灰的化学成分应符合表 3 - 1 - 3 要求。建筑生石灰的物理性质应符合表 3 - 1 - 4 要求。

表 3-1-3 建筑生石灰的化学成分 (JC/T 479—2013)

名称	氧化钙和氧化镁 (CaO+MgO)	氧化镁 (MgO)	二氧化碳 (CO$_2$)	三氧化硫 (SO$_3$)
CL 90—Q CL 90—QP	≥90	≤5	≤4	≤2
CL 85—Q CL 85—QP	≥85	≤5	≤7	≤2
CL 75—Q CL 75—QP	≥75	≤5	≤12	≤2
ML 85—Q ML 85—QP	≥85	>5	≤7	≤2
ML 80—Q ML 80—QP	≥80	>5	≤7	≤2

表 3-1-4 建筑生石灰的物理性质 (JC/T 479—2013)

名称	产浆量 (dm^3/10kg)	细度	
		0.2mm 筛余量 (%)	90μm 筛余量 (%)
CL 90—Q	≥26	—	—
CL 90—QP	—	≤2	≤7
CL 85—Q	≥26	—	—
CL 85—QP	—	≤2	≤7
CL 75—Q	≥26	—	—
CL 75—QP	—	≤2	≤7
ML 85—Q		—	—
ML 85—QP		≤2	≤7
ML 80—Q		—	—
ML 80—QP		≤7	≤2

注：其他物理特性，根据用户要求，可按照 JC/T 478.1 进行测试

(2) 建筑消石灰粉技术要求。

消石灰氧化镁含量≤5%称为钙质消石灰，氧化镁含量>5%称为镁质消石灰。

建筑消石灰的化学成分和物理性质分别应符合表 3-1-5 和表 3-1-6 的要求。

表 3-1-5 建筑消石灰的化学成分 (JC/T 481—2013)

名称	氧化钙+氧化镁 (CaO+MgO)	氧化镁 (MgO)	三氧化硫 (SO$_3$)
HCL 90	≥90	≤5	≤2
HCL 85	≥85	≤5	≤2
HCL 75	≥75	≤5	≤2
HML 85	≥85	>5	≤2
HML 80	≥80	>5	≤2

注：表中数值以试样扣除游离水和化学结合水后的干基为基准

表 3 - 1 - 6　　　　　　　建筑消石灰的物理性质（JC/T 481—2013）

名称	游离水%	细度		安定性
		0.2mm 筛余量（%）	90μm 筛余量（%）	
HCL 90				
HCL 85				
HCL 75	≤2	≤2	≤7	合格
HML 85				
HML 80				

七、石灰的工程应用和储存

1. 石灰的工程应用

（1）路面的基层。在道路工程中，石灰稳定土、石灰和水泥综合稳定土、石灰粉煤灰稳定土及石灰粉煤灰稳定碎石等广泛用于路面的基层，如图 3-1-1 所示。

（2）配制砂浆。用石灰膏可配制成石灰砂浆、石灰水泥混合砂浆或石灰粉煤灰砂浆，广泛用于圬工砌体或抹面等工程，如图 3-1-2 所示。

图 3-1-1　石灰水泥稳定土基层　　　　图 3-1-2　阜朝高速公路用砌筑砂浆砌筑挡墙

（3）加固软土地基。在软土地基中打入生石灰桩，可利用生石灰吸水产生膨胀对桩周围土壤起挤密作用，利用生石灰和黏土矿间产生的胶凝反应使周围的土固结，从而提高地基的承载力。

（4）工地上有两种熟化方法。一种方法是把石灰熟化成石灰膏，用于配制砌筑砂浆、抹面砂浆，把生石灰放在化灰池中熟化成石灰乳，通过筛网流入储灰池中，经沉淀除去上层水分；另一种方法是把石灰熟化成熟石灰粉，用于拌制石灰土，多在工厂中常用分层淋灰法，将生石灰加适量的水，加水量以充分熟化而又不过湿成团为度。熟石灰粉在使用前，也应有类似石灰膏的陈伏时间。

（5）涂料。将石灰或消石灰粉加入过量的水制成石灰乳是一种传统的室内粉刷涂料。

（6）不宜用在潮湿的环境。石灰硬化后的强度不高，在潮湿的环境中，石灰遇水会溶解溃散，强度会降低，因此石灰不宜在长期潮湿的环境中或有水环境中使用。

2. 石灰的运输和储存

生石灰和消石灰产品可以散装或袋装。建筑生石灰是自热材料，不应与易燃、易爆和液体物品混装。在运输和储存时不应受潮和混入杂物，不宜长期储存。不同类生石灰和消石灰应分别储存或运输，不得混杂。

第二节 石 膏

石膏是以硫酸钙为主要成分的气硬性胶凝材料。由于它的资源丰富，其制品具有一系列的优良性质，且生产能耗低，在建筑工程中有广泛的应用。其中发展最快的是纸面石膏板、纤维石膏板、建筑饰面板及隔音板等新型土木工程材料。建筑石膏是白色粉末状的材料，凝结速度快、质轻、胶凝性好、隔音隔热性好、防火阻燃性好，广泛用于建筑、建材、工业模具和艺术模型、化学工业及农业、食品加工和医药美容等领域，是一种重要的工业原材料。

一、建筑石膏的定义

1. 建筑石膏

天然石膏或工业副产品石膏经脱水处理制得的，以 β 半水硫酸钙（β—$CaSO_4 \cdot 1/2H_2O$），不预加任何外加剂或添加物的粉状胶凝材料。

2. 工业副产石膏

化学石膏是工业生产过程中产生的富含二水硫酸钙的副产品。

（1）烟气脱硫石膏。采用石灰或石灰石湿法脱除烟气中二氧化硫时产生的，以二水硫酸钙为主要成分的副产品。

（2）磷石膏。采用磷矿石为原料，湿法制取磷酸时所得的，以二水硫酸钙为主要成分的副产品。

3. 天然建筑石膏

以天然建筑石膏为原料，制取的建筑石膏。

4. 工业副产建筑石膏

以工业副产石膏为原料制取的建筑石膏。

（1）脱硫建筑石膏。以烟气脱硫石膏为原料制取的建筑石膏。

（2）磷建筑石膏。以磷石膏为原料制取的建筑石膏。

二．分类和标记

1. 建筑石膏的分类

（1）按原材料种类分为三类，见表 3 - 2 - 1。

表 3 - 2 - 1　　　　　　　建筑石膏的分类 （GB/T 9776—2008）

类别	天然建筑石膏	脱硫建筑石膏	磷建筑石膏
代号	N	S	P

（2）按 2h 强度（抗折）分为 3.0、2.0、1.6 三个等级。

2. 建筑石膏的标记

按产品名称、代号、等级及标准编号的顺序标记。

示例：等级为 2.0 的天然建筑石膏标记为：建筑石膏 N2.0 GB/T 9776—2008。

三、石膏的生产及品种

生产石膏的原料主要是天然石膏和化学石膏。天然石膏（又称软石膏或生石膏），常用的主要是天然二水石膏（$CaSO_4 \cdot 2H_2O$）。化学石膏是工业生产过程中产生的富含二水硫酸钙的副产品（磷石膏、烟气脱硫石膏、氟石膏、硼石膏）。

生石膏或化工石膏经破碎、加热、煅烧与磨细即得石膏胶凝材料。因原材料质量不同、煅烧时温度和压力不同，可得到不同性能的石膏产品。

1. 低温煅烧石膏

天然石膏或工业副产石膏在常压下加热至 107～170℃ 时，煅烧成 β 型半水石膏（称建筑石膏，也称熟石膏）。反应式如下：

$$CaSO_4 \cdot 2H_2O \xrightarrow{107 \sim 170℃} CaSO_4 \cdot \frac{1}{2}H_2O + \frac{3}{2}H_2O \qquad (3-2-1)$$

β 型半水石膏结晶细小，杂质少，白度较高，如果磨细就称为模型石膏，是建筑装饰制品的主要原料。

生石膏或工业副产石膏在 0.13MPa、124℃ 的蒸压釜内蒸炼，可得到 α 型半水石膏（称高强石膏），其晶粒较粗，比表面积小，拌制石膏浆体时的需水量较小，因此硬化后的强度较高。反应式如下：

$$CaSO_4 \cdot 2H_2O \xrightarrow{0.13MPa, \ 124℃} CaSO4 \cdot \frac{1}{2}H_2O + \frac{3}{2}H_2O \qquad (3-2-2)$$

高强石膏可用于室内抹灰，制作装饰制品和石膏板。若掺入防水剂可制成高强度抗水石膏，可在潮湿环境中使用。

2. 高温煅烧石膏

高温煅烧石膏是天然石膏在 600～900℃ 下煅烧后经磨细而得到的产品。高温下二水石膏脱水成为无水硫酸钙（CaSO4），部分硫酸钙分解成氧化钙（CaO），因此高温煅烧石膏是 CaSO4 和 CaO 的混合物。

高温煅烧石膏与建筑石膏比较，凝结硬化慢，其中 CaO 是无水石膏与水进行反应的激发剂，硬化后强度和耐磨性高，耐水性好。用它调制抹灰、砌筑及制造人造大理石的砂浆，可用于铺设地面，也称地板石膏。

四、建筑石膏的凝结与硬化

建筑石膏与水拌和后，成为可塑的浆体，随后逐渐变稠失去可塑性，但尚无强度，这一过程称为凝结，以后浆体逐渐变成具有一定强度的固体，这一过程称为硬化。半水石膏水化反应如下：

$$CaSO_4 \cdot \frac{1}{2}H_2O + \frac{3}{2}H_2O \longrightarrow CaSO_4 \cdot 2H_2O \qquad (3-2-3)$$

半水石膏加水后首先是溶解，发生水化反应生成二水石膏。由于二水石膏的溶解度为（20℃时为 2.05g/L）比半水石膏（20℃时为 8.16g/L）小得多，所以二水石膏不断从过饱和溶液中析出结晶，破坏了半水石膏溶液的平衡状态，使半水石膏进一步溶解和水化来补充溶液浓度。如此循环进行，直到半水石膏全部耗尽，这一过程称为水化。水化进行得较快，为 7～12min。

随着水化的进行，二水石膏胶体颗粒的数量不断增多，它比半水石膏颗粒小得多，即总表面积增大，因而吸附水量也增大。由于水分的蒸发和水化反应，使水分逐渐减少，浆体变稠而失去可塑性，这就是凝结过程。

随着浆体变稠，二水石膏胶体微粒逐渐变为晶体，晶体逐渐长大、共生和相互交错形成结晶结构网，使浆体强度不断增长，直到完全干燥，晶体之间的摩擦力和黏结力达到最大值，强度才停止发展，这就是建筑石膏的硬化过程。

五、建筑石膏的特性

1. 凝结硬化快

建筑石膏加水拌和后的初凝时间不早于 6min，终凝时间不迟于 30min，一周左右完全硬化，硬化较快。初凝时间较短使施工成型困难，为延缓其凝结时间，可以掺入缓凝剂，使半水石膏溶解度降低，使水化速度减慢。

2. 硬化时体积微膨胀

胶凝材料硬化过程中往往产生收缩，而石膏却略有膨胀。利用石膏的膨胀性塑造的各种建筑装饰制品，形体饱满，表面光滑，干燥时不开裂，有利于制造复杂的图案花型。

3. 孔隙率大、质轻、强度低

石膏水化的理论需水量只占半水石膏的 18.6%，为了使石膏浆体具有可塑性，通常加水 60%~80%，多余的水分蒸发后留下孔隙，其孔隙率约达总体积的 50%~60%，故石膏制品表观密度小，质轻，但是强度低。

4. 隔热保温性好、吸音性强

石膏硬化后孔隙率较大，隔热保温性好、吸音性强。又因石膏热容量大，吸湿性强，具有一定的调温调湿性，可对室内湿度和温度起到一定调节作用。

5. 防火性能好

石膏硬化后主要成分 $CaSO_4 \cdot 2H_2O$，当温度高于 100℃时，结晶水蒸发，这部分水约占总量的 21%。蒸发的水蒸气吸收热量降低了石膏的表面温度，脱水后的无水石膏又是良好的绝热体，因而可阻止火势蔓延，起到防火作用。

6. 耐水性和抗冻性差

石膏硬化后具有很强的吸水性，二水石膏微溶于水，长期浸水会使强度显著下降；若吸水后受冻，则水结冰产生体积膨胀，使石膏产生崩裂。所以石膏的耐水性、抗渗性和抗冻性均较差。

六、建筑石膏的技术要求

1. 组成

建筑石膏组成中 β 半水硫酸钙（$β—CaSO_4 \cdot \frac{1}{2} H_2O$）的含量（质量分数）应不小于 60.0%。

2. 物理力学性能

建筑石膏的物理力学性能应符合表 3-2-2 的要求。

3. 放射性核素限量

工业副产品建筑石膏的放射性核素限量应符合 GB 6565 的要求。

表 3 - 2 - 2　　　　　　　　　建筑石膏物理力学性能 （GB 9776—2008）

等级	细度（0.2mm方孔筛筛余）（%）	凝结时间（min）		2h强度（MPa）	
		初凝	终凝	抗折	抗压
3.0				≥3.0	≥6.0
2.0	≤10	≥3	≤30	≥2.0	≥4.0
1.6				≥1.6	≥3.0

4. 限制成分

工业副产品建筑石膏中限制成分氧化钾（K_2O）、氧化钠（Na_2O）、氧化镁（MgO）、五氧化二磷（P_2O_5）和氟（F）的含量由供需双方商定。

七、建筑石膏的应用

1. 室内粉刷、抹灰、油漆打底层

建筑石膏可用于室内粉刷材料。粉刷后的表面光滑、细腻、洁白美观。石膏浆掺入少量石灰，或者将建筑石膏加水和砂制成石膏砂浆，用于室内抹灰或作为油漆打底使用。石膏砂浆具有保温性能好、热容量大、吸湿性强等特点，因此能够调节室内温度及湿度，给人以舒适感。抹灰墙面具有绝热、防火、吸声，以及施工方便、凝结硬化快、黏结牢固等特点，所以称为室内高级粉刷和抹灰材料。石膏抹灰的墙面及顶棚，可直接涂刷油漆和粘贴墙纸。粉刷石膏的技术性质应符合《粉刷石膏》JC/T 517—2004 的要求。

2. 石膏板

石膏板是以建筑石膏为主要原料，加入纤维、黏结剂、改性剂，经混炼压制、干燥等处理而成。石膏板具有轻质、隔热保温、隔音、不燃、防火、调湿、美观、不老化、防虫蛀，可锯可钉施工方便等性能，但耐潮性差，它是一种有发展前途的新型材料。我国目前生产的石膏板，主要有纸面石膏板、石膏装饰板、纤维石膏板和石膏空心条板等。

（1）纸面石膏板。纸面石膏板以建筑石膏为主要原料，掺入纤维、外加剂（如发泡剂、缓凝剂等）和适量的填料，加水拌成料浆，浇注成型后以石膏作芯，两面用纸做护面，经切断，烘干而成。它主要用于室内内墙、隔墙、天花板等处。具有重量轻、隔音、隔热、加工性能强、施工方法简便的特点。纸面石膏板技术性质应符合《纸面石膏板》GB/T 9775—2008 的要求。

（2）石膏装饰板。石膏装饰板以建筑石膏为主要原料，加入少量纤维增强材料及外加剂，加水搅拌成均匀料浆，浇注成型、硬化、干燥制成。有平板、多孔板、花纹板及浮雕板等，造型美观，品种多样，主要用于内墙饰面板及天花板。孔板还具有一定的吸声性能和较好的装饰效果。

如在板材的背面四边加厚，并带有一定的嵌口可制成嵌装式装饰石膏板。以具有穿透孔洞的嵌装式装饰石膏板作为面板，在其背面复合吸声材料，可制成嵌装式吸声石膏板。嵌装式装饰石膏板主要用作天棚材料，特别适用于影剧院、大礼堂及展览厅等公共场所。

石膏装饰板的技术性质应符合《石膏装饰板》JC/T 799—2007 的要求。

（3）石膏空心条板。石膏空心条板是以建筑石膏为主要原料，掺加适量轻质填料或少量纤维材料，以提高板的抗折强度和减轻自重，在经加水搅拌、振动、成型、抽芯、脱模、烘干而成。这种石膏板不用纸，工艺简单，施工方便，同时不用龙骨，强度较高，多用作内墙或隔墙。

石膏空心条板的技术性质应符合《石膏空心条板》JC/T 829—2010 的要求。

（4）纤维石膏板。纤维石膏板是以建筑石膏为主要原料，掺加适量纤维增强材料（玻璃纤维、纸筋或矿棉等）制成浆料，经成型、脱水而制成。它的抗折强度和弹性模量高，主要用于内墙和隔墙，也可用来代替木材制作家具。

此外还有石膏蜂窝板、石膏矿棉复合板、防潮石膏板等，分别用作绝热板、吸声板、内墙、隔墙板和天花板等。

3. 石膏砌块

石膏砌块是以建筑石膏为主要原材料，经加水搅拌、浇注成型和干燥制成的轻质建筑石膏制品。它具有隔声、防火、调节室内空气湿度、不易开裂、加工性好、施工速度快、效率高等多项优点，是一种性价比高、低碳环保、健康、符合时代发展要求的新型墙体材料。

（1）按其结构特性，可分为石膏实心砌块（S）和石膏空心砌块（K）。

（2）按其石膏来源，可分为天然石膏砌块（T）和化学石膏砌块（H）。

（3）按其防潮性能，可分为普通石膏砌块（P）和防潮石膏砌块（F）。

（4）按成型制造方式，可分为手工石膏砌块和机制石膏砌块。

石膏砌块的技术性质应符合《石膏砌块》JC/T 698—2010 的要求。

4. 艺术装饰石膏制品

艺术装饰石膏制品是采用优质建筑石膏，配以纤维增强材料，胶黏剂等，与水拌制成浆料，经注模成型、硬化、干燥而成，如浮雕艺术石膏角线、线板、角花、灯圈、灯座、壁炉、罗马柱、雕塑等，主要用于室内墙面和顶棚。

5. 建筑石膏运输和储存

建筑石膏一般采用袋装或散装。建筑石膏在运输和储存时，不得受潮和混入杂物。储存期为三个月，受潮或过期都会使石膏制品强度显著降低。

第三节 水 玻 璃

一、水玻璃的定义

水玻璃（也称泡花碱），成分为硅酸钠，分子式 $Na_2O \cdot nSiO_2$。

液体硅酸钠为无色、略带色的透明或半透明黏稠状液体。固体硅酸钠为无色、略带颜色的透明或半透明玻璃块状物体。水玻璃 $Na_2O \cdot nSiO_2$ 溶于水，其中 n 为二氧化硅与碱金属氧化物的分子比，称为水玻璃模数。n 值越大，水玻璃黏度越大，越难溶于水，但易硬化，强度高，耐酸、耐热性好。常用的水玻璃模数为 $2.6 \sim 2.8$。

二、水玻璃的分类、分型

工业硅酸钠分为两类。

1. 液体硅酸钠

液体硅酸钠分为四种型号：液—1、液—2、液—3、液—4。

2. 固体硅酸钠

固体硅酸钠分为三种型号：固—1、固—2、固—3。

液—1、液—2、固—1、固—2、固—3型产品主要用作黏结剂、填充剂和化工原料等。

液—3 产品主要用于建材业。液—4 和固—3 型产品用于铸造业中作黏结剂等。

三、水玻璃的生产

生产水玻璃是将石英砂和碳酸钠磨细拌匀，在熔炉内加热至 1300～1400℃，熔融而生成硅酸钠，冷却后即为固态水玻璃：

$$Na_2CO_3 + nSiO_2 \xrightarrow{1300 \sim 1400℃} Na_2O \cdot nSiO_2 + CO_2 \uparrow \qquad (3-3-1)$$

将固态水玻璃在水中加热溶解后称为液体水玻璃。

四、水玻璃的硬化

水玻璃在空气中吸收二氧化碳，析出二氧化硅凝胶，凝胶脱水干燥后成为固态的 SiO_2 而逐渐硬化。

$$Na_2O \cdot nSiO_2 + CO_2 + mH_2O \longrightarrow Na_2CO_3 + nSiO_2 \cdot mH_2O \qquad (3-3-2)$$

由于空气中的 CO_2 浓度很低，故水玻璃的硬化过程非常很慢，为了加速硬化，常加入氟硅酸钠（Na_2SiF_6）作为促硬剂，其反应式如下：

$$2[Na_2O \cdot nSiO_2] + Na_2SiF_6 + mH_2O \longrightarrow 6NaF + (2n+1)SiO_2 \cdot mH_2O$$

$$(3-3-3)$$

氟硅酸钠不仅能加速硬化，还能提高水玻璃的耐水性与强度，但它有一定的毒性，操作时应注意安全，其掺量为水玻璃的 12%～15%。

五、水玻璃技术指标

水玻璃技术指标应符合《工业硅酸钠》GB/T 4209—2008 的要求。

工业硅酸钠应符合表 3-3-1 和表 3-3-2 的要求。

表 3-3-1　　　　　　　　　　　液体硅酸钠（GB/T 4209—2008）

指标项目		液—1			液—2			液—3			液—4		
		优等品	一等品	合格品	优等品	一等品	合格品	优等品	一等品	合格品	优等品	一等品	合格品
铁（Fe），$w(\%)$	≤	0.02	0.05	—	0.02	0.05	—	0.02	0.05	—	0.02	0.05	—
水不溶物，$w(\%)$	≤	0.10	0.40	0.50	0.10	0.40	0.50	0.20	0.60	0.80	0.20	0.80	1.00
密度（20℃），（g/mL）		1.336～1.362			1.368～1.394			1.436～1.465			1.526～1.559		
氧化钠（Na_2O），$w(\%)$	≥	7.5			8.2			10.2			12.8		
二氧化硅（SiO_2），$w(\%)$	≥	25.0			26.0			25.7			29.2		
模数		3.41～3.60			3.10～3.40			2.60～2.90			2.20～2.50		

表 3-3-2　　　　　　　　　　　固体硅酸钠（GB/T 4209—2008）

指标项目		固—1			固—2			固—3	
		优等品	一等品	合格品	优等品	一等品	合格品	一等品	合格品
可溶固体，$w(\%)$	≥	99.0	98.0	95.0	99.0	98.0	95.0	98.0	95.0
铁（Fe），$w(\%)$	≤	0.02	0.12	—	0.02	0.12	—	0.10	—
氧化铝，$w(\%)$	≤	0.30	—	—	0.25	—	—	—	—
模数		3.41～3.60			3.10～3.40			2.20～2.50	

六、水玻璃的特性与应用

水玻璃具有良好的黏结性，硬化后具有较高的强度、较强的耐酸性和耐热性。

1. 用作涂料

把水玻璃溶液喷涂在建筑材料表面，如天然石材、混凝土、黏土砖及硅酸盐制品等，可以提高材料的密实度、强度、耐水性和抗风化能力。

2. 耐酸材料

水玻璃是一种耐酸材料。水玻璃硬化后的主要成分是 SiO_2，它的耐酸性很高，除氢氟钠、过热磷酸和高级脂肪酸外，几乎在所有酸性介质中都有较高的化学稳定性。用水玻璃作胶凝材料，与耐酸骨料可配制耐酸砂浆及耐酸混凝土等，用于耐酸工程中。

3. 耐热材料

水玻璃硬化后形成 SiO_2 空间网状骨架，具有良好的耐热性，可采用耐热骨料配制水玻璃耐热砂浆和耐热混凝土，用于耐热工程。

4. 灌浆材料

用水玻璃与氯化钙溶液交替灌入土壤内可以加固地基，反应式如下：

$$Na_2O \cdot nSiO_2 + CaCl_2 + xH_2O \longrightarrow NaCl + nSiO_2 \cdot (x-1)H_2O + Ca(OH)_2$$

$$(3\text{-}3\text{-}4)$$

反应生成的硅胶能包裹土粒并填充其孔隙，既能提高基础的承载力，又能增强不透水性。

第四节 水 泥

水泥是一种粉末状的水硬性胶凝材料。它与水拌和后成为可塑性的浆体，既能在空气中硬化，又能在水中硬化，并能将砂石等材料胶结成具有一定强度的整体。水泥是建筑工程中用量最大的建筑材料之一，它广泛用于工业与民用建筑、交通、水利、国防等工程。

水泥的种类繁多，按其主要水硬性物质名称分为：硅酸盐类水泥、铝酸盐类水泥、硫铝酸盐类水泥和铁铝酸盐类水泥等。按其用途和性能分为：通用水泥、专用水泥及特性水泥三大类。通用水泥为用于一般土木建筑工程的水泥，如六大品种通用水泥。专用水泥是指专门用途的水泥，如道路水泥、砌筑水泥等。而特性水泥是某种性能比较突出的水泥，如快硬水泥、抗硫酸盐水泥、低热水泥和膨胀水泥等。

硅酸盐类水泥在所有的水泥中，品种最多、应用最广。在道路与桥梁工程中通常应用是六大品种通用水泥，以硅酸盐水泥与普通硅酸盐水泥为主。由于道路路面对水泥的特殊要求，近年来已生产出了道路水泥。此外，在某些特殊工程中，还使用铝酸盐水泥、膨胀水泥和快硬水泥等。

一、通用硅酸盐水泥的定义及分类

1. 通用硅酸盐水泥的定义

通用硅酸盐水泥是以硅酸盐水泥熟料和适量的石膏，及规定的混合材料制成的水硬性胶凝材料。

2. 通用硅酸盐水泥的分类

通用硅酸盐水泥按混合材料的品种和掺量分为硅酸盐水泥、普通硅酸盐水泥、矿渣硅酸盐水泥、火山灰质硅酸盐水泥、粉煤灰硅酸盐水泥和复合硅酸盐水泥六大品种。

3. 通用硅酸盐水泥的组分与材料

（1）组分。通用硅酸盐水泥的组分见表3-4-1。

表 3-4-1　　　　　　　　通用硅酸盐水泥的组分表（GB 175—2007）

品种	代号	组分（质量分数）				
		熟料＋石膏	粒化高炉矿渣	火山灰质混合材料	粉煤灰	石灰石
硅酸盐水泥	P·Ⅰ	100	—	—	—	—
	P·Ⅱ	≥95	≤5	—	—	—
		≥95	—	—	—	≤5
普通硅酸盐水泥	P·O	≥80且＜95	>5且≤20①			
矿渣硅酸盐水泥	P·S·A	≥50且＜80	>20且≤50②	—	—	—
	P·S·B	≥30且＜50	>50且≤70②	—	—	—
火山灰质硅酸盐水泥	P·P	≥60且＜80		>20且≤40③	—	—
粉煤灰硅酸盐水泥	P·F	≥60且＜80	—	—	>20且≤40④	—
复合硅酸盐水泥	P·C	≥50且＜80	>20且≤50⑤			

①、②、③、④、⑤详见《通用硅酸盐水泥》（GB 175—2007）规定。

（2）材料。硅酸盐水泥熟料主要是由含 CaO、SiO_2、Al_2O_3、Fe_2O_3 的原料，按适当比例磨成细粉烧至部分熔融所得以硅酸钙为主要矿物成分的水硬性胶凝物质。其中硅酸钙矿物含量（质量分数）不小于66%，氧化钙和氧化硅质量比不小于2.0。

活性混合材料应符合标准要求的有粒化高炉矿渣、粒化高炉矿渣粉、粉煤灰、火山灰质混合材料。

非活性混合材料活性指标分别低于标准要求的有包括粒化高炉矿渣、粒化高炉矿渣粉、粉煤灰、火山灰质混合材料；石灰石和砂岩，其中石灰石中的三氧化二铝含量（质量分数）应不大于2.5%。

二、硅酸盐水泥生产

生产硅酸盐水泥熟料，主要是石灰质原料和黏土质原料两大类。石灰质原料（如石灰石、白垩、石灰质凝灰岩等）主要提供 CaO，黏土质原料（如黏土、黏土质页岩、黄土等）主要提供 SiO_2、Al_2O_3 和 Fe_2O_3。当两种原料化学组成不能满足要求时，还要加入少量校正原料（如硅藻土、黄铁矿渣）等进行调整。

硅酸盐水泥的生产工艺可概括为"两磨一烧"。水泥生产流程见图3-4-1。

（1）生料的磨细：各种原料按适当的比例配合，在磨机中磨细而成生料。

（2）生料的煅烧：将生料入窑进行煅烧至1450℃左右，生料中的 $CaO-SiO_2-Al_2O_3-Fe_2O_3$ 经过复杂的化学反应，生成以硅酸钙为主要成分的硅酸盐水泥熟料。

（3）熟料的磨细：为延缓水泥的凝结时间，在硅酸盐水泥熟料中加入质量3%左右的石膏共同磨细，即为硅酸盐水泥。

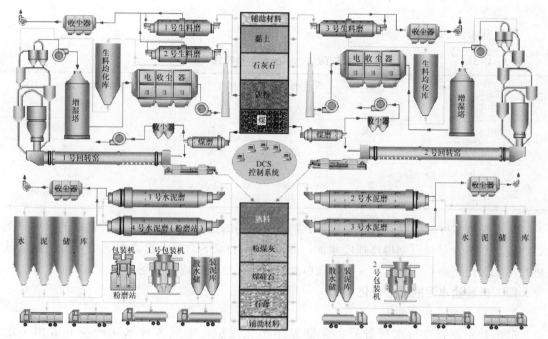

图 3-4-1 水泥生产流程图

水泥分为散装水泥（见图 3-4-2）和袋装水泥（见图 3-4-3）。散装水泥在流通环节都是在密闭的容器中，因而质量有保证，可实现机械化操作，生产成本比袋装水泥低。

图 3-4-2 散装水泥专用运输车

图 3-4-3 袋装水泥运输车

三、硅酸盐水泥的矿物组成及特性

1. 硅酸盐水泥的矿物组成

硅酸盐水泥熟料主要由四种矿物组成，其简式与含量列于表 3-4-2。

表 3-4-2　　　　　　　　　　硅酸盐水泥熟料的矿物组成

矿物组成	化学组成	简式	大致含量（%）
硅酸三钙	$3\,CaO \cdot SiO_2$	C_3S	37～60
硅酸二钙	$2\,CaO \cdot SiO_2$	C_2S	15～37
铝酸三钙	$3\,CaO \cdot Al_2O_3$	C_3A	7～15
铁铝酸四钙	$4\,CaO \cdot Al_2O_3 \cdot Fe_2O_3$	C_4AF	10～18

2. 硅酸盐水泥矿物的特性

硅酸盐水泥的四种矿物特性归纳见表 3 - 4 - 3。

表 3 - 4 - 3　　　　　　　　　　硅酸盐水泥主要矿物特性

矿物组成 特性		硅酸三钙 (C_3S)	硅酸二钙 (C_2S)	铝酸三钙 (C_3A)	铁铝酸四钙 (C_4AF)
与水反应速度		快	最慢	最快	较快
水化热		较大	最小	最大	中
抗压强度	早期	最高	低	低	低 （C_4AF 对水泥抗折强度有利）
	后期		高		

水泥是由多种矿物组成的，改变各矿物组分之间的比例，则可生产各种性能的水泥。例如，提高 C_3S 含量可以制得高强度水泥；降低 C_3A 和 C_3S 含量，提高 C_2S 含量则可制得低热大坝水泥；提高 C_4AF 和 C_3S 含量则可制得抗折强度高的道路水泥。

四、硅酸盐水泥的凝结硬化

1. 硅酸盐水泥的水化

硅酸盐水泥颗粒与水接触后，立即发生水化反应，生成各种水化产物并放出一定热量：

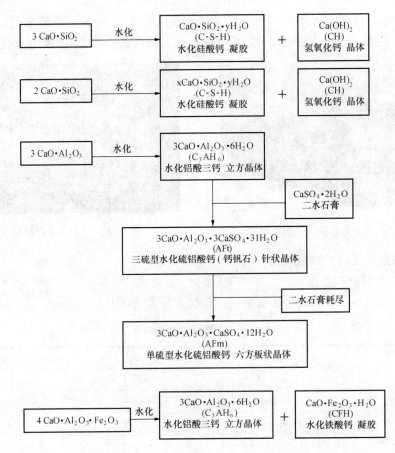

C—S—H 在高温高压下可由凝胶状态转变为晶体状态，在常温下 C—S—H 须经长期硬化才能转变成为晶体。CFH 的胶凝性较差。在有石膏存在时，生成三硫型水化铁铝酸钙和单硫型的水化铁铝酸钙。

硅酸盐水泥的主要水化产物有：水化硅酸钙和水化铁酸钙凝胶，氢氧化钙、水化铝酸钙和水化硫铝酸钙晶体。在充分水化的水泥浆体中，C—S—H 凝胶约占 70%，CH 晶体约占 20%，AFt 和 AFm 约占 7%，其余是未水化的水泥和次要组分。

2. 硅酸盐水泥的凝结和硬化

水泥加水拌和后立即发生水化反应，成为可塑性的水泥浆。随着时间的推延，具有塑性的水泥浆体经过凝结、硬化逐渐成为具有一定强度的水泥石。一般把硅酸盐水泥的凝结硬化过程分为四个阶段，见表 3-4-4。

表 3-4-4　　　　　　　　　　　水泥凝结硬化的阶段划分

凝结硬化 阶段	放热速度 [J/ (g·h)]	水泥加水后 持续时间	主要的物理化学变化
初始 反应期	168	5~10min	初始溶解和水化：C_3A、C_3S 先后开始水化，生成的 C—S—H 凝胶中交织着 CH、C_3AH_6 和 Aft 的晶体，包裹在水泥颗粒表面
潜伏期	4.2	10min~1h	凝胶体膜层围绕水泥颗粒成长：水泥颗粒表面形成以 C—S—H 凝胶为主的渗透膜，从而减缓了水分向内渗入和水化产物向外扩散的速度，使水化速度减慢。此阶段水泥浆体基本保持塑性
凝结期	6h 内增加到 21	1~6h	膜层长大并互相连接：由于水分渗入膜层内部的速度大于水化产物通过膜层向外扩散的速度，因而产生了渗透压。当渗透压达到极限，使膜层破裂，水泥颗粒进一步水化，水化产物不断增加，凝胶体膜层向外增厚和延伸，被水溶液占据的空间逐渐缩小，包有凝胶体的颗粒相互黏结并形成网状结构。因此，水泥浆逐渐失去塑性并开始凝结。此阶段约 15% 的水泥水化
硬化期	24h 内降低到 4.2	6h 至若干年	凝胶体填充毛细孔：水泥继续水化，C_4AF 也开始形成。当石膏耗尽，Aft 转变为 Afm。硅酸钙继续进行水化，长纤维 C—S—H 凝胶形成短纤维状。随着时间的推移，水化产物进一步填充毛细孔，水泥浆体逐渐产生强度。在适当的温度和湿度条件下，水泥强度随时间不断增长，水泥的硬化可持续几年，甚至几十年

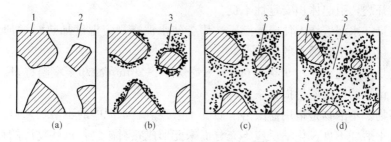

图 3-4-4　水泥凝结硬化过程示意

（a）分散在水中未水化的水泥颗粒；（b）在水泥颗粒表面形成水化物膜层；

（c）膜层长大并互相连接（凝结）；（d）水化物进一步发展，填充毛细孔（硬化）

1—水泥颗粒；2—水分；3—凝胶；4—水泥颗粒的未水化内核；5—毛细孔

五、掺混合材料的硅酸盐水泥

1. 水泥混合材料

（1）活性混合材料。活性混合材料都含有活性 SiO_2 和活性 Al_2O_3，与 $Ca(OH)_2$ 的化合能力较强，具有较高的活性。磨成细粉掺入水泥中，加水后可与水泥的水化产物起化学反应生成水硬性胶凝，既能在空气中又能在水中硬化，并且改善水泥的性质。

（2）非活性混合材料。非活性混合材料不具有或具有微弱的化学活性。经磨细后掺入水泥中，基本上不与水泥起化学反应，仅起提高产量，降低成本，调节水泥强度等级，降低水化热、改善新拌混凝土和易性等作用。在水泥中主要起填充作用。

2. 掺混合材的硅酸盐水泥

为了改善硅酸盐水泥的某些性能，同时达到增加产量和降低成本的目的，在硅酸盐水泥熟料中掺加适量的各种混合材料与石膏共同磨细制得的水硬性胶凝材料，称为掺混合材的硅酸盐水泥，简称混合材水泥。常用的掺混合材水泥包括矿渣硅酸盐水泥、火山灰质硅酸盐水泥、粉煤灰硅酸盐水泥和复合硅酸盐水泥。

3. 混合材水泥的水化和硬化

混合材水泥水化的特点是二次水化。反应分两步进行：第一步熟料矿物水化，水化产物与硅酸盐水泥的水化产物相同；第二步水化产物 $Ca(OH)_2$ 与活性混合材料中的活性 SiO_2 和活性 Al_2O_3 发生二次水化，生成水硬性胶凝（水化硅酸钙、水化铝酸钙等水化产物）。

由于二次反应消耗了水泥熟料的水化生成物，因此又加速了熟料的水化反应，但总体凝结硬化速度比普通硅酸盐水泥慢。

六、水泥的技术性质

1. 化学性质

水泥的化学性质主要是用来控制水泥中有害化学成分的含量。为了保证水泥的品质，要求其不超过一定的限量。

（1）氧化镁含量。氧化镁含量是指水泥中游离氧化镁的含量。在水泥熟料中，常含有少量的游离氧化镁，它是高温时形成的方镁石，水化为氢氧化镁的速度很慢，常在水泥硬化以后才开始水化，产生体积膨胀，可导致水泥石开裂，引起体积安定性不良。

（2）三氧化硫含量。水泥中的三氧化硫主要是在生产水泥时加入石膏带入的。石膏含量过多时，在水泥硬化后，会继续与固态的水化铝酸钙反应，体积膨胀，体积约增大 1.5 倍，会导致水泥石开裂，引起体积安定性不良。

（3）烧失量。水泥煅烧不佳或受潮后，均会使水泥在规定温度加热时增加质量的损失，表明水泥的质量受到不利因素的影响。

测定方法是以水泥试样在 950～1000℃下灼烧 15～20min 冷却至室温称量。如此反复灼烧直至恒重，计算灼烧后质量损失率。

（4）不溶物。不溶物是指用盐酸溶解后的不溶残渣。水泥中的不溶物来自原料中的黏土和氧化硅，由于煅烧不良，化学反应不充分而未能形成熟料矿物，这些物质的存在将影响水泥的有效成分含量。

水泥中不溶物的测定是用盐酸溶解滤去不溶残渣，经碳酸钠处理再用盐酸中和，高温灼烧至恒重后称量，灼烧后不溶物质量占试样总质量的比例为不溶物。

（5）氯离子。由于氯化物对钢筋有腐蚀作用，水泥标准中将其含量进行限制，氯离子含量不应大于 0.06%。在混凝土结构中，氯化物最主要来源于海水、除冰盐等。

（6）碱含量（选择性指标）。水泥中碱含量按 $Na_2O+0.658K_2O$ 计算值表示。若使用活性骨料，用户要求提供低碱水泥时，水泥中的碱含量应不大于 0.60% 或由买卖双方协商确定。若水泥中碱含量高，当使用含有活性的集料配制混凝土时，会发生碱集料反应，可引起混凝土产生膨胀、开裂，甚至破坏。

2. 物理力学性质

（1）细度（选择性指标）。细度是指水泥颗粒的粗细程度。水泥颗粒越细，水化面积越大，水化速度越快，水化越充分，凝结速度也越快，早期强度越高，析水量越少。因此，水泥细度是确保水泥品质的基本要求。但颗粒过细，标准稠度用水量越大，在空气中的硬化收缩也越大，使水泥混凝土发生裂缝的可能性增加；且粉磨能耗增加，成本提高，不宜长期贮存。

水泥细度有两种表示方法：

1）筛析法。用 $80\mu m$ 方孔筛或 $45\mu m$ 方孔筛上的筛余量百分率表示。测定方法有水筛法和负压筛法两种。当两种方法发生争议时，以负压筛法为准。

2）比表面积法。以每千克水泥总表面积（m^2）表示，采用勃氏法测定。

硅酸盐水泥和普通硅酸盐水泥以比表面积表示，矿渣水泥、火山灰水泥、粉煤灰水泥和复合水泥以 $80\mu m$ 方孔筛或 $45\mu m$ 方孔筛上的筛余量百分率表示。

（2）水泥净浆标准稠度。水泥净浆标准稠度是指水泥净浆对标准试杆沉入时所产生的阻力达到规定状态所需的水和水泥用量的百分率。为使水泥凝结时间和安定性的测定结果具有可比性，必须采用标准稠度的水泥净浆，因为在检测时，不同品种的水泥需水量不同。因此，规定在标准试验条件下达到统一试验状态即标准稠度。

标准稠度用水量可采用标准法（试杆法）和代用法（试锥法）测定。试杆法是采用维卡仪测定，以试杆沉入净浆并距底板 $6\pm1mm$ 的水泥净浆为标准稠度净浆。其拌和用水量为该水泥的标准稠度用水量（P），按水泥质量的百分比计。试锥法是采用稠度仪测定，以试锥沉入深度 $28\pm2mm$ 的水泥净浆为标准稠度净浆。其拌和用水量为该水泥的标准稠度用水量（P）。

影响水泥标准稠度用水量的因素主要有：水泥的品种、细度、矿物组成以及混合材料的掺量等。

（3）凝结时间。水泥加水后从最初的可塑状态逐渐成为不可塑状态，要经过一定的时间，水泥的凝结时间是这种过程时间长短的一种定量的表示方法。它用标准试针沉入标准稠度水泥净浆达到一定深度所需的时间来表示。

水泥的凝结时间分为初凝时间和终凝时间。初凝时间是指水泥全部加入水中至初凝状态的时间，用分钟计。初凝状态是指当初凝针从净浆表面自由地沉入净浆距底板为 $4\pm1mm$ 时的状态。终凝时间是指由水泥全部加入水中至终凝状态的时间，用分钟计。终凝状态是指当终凝针沉入试体不大于 0.5mm 时的状态，即环形附件开始不能在试体上留下痕迹时的状态。

水泥的凝结时间采用凝结时间测定仪测定。

水泥的凝结时间对水泥混凝土的施工有重要意义。初凝时间太短，将影响混凝土混合料的运输和浇筑；终凝时间过长，则影响混凝土工程的施工进度。

（4）体积安定性。水泥体积安定性是指水泥在凝结硬化过程中体积变化的均匀性。水泥在凝结硬化过程中，总是伴随一定的体积变化，若是均匀微弱的体积变化，将不会影响混凝土的质量。若产生不均匀的体积变化，将在混凝土内部产生破坏应力，会使混凝土构件产生变形、膨胀，严重者产生裂缝或崩溃，降低混凝土的强度，即水泥体积安定性不良。

影响体积安定性的因素主要为：水泥熟料中游离氧化钙的含量过多；熟料中游离氧化镁的含量过多；水泥中掺入的石膏过多。这些成分在水泥硬化后继续水化，体积膨胀，引起水泥石内部的不均匀体积变化，造成水泥石开裂。

由游离氧化钙造成的体积安定性不良可采用沸煮法测定，雷氏法为标准法，试饼法为代用法，当这两种方法有矛盾时，以标准法为准。

（5）强度。水泥的强度是在外力作用下，抵抗破坏的能力。水泥强度是确定水泥强度等级的主要依据，强度越高，承受荷载的能力越强，胶结能力也越大。

我国采用水泥胶砂强度来表示水泥强度。按水泥胶砂强度检验方法（1SO 法）（JTG E 30—2005）规定，水泥胶砂强度是以 1∶3 的水泥和中国 ISO 标准砂，按 0.5 的水灰比拌成胶砂，用标准方法制成 40mm×40mm×160mm 的标准试件，在标准养护条件下，达到规定龄期（3d，28d）时，测定其抗折强度和抗压强度，来划分水泥强度等级。各强度等级水泥的各龄期强度不得低于国标规定的数值。

七、水泥的技术标准

通用硅酸盐水泥的技术标准见表 3-4-5。

表 3-4-5　　　　　通用硅酸盐水泥的技术标准（GB 175—2007）

品种	细度	凝结时间 初凝 (min)	凝结时间 终凝 (min)	安定性	强度	不溶物（质量分数）		MgO（质量分数）	SO₃（质量分数）	烧失量（质量分数）	
						Ⅰ型	Ⅱ型	5.0①	≤3.5	Ⅰ型	Ⅱ型
硅酸盐水泥	比表面积（m²/kg）>300	≥45	≤390			≤0.75	≤1.5			≤3	≤3.5
普通水泥				沸煮法必须合格	见表 3-4-6	—		5.0①	≤3.5	≤5.0	
矿渣水泥	80μm 方孔筛筛余≤10（%）或 45μm 方孔筛筛余≤30（%）	≥45	≤600			—		P·S·A ≤6.0②	≤4.0	—	
火山灰质水泥											
粉煤灰水泥								≤6.0②	≤3.5		
复合水泥											
试验方法	GB/T 8074 GB/T 1345	GB/T 1346			GB/T 17671	GB/T 176					

注　1. 如果水泥压蒸试验合格，则水泥中 MgO 的含量（质量分数）允许放宽到 6.0%。

　　2. 如果水泥中 MgO 的含量（质量分数）大于 6.0%时，需进行水泥压蒸试验安定性试验并合格。

　　3. 水泥中氯离子含量（质量分数）≤0.06%。当有更低要求时，该指标由买卖双方确定。

　　4. 水泥中碱含量按 Na₂O+0.658K₂O 计算值表示。若使用活性骨料，用户要求提供低碱水泥时，水泥中的碱含量应不大于 0.60%或由买卖双方协商确定。

硅酸盐水泥的强度等级分为 42.5、42.5R、52.5、52.5R、62.5、62.5R 六个等级。普通硅酸盐水泥的强度等级分为 42.5、42.5R、52.5、52.5R 四个等级。

矿渣硅酸盐水泥、火山灰质硅酸盐水泥、粉煤灰硅酸盐水泥和复合硅酸盐水泥的强度等级分为 32.5、32.5R、42.5、42.5R、52.5、52.5R 六个等级。

按早期（3 天）强度的大小又将水泥分为普通型和早强型（或称 R 型）。早强型水泥 3d 的抗压强度较同强度等级的普通型水泥提高 10%～24%。

不同品种不同强度等级的通用硅酸盐水泥，其不同龄期的强度应符合表 3-4-6 的规定。

表 3-4-6　　　　　　　通用硅酸盐水泥的强度指标（GB 175—2007）

品种	强度等级	抗压强度（MPa）		抗折强度（MPa）	
		3d	28d	3d	28d
硅酸盐水泥	42.5	≥17.0	≥42.5	≥3.5	≥6.5
	42.5R	≥22.0		≥4.0	
	52.5	≥23.0	≥52.5	≥4.0	≥7.0
	52.5R	≥27.0		≥5.0	
	62.5	≥28.0	≥62.5	≥5.0	≥8.0
	62.5R	≥32.0		≥5.5	
普通硅酸盐水泥	42.5	≥17.0	≥42.5	≥3.5	≥6.5
	42.5R	≥22.0		≥4.0	
	52.5	≥23.0	≥52.5	≥4.0	≥7.0
	52.5R	≥27.0		≥5.0	
矿渣硅酸盐水泥 火山灰硅酸盐水泥 粉煤灰硅酸盐水泥 复合硅酸盐水泥	32.5	≥10.0	≥32.5	≥2.5	≥5.5
	32.5R	≥15.0		≥3.5	
	42.5	≥15.0	≥42.5	≥3.5	≥6.5
	42.5R	≥19.0		≥4.0	
	52.5	≥21.0	≥52.5	≥4.0	≥7.0
	52.5R	≥23.0		≥4.5	

合格品与不合格品水泥的判断规则：

检验结果符合化学指标、凝结时间、安定性、强度的规定为合格品。检验结果不符合化学指标、凝结时间、安定性、强度中的任何一项技术要求为不合格品。

八、水泥的工程应用

水泥广泛地应用于工业、农业、国防、交通、城市建设、水利以及海洋开发等工程建设中。常用来拌制水泥混凝土和砂浆，同时水泥制品在代替钢材、木材等方面也越来越显示其在技术经济上的优越性。在道路和桥梁工程中，随着高等级公路的发展，水泥混凝土成为高等级路面的主要建筑材料；在现代桥梁中，钢筋水泥混凝土桥是最主要的一种桥型，水泥被广泛应用于高等级公路和立交工程。

1. 硅酸盐水泥和普通硅酸盐水泥的特性和工程应用

（1）硬化快、强度高。硅酸盐水泥凝结硬化快，早期、后期强度都很高，所以适用于早期强度要求高和重要结构的高强混凝土、预应力钢筋混凝土和耐磨混凝土工程。

（2）水化热高。硅酸盐水泥中 C_3S 和 C_3A 含量高，混合材少，且比表面积大，因此早期放热量大，放热速度快，所以适用于冬季施工的混凝土工程。但不适用于大体积混凝土工程。

（3）抗冻性好。硅酸盐水泥石具有很高的密实度，且具有对抗冻性有利的孔隙特征，因此适用于严寒地区遭受反复冻融和有抗冻性要求的混凝土工程。

（4）耐热性差。当温度为 $100 \sim 250 ℃$ 时，水泥石的强度并不降低；当温度为 $250 \sim 300 ℃$ 时，水化物开始脱水，水泥石强度开始下降；当温度为 $700 \sim 1000 ℃$ 时，水泥石结构几乎完全破坏。所以硅酸盐水泥不适用于有耐热、高温要求的混凝土工程。

（5）耐蚀性差。硅酸盐水泥石中含有很多的 $Ca(OH)_2$ 和水化铝酸钙，所以不适用于有流动、压力水作用的混凝土工程，也不适用受海水、矿物水、硫酸盐等侵蚀介质作用的混凝土工程。

由于普通水泥掺加混合材料的数量少，其性质与硅酸盐水泥相近。它的特性与用途和硅酸盐水泥基本相同。

2. 掺混合材水泥的特性和工程应用

（1）矿渣水泥、火山灰水泥、粉煤灰水泥的共性和工程应用。

三种水泥都掺入了大量的混合材料，因此有很多共性和相同的应用。但由于掺入混合材的品种和数量不同，它们又各有个性。

矿渣水泥、火山灰水泥、粉煤灰水泥的共同特点和应用是：

1）凝结硬化慢、早期强度低、后期强度高。由于三种水泥熟料的含量少，且混合材水泥的水化首先是熟料的水化，然后混合材才参加二次水化反应，所以凝结硬化慢，早期（3d）强度低，但后期（28d 以后）强度将超过相同强度等级的硅酸盐水泥。因此，三种水泥不适用于早强的混凝土工程。

2）水化对温度、湿度敏感。提高养护温度和湿度，有利于强度发展。若采用蒸汽养护或蒸压养护，强度增长较普通水泥快，且后期强度仍能很好地增长。因此，三种水泥适用于蒸汽或压蒸养护的预制构件。

3）水化热低。三种水泥中熟料含量少，降低了 C_3S 和 C_3A 的含量，且二次反应速度慢，所以水化热比硅酸盐水泥低，适用于大体积混凝土工程。

4）抗冻性差。由于这三种水泥掺入了大量的混合材料，使水泥需水量增加，水分蒸发后形成毛细孔通道或粗大的孔隙，其水泥石的密实度较低，所以抗冻性差。不适用于受冻融作用或干湿交替作用的混凝土工程。

5）耐蚀性好（耐淡水及硫酸盐侵蚀）。三种水泥中熟料含量少，水化产物 $Ca(OH)_2$ 和水化铝酸钙也减少，且二次水化反应使水泥石中的 $Ca(OH)_2$ 更少了，因此提高了抗淡水及硫酸盐侵蚀的能力。但因起缓冲作用的 $Ca(OH)_2$ 较少，抵抗酸性水和镁盐侵蚀的能力不如硅酸盐水泥。所以三种水泥适用于受淡水和硫酸盐侵蚀的水工或海港等混凝土工程。但不适用于受酸性水和镁盐侵蚀的混凝土工程。

（2）矿渣水泥、火山灰水泥、粉煤灰水泥的个性和工程应用。

1）矿渣水泥的耐热性好，保水性差、干缩性大，抗渗性差。矿渣水泥中的 $Ca(OH)_2$ 含量减少，且矿渣本身又耐热，故具有较好的耐热性。适用于受热的混凝土工程。矿渣水泥中磨细的矿渣有尖锐棱角，故需水量较大，且矿渣亲水性差，在拌制混凝土时泌水大、保水性差，易形成孔隙。在空气中硬化时干缩性较大，如养护不当，则易产生裂缝，因此抗渗性差。

2）火山灰水泥的抗渗性好，干缩性大。火山灰水泥的密度小，在同样水灰比的条件下，其需水量比矿渣水泥大，泌水性小，水泥石的密实度较高，抗渗性较好，适用于有抗渗要求的混凝土工程。火山灰水泥在干燥环境中将由于失水而使水化反应停止，且水化硅酸钙凝胶会逐渐干燥，产生体积收缩，使水泥石产生裂缝，不宜用于干燥地区的混凝土工程。

3）粉煤灰水泥的干缩性小，抗裂性好。粉煤灰中有许多球状颗粒，内比表面积较小，吸附水的能力较小，干缩小，抗裂性好。

硅酸盐水泥、普通水泥、矿渣水泥、火山灰水泥、粉煤灰水泥是目前土建工程中应用最广的品种。各种掺混合材料水泥和不掺混合材料水泥都各有其特点，在实际中应适当选用。

（3）复合水泥的特性。复合水泥的特性与所掺两种或两种以上混合材料的种类、掺量有关，其特性基本上与矿渣水泥、火山灰水泥、粉煤灰水泥的特性相似。

为了便于比较现将六种水泥的主要特性及适用范围列于表 3 - 4 - 7。

表 3 - 4 - 7　　　　　　　六种水泥的主要特性及适用范围

序号	特性	硅酸盐水泥	普通水泥	矿渣水泥	火山灰水泥	粉煤灰水泥	复合水泥
1	硬化	快	较快	慢	慢	慢	慢
2	早期强度	高	较高	低	低	低	低
3	水化热	高	较高	低	低	低	低
4	抗冻性	好	较好	差	差	差	差
5	耐热性	差	较差	好	较差	较差	较差
6	干缩性	小	较小	大	大	较小 抗裂性好	较小
7	抗渗性	较好	较好	差	较好	较好	差
8	耐蚀性	差（耐淡水及硫酸盐腐蚀差）	较差	较好	较好	较好	较强
9	泌水性	较小	较小	大	小	大	小 保水性好
适用条件		1. 一般地面工程，无腐蚀、无压力水作用的工程 2. 要求早期强度较高和低温施工无蒸汽养护的工程 3. 有抗冻性要求的工程	1. 一般地上、地下和水中工程 2. 有硫酸盐侵蚀的工程 3. 大体积混凝土工程 4. 有耐热性要求的工程 5. 有蒸汽养护的工程	除不适于有耐热性要求的工程外，其他与矿渣水泥相同	同火山灰水泥	除同矿渣水泥外，还包括： 1. 建筑填充墙的内粉上。 2. 宜配制低强度砂浆

续表

序号	特性	硅酸盐水泥	普通水泥	矿渣水泥	火山灰水泥	粉煤灰水泥	复合水泥
	不适用条件	1. 大体积混凝土工程 2. 有硫酸盐侵蚀的工程和压力水作用的工程		1. 要求早强高的工程 2. 有耐冻性要求的工程	1. 与矿渣水泥各项相同 2. 干热地区和耐磨性要求较高的工程	1. 与矿渣水泥各项要求相同 2. 有抗碳化要求的工程	与矿渣水泥各项相近

3. 常用水泥的选用

通用水泥是建筑工程中广泛使用的水泥，主要用来配制混凝土，可根据表 3-4-8 来选用。

表 3-4-8 常用水泥的选用参考表

序号	混凝土工程特点及环境条件	优先选用	可以选用	不宜选用
1	一般气候环境	普通水泥 硅酸盐水泥	矿渣水泥 火山灰水泥 粉煤灰水泥 复合水泥	
2	干燥环境	普通水泥 硅酸盐水泥	矿渣水泥	火山灰水泥 粉煤灰水泥
3	高湿度环境或长期处于水中	矿渣水泥 火山灰水泥 粉煤灰水泥 复合水泥	普通水泥	
4	大体积	矿渣水泥 火山灰水泥 粉煤灰水泥 复合水泥		硅酸盐水泥 普通水泥
5	要求快硬、高强（>C40）	硅酸盐水泥	普通水泥	矿渣水泥 火山灰水泥 粉煤灰水泥 复合水泥
6	严寒地区露天或寒冷地区水位升降范围内	硅酸盐水泥 普通水泥	矿渣水泥	火山灰水泥 粉煤灰水泥
7	严寒地区水位升降范围内	硅酸盐水泥 普通水泥		矿渣水泥 火山灰水泥 粉煤灰水泥 复合水泥
8	要求抗渗	普通水泥 火山灰水泥 粉煤灰水泥	硅酸盐水泥	矿渣水泥

序号	混凝土工程特点及环境条件	优先选用	可以选用	不宜选用
9	要求耐磨	硅酸盐水泥 普通水泥	矿渣水泥	火山灰水泥 粉煤灰水泥
10	受淡水和硫酸盐侵蚀介质作用	矿渣水泥 火山灰水泥 粉煤灰水泥 复合水泥		硅酸盐水泥 普通水泥

九、水泥石的腐蚀

1. 水泥石腐蚀的概念

用硅酸盐类水泥配制的混凝土在正常环境中，水泥石强度将不断增长，但在某些环境中水泥石的强度反而降低，甚至引起混凝土结构物的破坏。这种现象称为水泥石的腐蚀。

2. 腐蚀的类型

水泥石的腐蚀一般有以下几种类型：

（1）溶析性侵蚀（又称溶出侵蚀或淡水侵蚀）。溶析性侵蚀就是硬化后混凝土中的水泥水化产物被淡水溶解而带走的一种侵蚀现象。

在水泥的水化产物中，$Ca(OH)_2$ 在水中的溶解度最大，首先被溶出。在水量小、静水或无压情况下，由于 $Ca(OH)_2$ 的迅速溶出，周围的水很快饱和，溶出作用也就中止。但在大量、流动或有压力的水中，由于 $Ca(OH)_2$ 不断被溶析，不仅降低混凝土的密度和强度，还导致水化硅酸钙和水化铝酸钙的分解，从而引起混凝土结构物的破坏。

（2）硫酸盐的侵蚀。海水、沼泽水和工业污水中常含有硫酸盐，如硫酸钠、硫酸钾。它们与水泥石中的氢氧化钙反应生成硫酸钙。在硫酸盐浓度较高时，硫酸钙在水泥石孔隙中结晶体积膨胀，导致水泥石破坏；在硫酸盐浓度较低时，硫酸钙与水泥中的水化铝酸钙作用，生成水化硫铝酸钙（钙矾石），其体积可增大 1.5 倍，使水泥石产生很大的内应力，造成开裂以致破坏。

（3）镁盐侵蚀。在海水、地下水中常含有镁盐，如氯化镁、硫酸镁。氯化镁与水泥石中的氢氧化钙反应，生成无胶结能力的氢氧化镁和易溶于水的氯化钙。硫酸镁与氢氧化钙生成二水石膏引起硫酸盐的破坏作用。因此，硫酸镁对水泥石起着镁盐和硫酸盐的双重腐蚀作用。

（4）碳酸侵蚀。在工业污水或地下水中常溶解较多的二氧化碳，碳酸与水泥石中的氢氧化钙作用，生成不溶于水的碳酸钙，碳酸钙再与水中的碳酸作用生成易溶于水的碳酸氢钙，使水泥石的强度下降。

3. 腐蚀的防止

（1）根据腐蚀环境特点，合理选用水泥品种。选用掺混合材水泥，减少水泥石中氢氧化钙和水化铝酸钙的含量，可提高抗淡水侵蚀和硫酸盐侵蚀的能力。

（2）提高水泥石的密实度。合理设计混凝土配合比、降低水灰比、合理选择骨料、掺加外加剂等方法，可以提高水泥石的密实度，增强其抗腐蚀能力。

（3）敷设耐蚀保护层。当腐蚀作用较强时，可在混凝土表面敷设耐腐蚀性强的保护层，可采用耐酸石料、耐酸陶瓷、玻璃、塑料或沥青等。

十、其他品种水泥

(一) 道路硅酸盐水泥

1. 定义

由道路硅酸盐水泥熟料，适量石膏，加入 0～10% 活性混合材料，磨细制成的水硬性胶凝材料，称为道路硅酸盐水泥（简称道路水泥），代号 P·R。

以适当成分的生料烧至部分熔融，所得以硅酸钙为主要成分和较多量的铁酸铝钙的硅酸盐水泥熟料称为道路硅酸盐水泥熟料。其中，铝酸三钙的含量应不超过 5.0%，铁酸铝四钙的含量应不低于 16.0%，游离氧化钙的含量，旋窑生产应不大于 1.0%，立窑生产应不大于 1.8%。

2. 技术要求

道路硅酸盐水泥的技术要求见表 3-4-9，各龄期强度见表 3-4-10。

表 3-4-9　　道路硅酸盐水泥的技术要求（GB 13693—2005）

指标	比表面积（m^2/kg）	凝结时间		安定性沸煮法	强度	干缩率（%）	耐磨性（kg/m^2）	MgO（%）	SO_3（%）	烧失量（%）
		初凝（h）	终凝（h）							
道路硅酸盐水泥	300～450	≥1.5	≤10	必须合格	见表 3-4-10	28d≤0.1	28d≤3.0	≤5.0	≤3.5	≤3
试验方法	GB/T 8074	GB/T 1346			GB/T 17671	JC/T 603	JC/T 421	GB/T 176		

注　碱含量由供需双方商定。若使用活性骨料，用户要求提供低碱水泥时，水泥中碱含量应不超过 0.60%。碱含量按 $\omega(Na_2O) + 0.658\omega(K_2O)$ 计算值表示。

道路硅酸盐水泥分 32.5 级、42.5 级和 52.5 级三个等级。

表 3-4-10　　道路硅酸盐水泥的等级与各龄期强度（GB 13693—2005）

强度等级	抗折强度（MPa）		抗压强度（MPa）	
	3d	28d	3d	28d
32.5	3.5	6.5	16.0	32.5
42.5	4.0	7.0	21.0	42.5
52.5	5.0	7.5	26.0	52.5

3. 废品与不合格品水泥

(1) 废品。凡氧化镁、三氧化硫、初凝时间、安定性中的任一项不符合标准规定的指标时，均为废品。

(2) 不合格品。凡比表面积、终凝时间、烧失量、干缩率和耐磨性的任一项不符合标准规定，或强度低于商品等级规定的指标时，均为不合格品。水泥包装标志中水泥品种、等级、工厂名称和出厂编号不全的也属于不合格品。

4. 特性和工程应用

道路水泥的特性是强度高，特别是抗折强度高，耐磨性好、干缩性小、抗冲击性好、抗冻性好、抗硫酸盐侵蚀性好和良好的耐久性。上述特性主要依靠改变水泥熟料的矿物成分、细度、石膏掺量及外加剂来达到。道路水泥熟料的矿物组成与普通水泥熟料相比，提高了 C_3S 和 C_4AF 的含量，C_4AF 的脆性小，体积收缩最小，尤其是提高了 C_4AF 的含量，对水泥的抗折强度及耐磨性有利。

道路水泥适用于道路路面、机场跑道道面，城市广场等工程。水泥在运输与储存时，不得受潮和混入杂物，不同品种和等级的水泥应分别储存不得混杂。

（二）铝酸盐水泥

1. 定义及分类

凡以铝酸钙为主的铝酸盐水泥熟料，磨细制成的水硬性胶凝材料称为铝酸盐水泥（又称高铝水泥或矾土水泥），代号 CA。根据需要也可在磨制 Al_2O_3 含量大于 68% 的水泥时掺加适量的 $\alpha\text{-}Al_2O_3$。

铝酸盐水泥的主要矿物为铝酸一钙（$CaO\cdot Al_2O_3$，简写 CA）及其他的铝酸盐。铝酸盐水泥常为黄色、褐色或灰色。

铝酸盐水泥按 Al_2O_3 含量分为四类：CA-50（$50\% \leqslant Al_2O_3 < 60\%$）；CA-60（$60\% \leqslant Al_2O_3 < 68\%$）；CA-70（$68\% \leqslant Al_2O_3 < 77\%$）；CA-80（$77\% \leqslant Al_2O_3$）。

2. 技术性质

铝酸盐水泥的技术要求见表 3-4-11，强度见表 3-4-12。

表 3-4-11　　　　　　铝酸盐水泥的技术要求（GB 201—2000）

项目	技术指标
细度	比表面积不小于 $300m^2/kg$ 或 $45\mu m$ 筛余不大于 20%，发生争议时以比表积为准
CA-50、CA-70、CA-80 初凝时间	不得早于 30min
CA-50、CA-70、CA-80 终凝时间	不得迟于 360min
CA-60 的初凝时间	不得早于 60min
CA-60 的终凝时间	不得迟于 18h
安定性	沸煮法检验必须合格
强度	以 3d 强度表示强度等级见表 3-4-12

表 3-4-12　　　　　　铝酸盐水泥强度（GB 201—2000）

水泥类型	抗压强度（MPa）				抗折强度（MPa）			
	6h	1d	3d	28d	6h	1d	3d	28d
CA-50	20	40	50	—	3.0	5.5	6.5	—
CA-60	—	20	45	85	—	2.5	5.0	10.0
CA-70	—	30	40	—	—	5.0	6.0	—
CA-80	—	25	30	—	—	4.0	5.0	—

3. 特性和工程应用

铝酸盐水泥具有硬化快、早期强度发展迅速，强度高，耐磨性较好，水化热高，耐软水、耐硫酸盐和酸类侵蚀性好，抗渗性好和耐热性好的特点。铝酸盐水泥主要用于紧急抢修和早期强度要求高的工程、冬季及低温下施工的工程，处于海水、矿物水或其他侵蚀介质作用的重要工程，以及制作耐热混凝土、耐热砂浆和制造膨胀水泥等。铝酸盐水泥应避免与硅酸盐水泥、石灰混合使用，否则会造成水泥石的强度降低。不得用于接触强碱性溶液的工程和大体积混凝土。

（三）硫铝酸盐水泥

1. 定义、品种和特点

以适当成分的生料，经煅烧所得以无水硫铝酸钙和硅酸二钙为主要矿物成分的水泥熟料，掺加不同量的石灰石、适量石膏共同磨细制成的水硬性胶凝材料称为硫铝酸盐水泥。

硫铝酸盐水泥分为快硬硫铝酸盐水泥、低碱度硫铝酸盐水泥、自应力硫铝酸盐水泥。此类水泥早期强度高、干缩率小、抗渗性好、耐蚀性好、成本低等特点，在混凝土工程中得到广泛应用。

下面仅对快硬硫铝酸盐水泥做简要介绍。

2. 快硬硫铝酸盐水泥的定义

由适当成分的硫铝酸盐水泥熟料和少量石灰石、适量石膏共同磨细制成的，具有早期强度高的水硬性胶凝材料称为快硬硫铝酸盐水泥。代号 R·SAC。

石灰石掺加量应不大于水泥质量的 15%。

3. 快硬硫铝酸盐水泥的矿物成分

快硬硫铝酸盐水泥的主要矿物成分有无水硫铝酸钙（$4CaO·3Al_2O_3·CaSO_4$）、硅酸二钙（$2CaO·SiO_2$）、石膏（$CaSO_4·2H_2O$）。

4. 快硬硫铝酸盐的水化产物和硬化

快硬硫铝酸盐水泥加水后，迅速与水发生水化反应，主要的水化产物有水化硫铝酸钙晶体（$3CaO·Al_2O_3·3CaSO_4·32H_2O$、$3CaO·Al_2O_3·CaSO_4·12H_2O$）、水化硅酸钙凝胶和铝胶。

硬化后的水泥石，强度迅速增长，形成的水泥石以水化硫铝酸钙晶体为骨架，在骨架间隙中填充凝胶体，而且硬化过程有微膨胀。因此水泥石密度大、强度高。

5. 快硬硫铝酸盐水泥的技术性质

（1）比表面积。不小于 $350m^2/kg$。

（2）凝结时间。初凝不早于 25min，终凝不迟于 180min。

（3）强度。以 3d 抗压强度分为 42.5、52.5、62.5、72.5 四个强度等级，各龄期强度应不低于表 3 - 4 - 13 中的数值。

表 3 - 4 - 13　　　　快硬硫铝酸盐水泥各龄期强度（GB 20472—2006）

强度等级	抗压强度（MPa）			抗折强度（MPa）		
	1d	3d	28d	1d	3d	28d
42.5	30.0	42.5	45.0	6.0	6.5	7.0
52.5	40.0	52.5	55.0	6.5	7.0	7.5
62.5	50.0	62.5	65.0	7.0	7.5	8.0
72.5	55.0	72.5	75.0	7.5	8.0	8.5

6. 快硬硫铝酸盐水泥的特性和应用

快硬硫铝酸盐水泥具有凝结硬化快、早期强度高，水化放热快，水化产生体积膨胀，水泥石密实度大，耐蚀性好，耐软水、酸类、盐类腐蚀的能力好，低碱度，对钢筋保护能力差，耐热性差等特点。

快硬硫铝酸盐水泥适用于抢修、堵漏、喷锚加固工程，冬期施工工程，抗渗、抗裂要求的接头、接缝的混凝土工程，有耐蚀性要求的混凝土工程，玻璃纤维增强的混凝土制品。但不宜用于大体积混凝土工程、重要的钢筋混凝土结构和有耐热要求的混凝土工程。

（四）抗硫酸盐硅酸盐水泥

1. 定义

以适当成分的生料，烧至部分熔融，所得以硅酸钙为主的特定矿物组成的熟料，加入适量石膏磨细制成的具有一定抗硫酸盐侵蚀性能的水硬性胶凝材料称为抗硫酸盐硅酸盐水泥（简称抗硫酸盐水泥）。

2. 技术性质

各种硅酸盐水泥各项技术性能指标见表 3-4-14。

表 3-4-14 各种硅酸盐水泥各项指标性能

标准号	GB 200—2003			GB 748—2005
名称	低热硅酸盐水泥	中热硅酸盐水泥	低热矿渣硅酸盐水泥	抗硫酸盐水泥
氧化镁（%）	≤5	≤5	≤5	≤5
三氧化硫（%）	≤3.5	≤3.5	≤3.5	≤2.5
铝酸三钙（%）	≤6	≤6	≤8	< 5
铝酸三钙和硅酸三钙（%）	—	≤55	—	< 50
铝酸三钙和铁铝酸四钙（%）	—	—	—	< 22
烧失量（%）	—	—	—	≤1.5
游离氧化钙（%）	≤1	≤1	≤1.2	≤1
比表面积（m²/kg）	>250	>250	>250	≤10
初凝时间不早于（min）	60	60	60	45
终凝时间不迟于（h）	12	12	12	12
安定性	沸煮法检验必须合格			
强度	见表 3-4-15			

3. 特性和工程应用

抗硫酸盐水泥不仅具有抗硫酸盐侵蚀的特点，而且水化热低，适用于受硫酸盐侵蚀的海港、水利、地下、隧道、引水、道路和桥涵基础等工程。

（五）低水化热水泥

低水化热水泥包括低热硅酸盐水泥、中热硅酸盐水泥和低热矿渣硅酸盐水泥。

1. 定义

以适当成分的硅酸盐水泥熟料，加入适量石膏，磨细制成的具有低水化热的水硬性胶凝材料称为低热硅酸盐水泥，简称低热水泥。

以适当成分的硅酸盐水泥熟料，加入适量石膏，磨细制成的具有中等水化热的水硬性胶凝材料称为中热硅酸盐水泥，简称中热水泥。

以适当成分的硅酸盐水泥熟料，加入粒化高炉矿渣和适量石膏，磨细制成的具有低水化热的水硬性胶凝材料，称为低热矿渣硅酸盐水泥，简称低热矿渣水泥。水泥中矿渣的掺入量按质量分数计为 20%～60%，允许用不超过混合材料总量 50% 的磷渣或粉煤灰代替部分矿渣。

中热水泥与低热矿渣水泥通过限制水泥熟料中水化热大的铝酸三钙与硅酸三钙的含量，从而降低水化热。

2. 技术性质

低热硅酸盐水泥、中热硅酸盐水泥和低热矿渣硅酸盐水泥各项技术性能指标见表 3-4-14，强度指标见表 3-4-15。

表 3-4-15 低热水泥、中热水泥和低热矿渣水泥的强度指标（GB 200—2003）

水泥品种	强度等级	抗压强度（MPa）			抗折强度（MPa）		
		3d	7d	28d	3d	7d	28d
低热水泥	42.5	—	13.0	42.5		3.5	6.5
中热水泥	42.5	12.0	22.0	42.5	3.0	4.5	6.5
低热矿渣水泥	32.5	—	12.0	32.5		3.0	5.5

3. 工程应用

中热水泥和低热矿渣水泥主要适用于大坝和大体积混凝土工程。

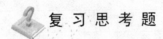 复 习 思 考 题

1. 解释下列名词：石灰、"欠火石灰"、"过火石灰"、钙质石灰、镁质石灰、块状生石灰、生石灰粉、消石灰粉、石灰浆。

2. 试述石灰的消化和硬化的化学反应，并说明其强度形成原理。

3. 石灰有哪些特性、技术要求和应用？

4. 何谓建筑石膏？建筑石膏有何特性和应用？

5. 何谓水玻璃？水玻璃的主要成分是什么？水玻璃有何特性和应用？

6. 何谓通用硅酸盐水泥？通用硅酸盐水泥包括哪些水泥？

7. 硅酸盐水泥熟料是由哪些矿物成分组成的？试述硅酸盐水泥四种矿物的特性。

8. 硅酸盐水泥的主要水化产物有哪些？硅酸盐水泥的凝结硬化包括哪几个阶段？

9. 掺混合材的硅酸盐水泥包括哪几种水泥？活性混合材料和非活性混合材料各包括哪些材料？它们在水泥中有何作用？试述混合材水泥的水化和硬化的特点。

10. 水泥中的化学指标包括哪几种指标？

11. 何谓水泥净浆标准稠度和水泥的标准稠度用水量？影响水泥标准稠度用水量的主要因素有哪些？

12. 何谓水泥的初凝时间和终凝时间？凝结时间对水泥混凝土的施工有重要意义？

13. 影响水泥体积安定性的因素有哪些？用什么方法来评价水泥的安定性？

14. 如何确定水泥强度等级？为什么相同强度等级的水泥要分为普通型和早强型（R型）两种型号？道路路面选用水泥时，在条件允许情况下，优先选用何种类型的水泥？

15. 如何按技术性质来判定水泥为合格品、不合格品？

16. 试比较硅酸盐水泥、普通硅酸盐水泥、矿渣硅酸盐水泥、火山灰质硅酸盐水泥、粉煤灰硅酸盐水泥五种水泥的性质和应用。

17. 何谓道路水泥？在矿物组成上有什么特点？道路水泥有何特性和工程应用？

第四章 水泥混凝土

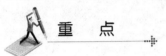 **基本要求**

熟悉普通水泥混凝土组成材料的技术要求，掌握普通水泥混凝土的定义、技术性质及其影响因素、配合比设计方法；熟悉混凝土外加剂，掌握减水剂的定义和技术经济效果；对其他功能混凝土也应有一定的了解。

重　点

普通水泥混凝土的技术性质和配合比设计方法。

第一节　水泥混凝土的定义、分类

一、水泥混凝土的定义

水泥混凝土是由水泥，水，粗、细集料，外加剂和矿物掺和材料，按适当比例配合，拌制成拌和物，经搅拌、成型、养护和一定时间硬化而成的人造石材。

二、水泥混凝土的分类

水泥混凝土可从不同角度进行分类：

1. 表观密度

（1）普通混凝土。表观密度为 $2000\sim2800kg/m^3$，由天然砂、石、水泥和水配制而成。

（2）轻混凝土。表观密度 $<1900kg/m^3$，如轻骨料混凝土、多孔混凝土和大孔混凝土。

（3）重混凝土。表观密度为 $2600\sim3200kg/m^3$，由各种高密度集料（如重晶石、铁矿石）、水泥和水配制而成。

2. 抗压强度

（1）低强度混凝土。强度等级$<$C30。

（2）中强度混凝土。C30$\leqslant$强度等级$<$C60。

（3）高强度混凝土。强度等级$\geqslant$C60。

3. 流动性

（1）干硬性混凝土。混凝土拌和物的坍落度小于10mm且须用维勃稠度（s）表示其稠度的混凝土。

（2）塑性混凝土。混凝土拌和物的坍落度为10～90mm的混凝土。

（3）流动性混凝土。混凝土拌和物的坍落度为100～150mm的混凝土。

（4）大流动性混凝土。混凝土拌和物的坍落度$\geqslant$160mm的混凝土。

4. 特性

（1）抗渗混凝土。抗渗等级等于或大于P6级的混凝土。

（2）抗冻混凝土。抗冻等级等于或大于 F50 级的混凝土。

（3）高强混凝土。强度等级为 C60 及其以上的混凝土。

（4）泵送混凝土。混凝土拌和物的坍落度不低于 100mm，并用泵送施工的混凝土。

（5）大体积混凝土。混凝土结构物实体最小尺寸等于或大于 1m，或预计会因水泥水化热引起混凝土内外温差过大而引起裂缝的混凝土。

5. 用途

按用途分为结构混凝土、道路混凝土、水工混凝土、耐热混凝土、耐酸混凝土、防辐射混凝土、补偿收缩混凝土、纤维混凝土、高聚物混凝土等。

6. 施工方法

按施工方法分为喷射混凝土、碾压混凝土、泵送混凝土等。

三、普通水泥混凝土

1. 定义

普通水泥混凝土是由通用水泥、水、普通砂石、外加剂和矿物掺和材料，按适当比例配合，经搅拌、成型、养护而得到的水泥混凝土，简称混凝土。

2. 特点

普通水泥混凝土具有良好的塑性、抗压强度高、耐久性好、原料丰富、价格低廉、与钢筋有牢固的黏结力等优点；缺点是抗拉强度低、受拉时变形能力小、容易开裂、成型后养护时间较长、自重大等。

3. 组成及各部分的作用

混凝土组成及各组分的体积比见表 4-1-1。

表 4-1-1 混凝土组成及各组分的体积比

项目	水泥	水	砂	石	空气	外加剂	混合材
占混凝土总体积（%）	10～15	15～20	20～33	35～48	1～3	1～4	5～10
	22～35		66～78				

水泥和水组成水泥浆，填充集料的空隙并包裹在集料的表面，在混凝土硬化前，赋予拌和物流动性，便于施工；在硬化后，将砂石黏结成具有一定强度的整体。石料起着骨架作用，砂填充石子的空隙。

第二节 普通水泥混凝土的组成材料

一、水泥

水泥是混凝土的胶结材料，混凝土的性能很大程度上取决于水泥的质量，因此对水泥的品种和强度等级必须慎重选择。

1. 品种的选择

配制混凝土用水泥，通常采用六大品种通用水泥，可根据工程特点，气候与环境条件，参考表 3-4-8 选用。在特殊情况下，可采用特种水泥。

2. 强度等级的选择

水泥强度等级应与混凝土设计强度等级相适应。通常以水泥强度等级为混凝土强度等级的 1.5～2.0 倍为宜；配制高强度等级混凝土时，水泥强度等级为混凝土强度等级的 0.9～1.5 倍为宜。随着混凝土强度等级的不断提高，现代高强度混凝土并不受此比例的约束。如水泥强度等级选用过高，则混凝土中水泥用量过低，影响混凝土的和易性和耐久性，必须掺一定数量的掺和料。反之，如水泥强度等级选用过低，则混凝土中水泥用量太多，非但不经济，会使混凝土的收缩率增大、耐磨性降低。

二、集料

（一）集料的定义、分类

1. 定义

在混合料中起骨架和填充作用的粒料，又称骨料，包括碎石、砾石、机制砂、石屑、砂等。

2. 分类

（1）粗集料。在水泥混凝土中，粗集料是指粒径大于 4.75mm 的碎石、砾石、破碎砾石。在沥青混合料中，粗集料是指粒径大于 2.36mm 的碎石、破碎砾石、筛选砾石和矿渣等。

（2）细集料。在水泥混凝土中，细集料是指粒径小于 4.75mm 的天然砂、人工砂。在沥青混合料中，细集料是指粒径小于 2.36mm 的天然砂、人工砂（包括机制砂）及石屑。

天然砂是由自然风化，水流冲刷，堆积形成的、粒径小于 4.75mm 的岩石颗粒，分为河砂、海砂、山砂等。

人工砂是经人为加工处理得到的符合规格要求的细集料，通常指石料加工过程中采取真空抽吸等方法除去大部分土和细粉，或将石屑水洗得到的洁净的细集料。

机制砂是由碎石及砾石经制砂机反复破碎加工至粒径小于 2.36mm 的人工砂，亦称破碎砂。

石屑是采石场加工碎石时通过最小筛孔（通常为 2.36mm 或 4.75mm）的筛下部分，也称筛屑。

（二）集料的技术性质

1. 粗集料的技术性质

（1）物理性质。

1）物理常数。粗集料的物理常数包括表观密度、毛体积密度、堆积密度和空隙率等，它们的含义与第一章第二节叙述的材料各种密度基本相同。粗集料的表观密度、毛体积密度采用网篮法测定，堆积密度采用容量同法测定。

2）含水率。含水率的含义在第一章第二节已经叙述。采用烘干法或酒精燃烧法（快速试验）测定。

3）级配。粗集料级配的概念、级配参数的计算方法与细集料级配基本相同。只是粗集料与细集料筛分试验标准筛尺寸及所用试样质量有所不同。见细集料的技术性质（1）物理性质中3）级配。

4）坚固性。对碎石或卵石可采用规定级配的各粒级集料，按试验规程取规定数量，分别装在网篮浸入饱和硫酸钠溶液中进行干湿循环试验。经 5 次循环后，观察其破坏情况，并计算质量损失率。

（2）力学性质。

粗集料压碎值是集料在逐渐增加的荷载下抵抗压碎的能力。以压碎试验后<2.36mm的石料质量百分率表示。它作为相对衡量集料强度的一个指标，用以评定其在公路工程中的适用性。压碎值越小，强度越高。通常采用压碎值测定仪测定。

$$Q'_a = \frac{m_1}{m_0} \times 100 \qquad (4-2-1)$$

式中　Q'_a——粗集料压碎值，%；

　　　m_0——试验前试样质量，g；

　　　m_1——试验后通过 2.36mm 筛的细料质量，g。

2. 细集料的技术性质

(1) 物理常数。包括表观密度、毛体积密度、堆积密度和空隙率，含义与计算方法与粗集料相同。由于它的粒径较小，试验试样数量、测定方法、计算方法和测定精度稍有不同。

(2) 含水率。含义与计算方法与粗集料相同。

(3) 级配。集料各级粒径颗粒的分配情况。

集料的级配可通过筛分试验确定，筛分试验就是将一定质量的集料通过一系列的标准筛，测定出存留在各个筛上的试样质量，根据集料试样的总质量与存留在各个筛上的质量，即可求出与级配有关的参数。对水泥混凝土用集料采用干筛法筛分，对沥青混合料及基层用集料必须采用水洗法筛分。

标准筛是对颗粒性进行筛分试验用的、符合标准形状和尺寸规格要求的系列样品筛。标准筛筛孔为正方形（方孔筛），筛孔尺寸依次为 75、63、53、37.5、31.5、26.5、19、16、13.2、9.5、4.75、2.36、1.18、0.6、0.3、0.15、0.075mm。

水泥混凝土用砂级配参数的计算：

1) 分计筛余百分率 a_i　各号筛的分计筛余百分率为各号筛上的筛余量除以试样总质量的百分率，即 $a_i = \frac{m_i}{M} \times 100(\%)$。

2) 累计筛余百分率 A_i　各号筛的累计筛余百分率为该号筛及大于该号筛的各号筛的分计筛余百分率之和，即 $A_i = a_1 + a_2 + \cdots + a_i(\%)$。

3) 通过百分率 P_i　通过某号筛的试样质量占试样总质量的百分率，各号筛的通过百分率等于 100 减去该号筛的累计筛余百分率，即 $P_i = 100 - A_i(\%)$。

(4) 细度模数。细度模数是评价砂粗细程度的指标。按式 (4-2-2) 计算，精确至 0.01。

$$M_x = \frac{A_{2.36} + A_{1.18} + A_{0.6} + A_{0.3} + A_{0.15} - 5A_{4.75}}{100 - A_{4.75}} \qquad (4-2-2)$$

式中　　　　M_x——砂的细度模数；

$A_{4.75}$、$\cdots$、$A_{0.15}$——分别为 4.75mm、$\cdots$、0.15mm 各筛上的累计筛余百分率，%。

按细度模数的大小砂分为三级：3.7~3.1 为粗砂，3.0~2.3 为中砂，2.2~1.6 为细砂。

细度模数越大，表示砂的颗粒越粗。细度模数仅反映砂的粗细程度，但不能反映砂的级配，因为不同级配的砂，可有相同的细度模数。

【例题】 用于桥涵工程的某砂筛分结果见表4-2-1。计算该砂的分计筛余百分率、累计筛余百分率和通过百分率，并求其细度模数和评价其粗细程度。

表4-2-1　　　　　　　　　某 砂 筛 分 结 果

筛孔尺寸（mm）	9.5	4.75	2.36	1.18	0.6	0.3	0.15	0.075
各筛存留量（g）	0	25	35	90	125	125	75	25
规范要求通过范围（%）	100	90～100	75～100	50～90	30～59	8～30	0～10	—

解 该砂分计筛余百分率、累计筛余百分率和通过百分率计算结果列入表4-2-2。

表4-2-2　　　　　　　　　计 算 结 果

筛孔尺寸（mm）	9.5	4.75	2.36	1.18	0.6	0.3	0.15	0.075
各筛存留量（g）	0	25	35	90	125	125	75	25
分计筛余 a_i（%）	0	5	7	18	25	25	15	5
累计筛余 A_i（%）	0	5	12	30	55	80	95	100
通过百分率 P_i（%）	100	95	88	70	45	20	5	0

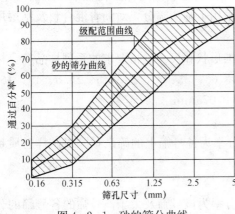

图4-2-1　砂的筛分曲线

根据上述计算结果，可绘制成砂的筛分曲线如图4-2-1所示。

根据该砂的筛分曲线可看出，该砂的级配符合规范的级配要求。

$$M_x = \frac{12+30+55+80+95-5\times5}{100-5}$$
$$=2.60$$

所以此砂为中砂。

（三）集料的技术要求

1. 粗集料

普通混凝土中常用的粗集料主要是碎石和卵石。碎石是天然岩石或卵石经机械破碎、筛分制成的，粒径大于4.75mm的岩石颗粒。卵石是由自然风化水流搬运和分选、粒径大于4.75mm的岩石颗粒。按碎石、卵石的技术要求分为Ⅰ类、Ⅱ类、Ⅲ类。Ⅰ类宜用于强度等级大于C60的混凝土；Ⅱ类宜用于强度等级C30～C60及抗冻、抗渗或其他要求的混凝土；Ⅲ类宜用于强度等级小于C30的混凝土。粗集料的技术要求如下：

（1）强度。粗集料的强度可用岩石抗压强度和压碎值两种方法表示。岩石的抗压强度与混凝土强度等级之比不应小于1.5，且火成岩强度应不小于80MPa，变质岩应不小于60MPa，水成岩应不小于30MPa。粗集料的压碎指标值应符合表4-2-3要求。

（2）坚固性。碎石、卵石在自然风化和其他外界物理化学因素作用下抵抗破裂的能力。用硫酸钠溶液法进行试验，碎石和卵石经5次循环后其质量损失应符合表4-2-3的规定。

（3）有害物质含量，见表4-2-4。

表 4-2-3　　　　　粗集料压碎指标和坚固性指标（GB/T 14685—2011）

项目	指　标		
	Ⅰ类	Ⅱ类	Ⅲ类
碎石压碎指标（%）	＜10	＜20	＜30
卵石压碎指标（%）	＜12	＜16	＜16
坚固性（质量损失，%）	＜5	＜8	＜12
空隙率（%）	≤43	≤45	≤47
吸水率（%）	≤1.0	≤2.0	≤2.0

粗集料的表观密度大于 $2600kg/m^3$；堆积密度报告其实测值

表 4-2-4　　　　　碎石和卵石有害物质含量（GB/T 14685—2011）

项目	指　标		
	Ⅰ类	Ⅱ类	Ⅲ类
含泥量（按质量计，%）	＜0.5	＜1.0	＜1.5
泥块含量（按质量计，%）	0	＜0.5	＜0.7
针片状颗粒（按质量计，%）	＜5	＜15	＜25
有机物含量（比色法）	合格	合格	合格
硫化物及硫酸盐（按 SO_3 质量计，%）	＜0.5	＜1.0	＜1.0

含泥量是指碎石、卵石中粒径小于 $75\mu m$ 的颗粒含量。

泥块含量是指碎石、卵石中原粒径大于 4.75mm，经水浸洗、手捏后小于 2.36mm 的颗粒含量。

（4）级配。粗集料应具有良好的颗粒级配，以减少空隙率，增强密实度，从而节约水泥，保证混凝土拌和物的和易性及混凝土的强度。

粗集料宜根据混凝土的最大粒径采用连续两级配或连续多级配，不宜采用单粒级或间断级配配制，必须使用时，应通过试验验证。根据国标《建筑用卵石、碎石》（GB/T 14685—2011）粗集料的级配范围应符合表 4-2-5 的规定。

表 4-2-5　　　　　碎石或卵石的颗粒级配范围（GB/T 14685—2011）

级配情况	公称粒级（mm）	筛孔尺寸（方孔筛，mm）											
		2.36	4.75	9.5	16.0	19.0	26.5	31.5	37.5	53	63	75	90
		累计筛余（按质量计，%）											
连续级配	5～16	95～100	85～100	30～60	0～10	0							
	5～20	95～100	90～100	40～80		0～10	0						
	5～25	95～100	90～100	—	30～70		0～5	0					
	5～31.5	95～100	90～100	70～90	—	15～45		0～5	0				
	5～40	—	90～100	70～90		30～65			0～5	0			

续表

级配情况	公称粒级 (mm)	筛孔尺寸（方孔筛，mm）											
		2.36	4.75	9.5	16.0	19.0	26.5	31.5	37.5	53	63	75	90
		累计筛余（按质量计,%）											
单粒级配	5～10	95～100	90～100	0～15	0～15								
	10～16		95～100	80～100									
	10～20		—	85～100	55～70	0～15	0						
	16～25		95～100	95～100	85～100	25～40	0～10						
	16～31.5						0～10	0					
	20～40			95～100		80～100		0～10	0				
	40～80					95～100			70～100	30～60	0～10	0	

在矿质混合料中，由大到小逐级粒径均有，按比例互相搭配组成的混合料称为连续级配矿质混合料。在矿质混合料中剔除其一个分级或几个分级形成一种不连续的混合料，称为间断级配矿质混合料。

连续级配矿料配制的新拌混凝土较为密实，特别是具有优良的工作性，不易产生离析，故经常采用。但配制相同强度等级的混凝土，比间断级配费水泥。

采用间断级配矿料配制的混凝土，空隙率低，可制成密实高强的混凝土，而且水泥用量小，但是拌和物容易产生离析现象，适宜于配制稠硬性拌和物，并须采用强力振捣。

（5）最大粒径。粗集料的粗细程度用最大粒径表示。最大粒径指集料全部要通过最小的标准筛的筛孔尺寸。集料的公称最大粒径指集料可能全部通过或允许有少量不通过（一般允许筛余不超过10%）的最小标准筛筛孔尺寸。通常比集料最大粒径小一个粒级。集料的最大粒径越大，单位用水量越少。在固定用水量和水灰比的条件下，最大粒径越大，流动性越好；或减小水灰比提高混凝土强度和耐久性。通常在结构截面允许的条件下，尽量增大最大粒径以节约水泥。规范规定粗集料的最大粒径不得大于结构截面最小尺寸的1/4，同时不得大于钢筋间最小净距的3/4；对于混凝土实心板，最大粒径不宜超过板厚的1/3，且不得超过31.5mm。

（6）表面特征及颗粒形状。表面粗糙、多棱角的碎石与表面光滑、圆形的卵石相比较，碎石配制的混凝土强度较高，但是在相同水泥浆用量的条件下，卵石配制的混凝土和易性较好。粗集料的形状接近正立方体为佳，不宜含有较多针状颗粒（颗粒的长度大于该颗粒所属粒级平均粒径的2.4倍）和片状颗粒（颗粒厚度小于该颗粒所属粒级平均粒径的0.4倍）。否则将降低混凝土的抗折强度，同时影响和易性。

（7）碱活性检验。对于重要的水泥混凝土工程用粗集料，应进行集料碱活性检验。首先应用岩相法确定活性集料的种类和数量。若岩石中含有活性二氧化硅时，应用化学法或砂浆长度法检验，确定其是否含有潜在危险。

2. 细集料

细集料应采用级配良好、质地坚硬、洁净的天然砂（包括河砂、湖砂、山砂、淡化海砂），也可使用人工砂（包括机制砂、混合砂）。砂按技术要求分为Ⅰ类、Ⅱ类、Ⅲ类。Ⅰ类宜用于强度等级大于C60的混凝土，Ⅱ类宜用于强度等级C30～C60及抗冻、抗渗或其他要求的混凝土，Ⅲ类宜用于强度等级小于 C30 的混凝土。

细集料的技术要求如下：

（1）有害物质。砂不应混有草根、树叶、树枝、塑料、煤块、炉渣等杂物。砂中如含有云母、轻物质、有机物、硫化物，以及硫酸盐、氯盐等，其含量应符合表 4-2-6 的规定。

表 4-2-6　　　　　　　　　细集料技术要求（GB/T 14684—2011）

技术指标			技术要求		
			Ⅰ类	Ⅱ类	Ⅲ类
机制砂	压碎指标（%）		≤20	≤25	≤30
	甲基蓝试验	MB 值≤1.4 或合格	石粉含量（%）	≤10	≤10	≤10
			泥块含量（%）	0	≤1.0	≤2.0
		MB 值>1.4 或不合格	石粉含量（%）	≤1.0	≤3.0	≤5.0
			泥块含量（%）	0	≤1.0	≤2.0
天然砂	含泥量（按质量计，%）		≤1.0	≤3.0	≤5.0
	泥块含量（按质量计，%）		0	≤1.0	≤2.0
有害物质含量	云母（按质量计，%）		≤1.0	≤2.0	≤2.0
	轻物质（按质量计，%）		≤1.0	≤1.0	≤1.0
	有机物（比色法）		合格	合格	合格
	硫化物及硫酸盐（按 SO₃ 质量计，%）		≤0.5	≤0.5	≤0.5
	氯化物（氯离子质量计，%）		≤0.01	≤0.02	≤0.06
坚固性（质量损失，%）			≤8	≤8	≤10
表观密度≥2500kg/m³；松散堆积密度≥1400kg/m³；空隙率≤44%					

（2）级配。混凝土用砂的颗粒级配根据国标《建筑用砂》（GB/T 14684—2011）的规定划分为 3 个级配区，砂的级配应符合表 4-2-7 或图 4-2-2 任何一个级配区的规定。

表 4-2-7　　　　　　　　　砂的分区及级配范围（GB/T 14684—2011）

砂的分类	级配区	筛孔尺寸（mm）					
		4.75	2.36	1.18	0.6	0.3	0.15
		累计筛余（%）					
天然砂	Ⅰ区	10～0	35～5	65～35	85～71	95～80	100～90
	Ⅱ区	10～0	25～0	50～10	70～41	92～70	100～90
	Ⅲ区	10～0	15～0	25～0	40～16	85～55	100～90
机制砂	Ⅰ区	10～0	35～5	65～35	85～71	95～80	97～85
	Ⅱ区	10～0	25～0	50～10	70～41	92～70	94～80
	Ⅲ区	10～0	15～0	25～0	40～16	85～55	94～75

注　砂的实际颗粒级配与表中所列数字相比，除 4.75mm 和 0.6mm 筛挡外，可以略有超出，但超出总量应小于 5%。

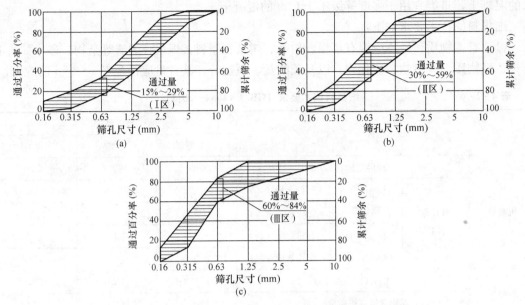

图 4-2-2 水泥混凝土用砂级配范围曲线

(a) Ⅰ区砂；(b) Ⅱ区砂；(c) Ⅲ区砂

工程用砂是把细度模数在 1.6～3.7 的砂按 0.6mm 筛孔的累积筛余百分率分为三个级配区，混凝土用砂处于三个区的某一个区中（按 0.6mm 筛孔累计筛余百分率确定），说明其级配符合混凝土用砂的级配要求。

Ⅰ区砂属于粗砂，采用Ⅰ区砂配制混凝土时，应较Ⅱ区砂提高砂率。否则，新拌混凝土的内摩擦力较大、保水差、不易捣实成型。Ⅰ区砂适宜配低流动性混凝土、水泥用量多的富混凝土。Ⅱ区砂是由中砂和一部分偏粗的细砂组成，用其拌制的混凝土拌和物其内摩擦力，保水性及捣实性都较Ⅰ区和Ⅲ区砂好，且混凝土的收缩小，耐磨性高，应优先选用。Ⅲ区砂系由细砂和部分偏细的中砂组成。当采用Ⅲ区时，应较Ⅱ区砂降低砂率，因用Ⅲ区砂所配制的新拌混凝土黏性略大，比较细软，易振捣成型，但由于比面大，要求适当提高水泥用量，且对新拌混凝土的工作性影响比较敏感。

（3）坚固性和压碎值。混凝土所用细集料应具有一定的坚固性和强度等力学要求。天然砂采用硫酸钠溶液法进行试验，5 次循环后其质量损失应符合表 4-2-6 的规定。人工砂采用压碎指标法进行试验，压碎指标应符合表 4-2-6 的规定。

三、混凝土用水

混凝土用水是指混凝土拌和用水和混凝土养护用水的总称，包括饮用水、地表水、地下水、再生水、混凝土企业设备洗刷水和海水等。地表水是指存在于江、河、湖、塘、沼泽和冰川等中的水。地下水是指存在于岩石缝隙或土壤孔隙中可以流动的水。再生水是指污水经适当再生工艺处理后具有使用功能的水。

1. 混凝土拌和用水

（1）根据行业标准《混凝土用水标准》（JGJ 63—2006）混凝土拌和用水水质要求应符合表 4-2-8 的规定。对于设计使用年限为 100 年的结构混凝土，氯离子含量不得超过 500mg/L；对使用钢丝或经热处理钢筋的预应力混凝土，氯离子含量不得超过 350mg/L。

表 4-2-8 混凝土拌和用水水质要求（JGJ 63—2006）

项目	预应力混凝土	钢筋混凝土	素混凝土
pH 值	≥5	≥4.5	≥4.5
不溶物（mg/L）	≤2000	≤2000	≤5000
可溶物（mg/L）	≤2000	≤5000	≤10000
Cl^-（mg/L）	≤500	≤1000	≤3500
SO_4^{2-}（mg/L）	≤600	≤2000	≤2700
碱含量（rag/L）	≤1500	≤1500	≤1500

注 1. 碱含量按 $Na_2O + 0.658K_2O$ 计算值来表示。采用非碱活性骨料时，可不检验碱含量。

2. 不溶物是指在规定的条件下，水样经过滤，未通过滤膜部分干燥后留下的物质。

3. 可溶物是指在规定的条件下，水样经过滤，通过滤膜部分干燥蒸发后留下的物质。

（2）地表水、地下水、再生水的放射性应符合现行国家标准《生活饮用水卫生标准》GB 5749—2006 的规定。

（3）被检验水样应与饮用水样进行水泥凝结时间对比试验。对比试验的水泥初凝时间差及终凝时间差均不应大于 30min；同时，初凝和终凝时间应符合现行国家标准《硅酸盐水泥、普通硅酸盐水泥》GB 175—2007 的规定。

（4）被检验水样应与饮用水样进行水泥胶砂强度对比试验，被检验水样配制的水泥胶砂 3d 和 28d 强度不应低于饮用水配制的水泥胶砂 3d 和 28d 强度的 90%。

（5）混凝土拌和用水不应有漂浮明显的油脂和泡沫，不应有明显的颜色和异味。

（6）混凝土企业设备洗刷水不宜用于预应力混凝土、装饰混凝土、加气混凝土和暴露于腐蚀环境的混凝土，不得用于使用碱活性或潜在碱活性骨料的混凝土。

（7）未经处理的海水严禁用于钢筋混凝土和预应力混凝土。

（8）在无法获得水源的情况下，海水可用于素混凝土，但不宜用于装饰混凝土。

2. 混凝土养护用水

（1）混凝土养护用水可不检验不溶物和可溶物，其他检验项目应符合混凝土拌和用水（1）条和（2）条的规定。

（2）混凝土养护用水可不检验水泥凝结时间和水泥胶砂强度。

四、混凝土外加剂

（一）外加剂的定义及分类

1. 定义

混凝土外加剂是在拌制混凝土过程中掺入，用以改善混凝土性能的物质。掺量不大于水泥质量的 5%（特殊情况除外）。

2. 分类

混凝土外加剂按其主要功能分为四类：

（1）改善混凝土拌和物流变性能的外加剂，包括各种减水剂、引气剂和泵送剂等。

（2）调节混凝土凝结时间、硬化性能的外加剂，包括缓凝剂、早强剂和速凝剂等。

（3）改善混凝土耐久性的外加剂，包括引气剂、防水剂和阻锈剂等。

（4）改善混凝土其他性能的外加剂，包括加气剂、膨胀剂、防冻剂、着色剂、防水剂和泵送剂等。

（二）常用的外加剂

1. 减水剂

（1）定义。减水剂是在混凝土坍落度基本相同的条件下，能减少拌和用水的外加剂。减水剂可分为普通减水剂和高效减水剂。

（2）减水剂的技术经济效果，见表 4-2-9。

1）保持混凝土配合比不变，可增大混凝土拌和物的流动性。

2）保持混凝土流动性和水泥用量不变时，则可减少用水量，降低水胶比，提高混凝土强度，同时也提高了耐久性。

3）保持混凝土流动性和强度不变时，则可节约水泥用量。

表 4-2-9　　　　　　　　　　　　减水剂对混凝土技术经济效果

编号	名称	试验目的	材料组成				技术性质	
			水泥用量 （kg/m³）	用水量 （kg/m³）	水灰比 W/C	外加剂 UNF（%）	坍落度 （mm）	抗压强度 $f_{cu,28}$（MPa）
1	基准混凝土	对照组	345	185	0.54	—	30	38.2
2	掺外加剂 混凝土	增大流动性	345	185	0.54	0.5	90	38.5
3		提高强度	345	166	0.48	0.5	30	44.5
4		节约水泥	308	166	0.54	0.5	30	38.0

（3）减水剂的作用机理。水泥加水拌和后，由于熟料水化所带电荷不同等原因，异性电荷相互吸引而产生絮凝状结构，如图 4-2-3 所示。在絮凝状结构中，包裹着很多拌和水，从而降低了混凝土拌和物的工作性。施工中为了保证拌和物的工作性，就必须增加用水量，从而使混凝土中的孔隙增多，降低混凝土的物理—力学性质。当掺入减水剂后，减水剂的憎水基团吸附于水泥颗粒表面，亲水基团朝向水溶液，由于减水剂的定向排列产生电性斥力，以及减水剂与水缔合在水泥颗粒表面形成一层溶剂化水膜，使絮凝结构中的游离水释放出来，因而达到减水的目的如图 4-2-4 所示。

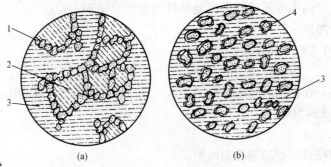

图 4-2-3　减水剂对水泥絮凝结构的分散作用

（a）未掺减水剂的水泥-絮凝结构；（b）掺入减水剂后水泥-絮凝状结构被分散

1—水泥颗粒；2—絮凝结构中的游离水；3—游离水；

4—带有电性斥力和溶剂化水膜的水泥颗粒

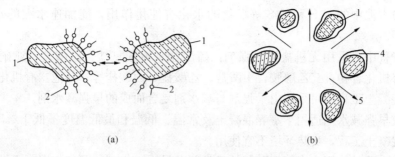

图 4-2-4　减水剂对水泥颗粒的分散作用

（a）减水剂定向排列产生电性斥力；（b）减水剂的定向排列电性斥力与水缔合作用，

使絮凝结构中的游离水释放出

1—水泥颗粒；2—减水剂；3—电性斥力；4—溶剂化水膜；5—游离水释放出

（4）常用减水剂，见表 4-2-10。

表 4-2-10　　　　　　　　　　　　常 用 的 减 水 剂

普通减水剂	高效减水剂
木质素磺酸盐类： 木质素磺酸钙、木质素磺酸钠、木质素磺酸镁及丹宁等	1. 芳香族磺酸盐类：萘或萘的同系磺化物与甲醛缩合的盐类、氨基磺酸盐等； 2. 水溶性树脂类：磺化三聚氰胺树脂、磺化古码隆树脂等； 3. 脂肪族类：聚羧酸盐类、聚丙烯酸盐类、脂肪族羟甲基磺酸盐高缩聚物等； 4. 其他：改性木质素磺酸钙、改性丹宁等
可用于素混凝土、钢筋混凝土、预应力混凝土，高强高性能混凝土	

2. 引气剂

在搅拌混凝土过程中能引入大量均匀分布、稳定而封闭的微小气泡的外加剂。

引气剂为憎水表面活性物质，它能降低水泥—水—空气的界面能，定向排列形成吸附膜，使气泡排开水分而吸附于固相粒子表面，因而可以使搅拌过程中混进的空气形成微小而稳定的气泡，均匀分布于混凝土中。

由于气泡的存在，可改善新拌混凝土的工作性；由于气泡彼此隔离，使水分不易渗入，因而提高混凝土的抗冻性、抗渗性和抗蚀性。但是，混凝土强度会有所降低。

混凝土工程中可采用松香热聚物、松香皂类等引气剂。掺量为水泥用量的 0.005%～0.01%，混凝土中含气量约为 3%～6%。

引气剂可用于抗冻混凝土、抗渗混凝土、抗硫酸盐混凝土、泌水严重的混凝土、贫混凝土、轻骨料混凝土、人工骨料配制的普通混凝土、高性能混凝土及有饰面要求的混凝土。

3. 缓凝剂

缓凝剂是指能延长混凝土凝结时间的外加剂。

缓凝剂能在水泥及其水化物表面上的吸附，或与水泥反应生成不溶层而达到缓凝的效果。

常用的缓凝剂有酒石酸钠、柠檬酸、糖蜜、含氧有机酸、多元醇等。其掺量为水泥质量的 0.01%～0.20%。

缓凝剂可用于大体积混凝土、碾压混凝土、大面积浇筑的混凝土等。

4. 早强剂

能加速混凝土早期强度发展的外加剂，称为早强剂。

早强剂对水泥中的 C_3S 和 C_2S 等矿物的水化有催化作用，能加速水泥的水化和硬化，具有早强作用。

混凝土工程中可采用无机盐类早强剂：硫酸盐、硫酸复盐、硝酸盐、亚硝酸盐、氯盐等；水溶性有机化合物：三乙醇胺、甲酸盐、乙酸盐、丙酸盐等；其他：有机化合物、无机盐复合物。混凝土工程中可采用由早强剂与减水剂复合而成的早强减水剂。

早强剂及早强减水剂适用于蒸养混凝土及常温、低温和最低温度不低于 −5℃ 施工的有早强要求的混凝土工程，炎热环境不宜使用。

下列结构中严禁采用含有氯盐配制的早强剂及早强减水剂：预应力混凝土结构；相对湿度大于 80% 环境中使用的结构、处于水位变化部位的结构、露天结构及经常受水淋、受水流冲刷的结构；大体积混凝土；直接接触酸、碱或其他侵蚀性介质的结构；经常处于 60℃ 以上的结构，需经蒸养的钢筋混凝土预制构件；有装饰要求的混凝土，特别是要求色彩一致的或是表面有金属装饰的混凝土；薄壁混凝土结构；中级和重级工作制吊车的梁、屋架、落锤及锻锤混凝土基础等结构；使用冷拉钢筋或冷拔低碳钢丝的结构；骨料具有碱活性的混凝土结构。

5. 速凝剂

速凝剂是能使混凝土迅速凝结硬化的外加剂。

速凝剂与水泥在加水拌和时立即反应，使水泥中的石膏失去缓凝作用，促成铝酸三钙迅速水化析出水化铝酸钙，导致水泥迅速凝结。

在喷射混凝土工程中可采用的粉状速凝剂：以铝酸盐、碳酸盐等为主要成分的无机盐混合物等；液体速凝剂：以铝酸盐、水玻璃等为主要成分，与其他无机盐复合而成的复合物。

速凝剂可用于喷射混凝土，亦可用于需要速凝的其他混凝土，如路桥隧道的修补、抢修等工程，可以保证水泥初凝时间在 5min 之内，终凝在 10min 内完成。

6. 防水剂

防水剂是能降低混凝土在静水压力下的透水性的外加剂。混凝土中掺入防水剂后，抗渗性大大增强。

防水剂分为无机防水剂（如氯化铁等）、有机防水剂（如有机硅、橡胶及水溶性树脂乳液等）以及复合型防水剂。

防水剂可用于工业与民用建筑的屋面、地下室、隧道、巷道、给排水池、水泵站等有防水抗渗要求的混凝土工程。含氯盐的防水剂可用于素混凝土、钢筋混凝土工程，严禁用于预应力混凝土工程。

除上述几类最常用的外加剂外，其他混凝土外加剂的名称及定义见表 4 - 2 - 11。

表 4 - 2 - 11　　　　　　　　　其他混凝土外加剂的名称及定义

名称	定　　义
阻锈剂	能抑制或减轻混凝土中钢筋或其他预埋金属锈蚀的外加剂
加气剂	混凝土制备过程中因发生化学反应，放出气体，而使混凝土中形成大量气孔的外加剂
膨胀剂	能使混凝土产生一定体积膨胀的外加剂
防冻剂	能使混凝土在负温下硬化，并在规定时间内达到足够防冻强度的外加剂
着色剂	能制备具有稳定色彩混凝土的外加剂
泵送剂	能改善混凝土拌和物泵送性能的外加剂

五、矿物掺和料材料

粒化高炉矿渣、粒化高炉矿渣粉、粉煤灰、火山灰质混合材料的活性指标应符合相关标准（《用于水泥和混凝土中的粉煤灰》GB/T 1596—2005，《用于水泥和混凝土中的粒化高炉矿渣粉》GB/T 18046—2008，《高强高性能混凝土用矿物外加剂》GB/T 18736—2002）要求。矿物掺和料在混凝土中的掺量应通过试验确定。采用硅酸盐水泥或普通硅酸盐水泥时，钢筋混凝土中矿物掺和料最大掺量宜符合表4-2-12的规定；预应力钢筋混凝土中矿物掺和料最大掺量宜符合表4-2-13的规定。对基础大体积混凝土，粉煤灰、粒化高炉矿渣粉和复合掺和料的最大掺量可增加5％。采用掺量30％以上的C类粉煤灰的混凝土应以实际使用的水泥和粉煤灰掺量进行安定性检验。

表 4-2-12　　　　钢筋混凝土中矿物掺和料最大掺量（JGJ 55—2011）

矿物掺和料种类	水胶比	最大掺量（％）	
		硅酸盐水泥	普通硅酸盐水泥
粉煤灰	≤0.40	45	35
	>0.40	40	30
粒化高炉矿渣粉	≤0.40	65	55
	>0.40	55	45
钢渣粉	—	30	20
磷渣粉	—	30	20
硅灰	—	10	10
复合掺和料	≤0.40	65	55
	>0.40	55	45

　注　1. 采用其他通用硅酸盐水泥时，宜将水泥混合材料掺量20％以上的混合材料计入矿物掺和料量；
　　　2. 在混合使用两种或两种以上矿物掺和料时，矿物掺和料总掺量应符合表中复合掺和料的规定；
　　　3. 复合掺和料各组分的掺量不宜超过任一组分单掺时的最大掺量。

表 4-2-13　　　　预应力混凝土中矿物掺和料最大掺量（JGJ 55—2011）

矿物掺和料种类	水胶比	最大掺量（％）	
		硅酸盐水泥	普通硅酸盐水泥
粉煤灰	≤0.40	35	30
	>0.40	25	20
粒化高炉矿渣粉	≤0.40	55	45
	>0.40	45	35
钢渣粉	—	20	10
磷渣粉	—	20	10
硅灰	—	10	10
复合掺和料	≤0.40	55	45
	>0.40	45	35

　注　1. 采用其他通用硅酸盐水泥时，宜将水泥混合材料掺量20％以上的混合材料计入矿物掺和料量；
　　　2. 在混合使用两种或两种以上矿物掺和料时，矿物掺和料总掺量应符合表中复合掺和料的规定；
　　　3. 复合掺和料中各组分的掺量不宜超过任一组分单掺时的最大掺量。

第三节　普通水泥混凝土的技术性质

一、新拌水泥混凝土的工作性

水泥混凝土在尚未凝结硬化以前，称为新拌水泥混凝土或称混凝土拌和物。

1. 工作性的定义

新拌水泥混凝土的工作性（或称和易性）是指混凝土拌和物易于施工操作（拌和、运输、浇筑、振捣）且成型后质量均匀、密实的性能。它包括三方面的含义：

（1）流动性。是指混凝土拌和物在自重或机械振捣作用下，能产生流动，并均匀密实地填满模板的性能。流动性的大小反映了混凝土的稀稠，所以又称稠度。

（2）黏聚性。是指混凝土拌和物在施工过程中其组成材料之间有一定的黏聚力，不致产生分层和离析的现象。分层是指混凝土出现混凝土层、砂浆层、水泥浆层和水层。离析是指混凝土各组分分离，不均匀失去连续性的现象。

（3）保水性。是指混凝土拌和物在施工过程中，具有一定的保水能力，不致产生严重的泌水现象。泌水是指混凝土拌和物在静置状态下表面水分渗出的现象。混凝土泌水后会形成贯通的通道，在混凝土的表面、粗集料下部和钢筋下部有水分，蒸发后出现麻面、蜂窝、薄弱夹层等，降低混凝土的强度和耐久性。

2. 工作性的测定方法

目前没有一种能够全面表征工作性的测定方法。通常是测定混凝土拌和物的流动性，用目测方法评定混凝土拌和物的黏聚性和保水性。混凝土的流动性用稠度表示，测定方法有：

（1）坍落度试验如图 4-3-1 所示。适用于坍落度大于 10mm，集料公称最大粒径不大于 31.5mm 的塑性混凝土。试验方法是将混凝土拌和物按规定的方法分三层装入坍落度筒内，然后垂直提起坍落度筒，在重力作用下混凝土会自动坍落，测量混凝土拌和物在自重作用下的下沉量（筒高与坍落后试样顶面最高点的高差），即为坍落度（以 mm 为单位）。坍落度越大，表示流动性越大。坍落度试验的同时，可用目测方法评定混凝土拌和物的棍度、含砂情况、黏聚性和保水性。

当坍落度大于 220mm，坍落度不能准确反映混凝土混凝土流动性，用混凝土扩展后的平均直径即坍落度扩展度作为流动性指标。

（2）维勃稠度试验如图 4-3-2 所示。适用于集料公称最大粒径不大于 31.5mm 及维勃时间在 5~30s 之间的干硬性混凝土的稠度测定。方法是将坍落度筒放在维勃稠度仪的圆筒中，圆筒固定在振动台上，将混凝土拌和物装入坍落度筒中，提起坍落度筒，并将透明圆盘置于拌和物顶部，开动振动台，从开始振动至透明圆盘底面被水泥浆布满的瞬间止，所经历的时间，即为维勃稠度值，以 s 计。

3. 影响工作性的因素

影响混凝土拌和物工作性的内因有组成材料及其用量比例；外因有环境温度、湿度、风速和时间等。

（1）水泥的品种。水泥对新拌混凝土工作性的影响主要是水泥的需水量和泌水性。需水量大的水泥拌制的混凝土流动性较小，但一般黏聚性和保水性较好，泌水性大的水泥拌制的混凝土保水性较差。

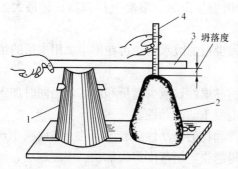

图 4-3-1 坍落度试验
1—坍落度筒；2—试体；
3—木尺；4—钢尺

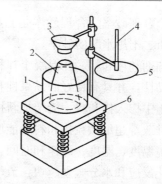

图 4-3-2 维勃稠度仪
1—金属圆筒；2—坍落度筒；3—漏斗；
4—测杆；5—圆盘；6—振动台

水泥品种不同，达到标准稠度的用水量不同，在配合比相同的情况下，配制的混凝土拌和物具有不同的流动性。标准稠度用水量小的水泥，其流动性好。通常普通水泥比矿渣水泥和火山灰水泥混凝土拌和物工作性好。矿渣水泥混凝土拌和物的流动性虽大，但黏聚性和保水性差，易离析泌水；火山灰水泥混凝土拌和物虽黏聚性好，但流动性小。

（2）集料的性质。集料对新拌混凝土工作性的影响主要是集料的级配、最大粒径、表面特征、形状等。在相同用水量的条件下，表面光滑、较圆、少棱角的卵石，比表面粗糙、多棱角的碎石拌制的新拌混凝土流动性好；但强度较碎石低。集料的最大粒径增大，总表面积减小，在水泥浆用量相同时，拌和物的流动性提高。级配良好的集料，空隙率较小，拌制的混凝土拌和物具有较好的工作性。集料中针片颗粒较多时，新拌混凝土的流动性减小，易产生离析。

（3）水灰比。在固定用水量的条件下，水灰比较小，水泥浆较稠，混凝土拌和物的流动性较小，当水灰比过小时，流动性过低，在一定施工方法下不易密实成型，会使施工困难；水灰比较大，水泥浆较稀，拌和物的流动性增大，但水灰比过大时，水泥浆过稀，造成黏聚性和保水性不良，拌和物会产生流浆、离析和泌水现象，降低混凝土的强度。

（4）集浆比。集浆比就是集料与水泥浆的用量之比。在水灰比一定的条件下，水泥浆越多（集浆比越小），流动性越大，但水泥浆过多，将会出现流浆的现象，容易发生离析，使拌和物的黏聚性变差，同时降低混凝土的强度和耐久性，且浪费水泥。水泥浆越少，流动性越小，若水泥浆过少，不足以包裹集料表面和填满其空隙，拌和物的黏聚性也变差，甚至会产生崩塌现象。

（5）砂率。砂率是指混凝土中砂的质量占砂石总质量的百分率。砂率表征了粗细集料的相对比例，它影响混凝土集料的空隙率和总表面积。

当水泥浆用量一定时，砂率过大，集料的总表面积增大，包裹集料的水泥浆层变薄，拌和物的流动性减小；砂率过小，虽然总表面积减小，但由于砂浆量不足，包裹在石子表面的砂浆层变薄，也会使流动性减小，同时也易导致拌和物离析、流浆和溃散等现象。混凝土拌和物坍落度与砂率的关系如图 4-3-3 所示。因

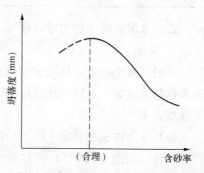

图 4-3-3 砂率与坍落度的关系

此，应有一个合理砂率。合理砂率是指在水泥浆用量一定时，混凝土拌和物获得最大流动性，又不离析、不泌水时的砂率。

（6）外加剂和掺和料。在混凝土拌和物中加入少量的减水剂，可在不增加用水量的情况下，增加流动性，并具有良好的黏聚性和保水性。

在混凝土中掺入掺和料，能增加新拌混凝土的黏聚性，减少离析和泌水，当同时加入优质粉煤灰、硅灰等超细微粒掺和料还能增加新拌混凝土的流动性。

（7）环境温度、湿度、风速和时间。混凝土拌和物的流动性随着温度的升高而减小，温度越高，水化反应和水分蒸发越快，流动性降低得越快，坍落度损失加快。湿度越小、风速越大，水分蒸发的速度越快，流动性降低越快。混凝土拌和物的坍落度随时间的增长而减小，原因是水泥水化、水分蒸发、集料吸水，都使混凝土中起润滑作用的自由水减少，致使流动性变小。

4. 改善工作性的措施

（1）调节混凝土的材料组成。在保证混凝土强度、耐久性和经济性的前提下，适当调整混凝土的配合比以提高工作性。

（2）掺加外加剂。掺加减水剂、流化剂等均能提高混凝土拌和物的工作性，同时还可提高强度、耐久性并节约水泥。

（3）提高振捣机械效能。提高振捣效能，可降低施工条件对混凝土拌和物工作性的要求，因而保持原有工作性亦能达到捣实的效果。

5. 混凝土的坍落度选择

混凝土拌和物的坍落度，应根据构件断面尺寸、钢筋疏密和振捣方式来确定。当构件断面尺寸较小，钢筋较密或人工插捣时，选择较大的坍落度，易于浇捣密实；反之，当构件断面尺寸较大，配筋较疏或采用机械振捣时，选择较小的坍落度，以节约水泥。混凝土坍落度的选择见表 4 - 3 - 1。

表 4 - 3 - 1　　　　　　　　　　混凝土浇筑时坍落度要求

构件种类	坍落度（mm）
基础或地面的垫层，无配筋的大体积或配筋稀的结构	10～30
板、梁和大型及中型截面的柱子	30～50
配筋密的结构	50～70
配筋特密的结构	70～90

二、水泥混凝土的力学性质

1. 强度

普通混凝土的力学性质主要包括强度和变形两大方面。普通混凝土的强度（如抗压、抗折和抗拉强度等）是以抗压强度为基准，各种强度可通过抗压强度折算，在工程上主要以抗压强度为主。

（1）立方体抗压强度（f_{cu}）。按照标准方法制成边长为 150mm 的立方体试件，在标准养护条件（温度 20±2℃，相对湿度 95% 以上）下，养护至 28d 龄期，按照标准的测定方法测定其抗压强度值（以 MPa 计）。

$$f_{cu} = \frac{F}{A} \qquad (4-3-1)$$

式中　f_{cu}——混凝土立方体抗压强度，MPa；

　　　F——极限荷载，N；

　　　A——受压面积，mm^2。

以一组三个试件测值的平均值为测定值。三个测值中的最大值或最小值中如有一个与中间值之差超过中间值的 15%，则取中间值为测定值；如最大值和最小值与中间值之差均超过中间值的 15%，则该组试验结果无效。

（2）立方体抗压强度标准值（$f_{cu,k}$）。用标准方法制作、养护至 28d 龄期边长为 150mm 的立方体试件，用标准试验方法测得的抗压强度总体分布的一个值，强度低于该值的百分率不超过 5%（即具有 95% 保证率的抗压强度）（以 MPa 计）。它是划分混凝土强度等级的依据。

（3）混凝土强度等级。是按立方体抗压强度标准值来确定，用符号 C 和立方体抗压强度标准值来表示。例如 C30 表示混凝土立方体抗压强度标准值为 30MPa 的混凝土强度等级。

普通混凝土分为 C7.5、C10、C15、C20、C25、C30、C35、C40、C45、C50、C55、C60 等 12 个强度等级。

（4）抗弯拉强度（f_{cf}）（或称抗折强度）。道路路面或机场道面用水泥混凝土，以抗弯拉强度为主要强度指标，以抗压强度为参考强度指标。水泥混凝土抗弯拉强度是按标准制作方法制成 150mm×150mm×550mm 棱柱体试件，在标准条件下，养护 28d 后，按三分点加荷方式，测定其抗弯拉强度（以 MP 计），如图 4-3-4 所示。

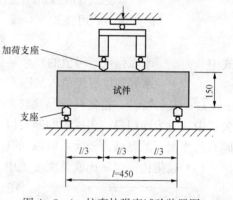

$$f_{cf} = \frac{FL}{bh^2} \qquad (4-3-2)$$

式中　f_{cf}——抗弯拉强度，MPa；

　　　F——极限荷载，N；

　　　L——支座间距离，mm；

　　　b——试件宽度，mm；

　　　h——试件高度，mm。

图 4-3-4　抗弯拉强度试验装置图
（尺寸单位：mm）

2. 影响混凝土强度的因素

水泥混凝土破坏主要有三种形式，水泥石破坏、集料破坏和集料与水泥石界面破坏。

因此，影响水泥混凝土强度的因素主要有：内因是材料组成，包括原材料的特征和各材料之间的比例；外因是养生条件、龄期、试验条件和制备方法等。

（1）胶凝材料的强度等级和水胶比。试验证明，混凝土的强度随水胶比的增大而降低。在配合比相同的条件下，胶凝材料的强度越高，混凝土的强度越高。当胶凝材料强度一定时，混凝土的强度主要取决于水胶比的大小，水胶比越小，混凝土的强度越高。

当混凝土强度等级小于 C60 时，混凝土的抗压强度公式如下

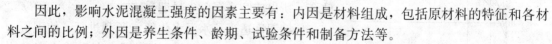

$$f_{cu,o} = \alpha_a f_b \left(\frac{B}{W} - \alpha_b \right) \qquad (4-3-3)$$

式中　$f_{cu,o}$——混凝土的配制强度，MPa；

　　　f_b——胶凝材料（水泥与矿物掺和料按使用比例混合）28d 胶砂抗压强度，MPa；

　　　B/W——混凝土水胶比；

　　　α_a、α_b——回归系数。

回归系数宜按下列规定确定：①根据工程所使用的原材料，通过试验建立的水胶比与混凝土强度关系式来确定；②当不具备上述试验统计资料时，可按表 4-3-2 选用。

表 4-3-2　　　　　　　　**回归系数 α_a、α_b 选用表（JGJ 55—2011）**

系数 \ 石子品种	碎石	卵石
α_a	0.53	0.49
α_b	0.20	0.13

其中，f_b 可实测，且试验方法按现行国家标准《水泥胶砂强度检验方法（ISO 法）》GB/T 17671 执行；当无实测值时，可按式（4-3-4）计算

$$f_b = \gamma_f \gamma_s f_{ce} \tag{4-3-4}$$

式中　γ_f、γ_s——粉煤灰影响系数和粒化高炉矿渣粉影响系数；

　　　f_{ce}——水泥 28d 胶砂抗压强度，MPa，可实测，当水泥 28d 胶砂抗压强度无实测值时，可按式（4-3-5）计算

$$f_{ce} = \gamma_c \cdot f_{ce,g} \tag{4-3-5}$$

式中　γ_c——水泥强度等级值的富余系数，可按实际统计资料确定；

　　　$f_{ce,g}$——水泥强度等级值，MPa。

（2）集料特性。粗集料的形状与表面性质对混凝土的强度有明显的影响。在混凝土强度公式中，对表面粗糙、多棱角的碎石以及表面光滑、浑圆的卵石，它们的回归系数均不同。碎石与水泥石的黏结力较大，所以用其配制的混凝土强度高。

（3）浆集比。浆集比就是混凝土中水泥浆与集料的用量之比。在水灰比相同的条件下，在达到最优浆集比后，混凝土的强度随着浆集比的增加而降低。

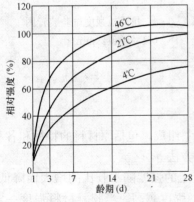

图 4-3-5　强度与养护温度的关系

（4）养护温度和湿度。养护温度升高，水泥水化速度加快，混凝土强度发展较快。温度降低时，强度发展较慢，如图 4-3-5 所示。当温度降至 0℃ 以下，水泥水化停止，且水结冰产生膨胀压力，使混凝土的结构遭受破坏。所以应防止混凝土早期受冻。

环境湿度适当，水泥水化便能顺利进行，使混凝土强度得到充分发展。如果湿度不够，会影响水泥的水化，甚至停止水化，不仅降低混凝土的强度，而且会使混凝土结构疏松，或形成干缩裂缝，从而影响混凝土的耐久性。因此，应加强混凝土的早期养护。

（5）龄期。在正常的养护条件下，混凝土的强度随着龄期的增长而提高。初期（7～14d内）增长较快，后期（28d 以后）增长缓慢。在标准养护条件下，混凝土强度与龄期的对数

大致成正比（见图 4-3-6），工程中可根据混凝土早期强度推算后期强度，对拆模或预计承载应力有最要意义。式（4-3-6）仅适用于普通水泥制作的中等强度的混凝土。

$$f_n = f_{28} \frac{\lg n}{\lg 28} \tag{4-3-6}$$

式中　f_n——n 天龄期混凝土的抗压强度，MPa；

　　　f_{28}——28 天龄期混凝土的抗压强度，MPa；

　　　n——养护龄期（$n \geqslant 3$），d。

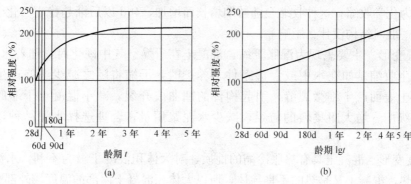

图 4-3-6　水泥混凝土的强度随时间的增长

（a）龄期为常坐标；（b）龄期为对数坐标

（6）试验条件。影响混凝土强度的试验条件主要有试件形状与尺寸、试件温度和湿度、试件承压面和加荷速度等。

形状相同的试件，尺寸越小测得的强度越高。混凝土尺寸大时，内部缺陷出现的几率高，从而引起应力集中，导致强度降低。棱柱体（或圆柱体）试件的抗压强度低于立方体试件的抗压强度。试件承压面若不平整，则易形成局部受压，引起应力集中，使强度降低。加荷速度越快，测得的试件强度值越高。

3. 提高混凝土强度的措施

（1）采用高强度水泥和早强型水泥。为了提高混凝土的强度，应采用高强度的水泥。对于紧急抢修工程以及要求早期强度高的混凝土，则应优先选用早强型水泥。

（2）提高混凝土的密实度。降低水胶比，从而减少混凝土中的孔隙，提高混凝土的密实度和强度。

（3）掺加混凝土外加剂。在混凝土中掺入减水剂，在保持流动性的不变条件下，可降低水胶比，从而提高混凝土的强度。掺入早强剂，可提高混凝土的早期强度。

（4）采用蒸汽养护和蒸压养护。蒸汽养护和蒸压养护主要用来提高混凝土的早期强度，适用于掺混合材水泥拌制的混凝土。桥梁预制构件适合采用湿热处理来提高混凝土的强度。

蒸汽养护是将混凝土放在低于 100℃ 的常压蒸汽中养护。混凝土经 16～20h 蒸汽养护后，强度可达正常养护条件下 28d 强度的 70%～80%，而且 28d 强度略有提高。这是因为蒸汽养护加速了活性混合材料与氢氧化钙的反应；另一方面，由于氢氧化钙的减少又促进了水泥的水化，故强度增长较快。矿渣水泥和火山灰水泥适宜的温度为 90℃ 左右。

蒸压养护是将浇筑完的混凝土构件静停 8～10h 后，放入蒸压釜内，在高压、高温（如 ≥8 个大气压，温度为 175℃ 以上）饱和蒸汽进行养护。在高温高压下，水泥水化析出的氢氧化钙不仅能与活性氧化硅结合，而且也能与结晶状态的氧化硅结合生成含水硅酸盐结晶，从而加速水泥的水化和硬化，提高混凝土的强度。

4. 变形

水泥混凝土的变形，包括非荷载作用的化学变形，干湿变形和温度变形，以及荷载作用下的弹-塑性变形和徐变。

(1) 非荷载作用变形。

1) 化学收缩。由于水泥水化产物的体积比反应前物质的总体积要小，而使混凝土收缩，这种现象称为化学收缩。这种收缩会随龄期增长而增加，40d 以后渐趋稳定。化学收缩是不能恢复的，一般对结构没什么影响。

2) 干湿变形。主要表现为湿胀干缩。混凝土在干燥空气中硬化时，随着水分的增发，体积逐渐发生收缩。如在水中或潮湿条件下养护时，干缩将随之减少或略产生膨胀。干缩常在混凝土表面产生细微裂缝，引起构件的翘曲或开裂。减小混凝土干缩的措施主要有调节集料级配、增大粗集料的粒径，减少水泥浆用量，合理选择水泥品种，加强早期养护等。

3) 温度变形。混凝土具有热胀冷缩的性质，对大体积混凝土极为不利。水泥水化初期放出大量的热，混凝土又是热的不良导体，所以大体积混凝土内部的温度较外部高，使内部产生显著的体积膨胀，外部却随降温而冷却收缩，从而产生很大的应力，严重时甚至使混凝土产生裂缝。因此，对大体积混凝土工程，应采用低热水泥、减少水泥用量和人工降温等措施，在结构物设计中可设置伸缩缝或配置温度钢筋。

(2) 徐变。徐变（也称蠕变）是混凝土在持续恒定荷载作用下，随时间增加而产生的变形。徐变是不可恢复的。徐变初期增长较快，以后逐渐变慢，到一定时期后稳定下来。徐变是由水泥石的变形引起的。混凝土承受长期荷载时水泥石中的凝胶体将慢慢向水泥石孔隙中移动，因而产生徐变。混凝土无论是受压、受拉或受弯时，均有徐变现象。

混凝土的龄期越短，水胶比越大，水泥用量越多，徐变量越大。荷载应力大，徐变大。在预应力钢筋混凝土桥梁构件中，徐变可使钢筋的预加应力受到损失，但是徐变也能消除钢筋混凝土内的部分应力集中，使应力较均匀地分布。对于大体积混凝土，能消除一部分由于温度变形所产生的破坏应力。如图 4-3-7 所示。

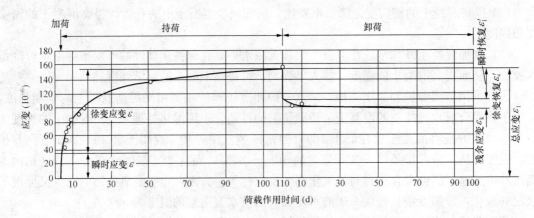

图 4-3-7　混凝土的变形与荷载作用时间的关系

三、耐久性

混凝土具有抵抗各种物理和化学作用破坏的能力，这种能力称为耐久性。暴露在自然环境中的混凝土结构物，会受到各种因素的破坏作用，如冻融、侵蚀介质等作用，因此要求其具有良好的耐久性。耐久性包括抗冻性、耐磨性、抗渗性、耐蚀性以及碱-集料反应等。

1. 抗冻性

抗冻性是指混凝土在饱水状态下抵抗冻融循环的能力。通常有两种试验方法：

快冻法是以抗冻等级（F）表示。抗冻等级是以 100mm×100mm×400mm 棱柱体混凝土试件，以龄期 28d 的试件在吸水饱和后，于 -18℃ 和 5℃ 条件下快速冻结和融化循环。每 25 次冻融循环，对试件进行一次横向基频的测试并称重。当冻融至 300 次，或相对动弹性模量下降至 60% 以下，或试件的质量损失率达 5%，即可停止试验，此时的循环次数即为混凝土的抗冻等级。混凝土的抗冻等级分为 F10、F15、F25、F50、F100、F150、F200、F250、F300 等。

慢冻法，以抗冻标号（D）表示。此外，国标《普通混凝土长期性能和耐久性能试验方法标准》（GB/T 50082—2009）同时规定了单面冻融法检验处于大气环境中且与盐或其他腐蚀介质接触的冻融循环的混凝土的抗冻性能。评价指标包括剥落量、吸水量和超声波相对动弹模值。

2. 耐磨性

路面水泥混凝土必须具有抵抗车辆轮胎磨耗的性能。作为大型桥梁的墩台用混凝土也需要具有抵抗湍流空蚀的能力。耐磨性评价方法是以 150mm×150mm×150mm 立方体试件，养生至 27d 龄期，在 60℃ 烘干至恒重，然后在带有花轮磨头的混凝土磨耗试验机上，在 200N 负荷下磨削 50 转，然后计算单位面积磨损量。磨损量越大，混凝土的耐磨性越差。

3. 抗渗性

抗渗性指是混凝土抵抗压力水及其他液体渗透的能力，以抗渗等级（P）表示。抗渗等级是以 28d 的标准试件（直径和高均为 150mm 圆柱体），按标准试验方法进行试验时，以试件所能承受的最大静水压力来表示。《混凝土质量控制标准》（GB 50164—2011）根据混凝土在抗渗试验时所能承受的最大水压力，抗渗等级分为 5 个等级：P4、P6、P8、P10、P12，分别表示一组 6 个试件中 4 个试件未出现渗水的最大水压力为 0.4 MPa、0.6 MPa、0.8 MPa、1.0 MPa、1.2Mpa 而不渗透。

4. 碱-集料反应

水泥混凝土中所含的碱与某些碱活性集料发生化学反应，可引起混凝土产生膨胀、开裂，甚至破坏，这种化学反应称为碱-集料反应。碱-集料反应会导致路面或桥梁墩台的开裂和破坏，并且这种破坏会继续发展下去，难以补救。

碱-集料反应的必要条件：

（1）混凝土中的集料具有活性二氧化硅；

（2）混凝土中碱含量高；

（3）有一定湿度。

为防止碱-集料反应的危害，按规范规定：①应使用含碱量小于 0.6% 的水泥或采用抑制碱-集料反应的掺和料；②当使用含钾、钠离子的混凝土外加剂时，必须专门试验。

对于重要的水泥混凝土工程用粗集料，应进行集料碱活性检验。首先应用岩相法确定活性集料的种类和数量，确定哪些集料可能与水泥中的碱发生反应。若岩石中含有活性二氧化硅时，应用化学法或砂浆长度法检验，确定其是否含有潜在危险。砂浆长度法是将集料与水泥按比例制成砂浆长条，定期测长，膨胀率半年不超过 0.1% 或 3 个月不超过 0.05%，即为非活性集料。

5. 提高混凝土耐久性的措施

影响混凝土耐久性的因素主要是材料本身的性质以及混凝土的密实度、强度等。

提高混凝土耐久性的措施，应注意合理选择水泥品种，适当控制水灰比及水泥用量，选用良好的砂石材料，改善集料的级配，采用减水剂或加气剂，改善施工操作方法和加强养护，提高混凝土的密实度。

6. 混凝土耐久性的控制

混凝土耐久性的控制主要依据《混凝土结构耐久性设计规范》GB/T 50476—2008。

混凝土的耐久性主要取决于混凝土的密实程度，而密实度又取决于混凝土的水胶比和胶凝材料用量。当水胶比偏大或胶凝材料用量偏小时将在硬化的混凝土内部留下孔隙，影响混凝土的耐久性。当进行混凝土配合比设计时，为保证混凝土的耐久性，根据混凝土结构的环境类别（见表 4-3-3），对混凝土最大水胶比和最小胶凝材料用量，应符合表 4-3-4、表 4-3-5 的规定。

（1）混凝土结构的环境类别划分应符合表 4-3-3 的要求。

表 4-3-3　　　　　　　　　　　混凝土结构的环境类别

环境类别	条　　件
一	室内干燥环境，无侵蚀性静水浸没环境
二 a	室内潮湿环境，非严寒和非寒冷地区的露天环境； 非严寒和非寒冷地区与无侵蚀性的水或土直接接触的环境； 严寒和寒冷地区的冰冻线以下与无侵蚀性的水或土直接接触的环境
二 b	干湿交替环境，频繁变动环境，严寒和寒冷地区的露天环境； 严寒和寒冷地区的冰冻线以下与无侵蚀性的水或土直接接触的环境
三 a	严寒和寒冷地区冬季水位变动区环境；受除冰盐影响环境；海风环境
三 b	盐渍土环境；受除冰盐作用环境；海岸环境
四	海水环境
五	受人为或自然的侵蚀性物资影响的环境

注　1. 室内潮湿环境是指构件表面经常处于结露或湿润状态的环境。

　　2. 严寒和寒冷地区的划分应符合《民用建筑热工设计规范》（GB 50176—1993）的有关规定。

　　3. 海岸环境和海风环境宜根据当地情况，考虑主导风向及结构所处迎风、背风部位等因素的影响，有调查研究和工程经验确定。

　　4. 受除冰盐影响环境为受到除冰盐盐雾影响的环境，受除冰盐作用环境指被除冰盐溶液溅射的环境，以及使用除冰盐地区的洗车房、停车楼等建筑。

（2）设计使用年限为 50 年的混凝土结构，其混凝土材料宜符合表 4-3-4 的规定。

（3）除配制 C15 及其以下强度等级的混凝土外，混凝土的最小胶凝材料用量应符合表 4-3-5 的规定。

表 4-3-4 结构混凝土材料的耐久性基本要求

环境等级	最大水胶比	最低强度等级	最大氯离子含量（%）	最大碱含量（kg/m³）
一	0.60	C20	0.30	不限制
二 a	0.55	C25	0.20	
二 b	0.50（0.55）	C30（C25）	0.15	
三 a	0.45（0.50）	C35（C30）	0.15	3.0
三 b	0.40	C40	0.10	

注 1. 氯离子含量是指其占胶凝材料总量的百分比。
2. 预应力构件混凝土中的最大氯离子含量为 0.05%；最低混凝土强度等级应按表中的规定提高两个等级。
3. 素混凝土构件的水胶比及最低强度等级的要求可适当放松。
4. 有可靠工程经验时，二类环境中的最低强度等级可降低一个等级。
5. 处于严寒和寒冷地区二 b、三 a 类环境中的混凝土应使用引气剂，并可采用括号中的有关参数。
6. 当使用非碱活性集料时，对混凝土中的碱含量可不做限制。

表 4-3-5 混凝土的最小胶凝材料用量

最大水胶比	最小胶凝材料用量（kg/m³）		
	素混凝土	钢筋混凝土	预应力混凝土
0.60	250	280	300
0.55	280	300	300
0.50	320		
≤0.45	330		

（4）一类环境中，设计使用年限为 100 年的混凝土结构应符合下列规定：

1）钢筋混凝土结构的最低强度等级为 C30，预应力混凝土结构的最低强度等级为 C40。

2）混凝土中最大氯离子含量为 0.05%。

3）宜使用非碱活性集料，当使用碱活性集料时，混凝土中的最大含碱量为 3.0kg/m3。

4）混凝土保护层厚度应按《混凝土结构设计规范》（GB 50010—2010）中第 8.2.1 条的规定增加 40%；当采取有效的表面防护措施时，混凝土保护层厚度可适当减小。

5）在设计使用年限内，应建立定期检测、维修的制度。

（5）二、三类环境中，设计使用年限 100 年的混凝土结构应采取专门的有效措施。

（6）混凝土拌和物中水溶性氯离子最大含量应符合表 4-3-6 的规定，其测试方法应符合《水运工程混凝土试验规程》JTJ 270—1998 中混凝土拌和物中氯离子含量的快速测定方法的规定。

表 4-3-6 混凝土拌和物中水溶性氯离子最大含量

环境条件	水溶性氯离子最大含量（%，水泥用量的质量百分比）		
	钢筋混凝土	预应力混凝土	素混凝土
干燥环境	0.30		
潮湿但不含氯离子的环境	0.20		
潮湿且含有氯离子的环境、盐渍土环境	0.10	0.06	1.00
除冰盐等侵蚀性物质的腐蚀环境	0.06		

第四节　普通水泥混凝土的组成设计

一、概述

混凝土中各组成材料用量之比即为混凝土的配合比。

1. 配合比表示方法

(1) 以每 1m³ 混凝土中各种材料的用量表示。例如，水泥：细集料：粗集料：水＝330kg：720kg：1264kg：180kg。

(2) 以水泥的质量为 1，并按水泥：细集料：粗集料；水胶比的顺序表示。例如，1：2.18：3.82；$W/B=0.54$。

2. 配合比设计的基本要求

混凝土配合比设计应满足结构物设计强度、施工工作性、环境耐久性和经济性四项基本要求。

3. 配合比设计的三个参数

普通混凝土的配合比设计，就是确定胶凝材料、水、细集料和粗集料四组分之间的比例关系，此比例关系通常用水胶比（W/B）、砂率（S_P）和单位用水量（W）三个参数表示。水与胶凝材料的比例关系，以水胶比表示；砂与石子的比例关系以砂率表示；水泥浆与集料的比例关系，以单位用水量表示。混凝土配合比设计的关键是如何选择水胶比、砂率和单位用水量三个参数。

4. 混凝土配合比设计的步骤

(1) 计算"初步配合比"。根据原始资料，按我国现行的配合比设计方法，计算初步配合比，即

$$水泥：矿物掺和料：水：砂：石 = m_{co} : m_{fo} : m_{wo} : m_{so} : m_{go}$$

(2) 提出"基准配合比"。根据初步配合比，采用施工实际材料，进行试拌，测定混凝土拌和物的工作性（坍落度或维勃稠度），调整材料用量，提出一个满足工作性要求的"基准配合比"，即

$$水泥：矿物掺和料：水：砂：石 = m_{ca} : m_{fa} : m_{wa} : m_{sa} : m_{ga}$$

(3) 确定"试验室配合比"。以基准配合比为基础，增加和减少水胶比，拟定几组（通常为三组）满足工作性要求的配合比，通过制备试块，测定强度，确定既符合强度和工作性要求，又较经济的试验室配合比，即

$$水泥：矿物掺和料：水：砂：石 = m_{cb} : m_{fb} : m_{wb} : m_{sb} : m_{gb}$$

(4) 换算"施工配合比"。根据工地现场材料的实际含水率，将试验室配合比换算为施工配合比，即

$$水泥：矿物掺和料：水：砂：石 = m_c : m_f : m_w : m_s : m_g$$

二、普通混凝土配合比设计方法

普通混凝土配合比设计方法的依据是《普通混凝土配合比设计规程》JGJ 55—2011。

1. 计算初步配合比

(1) 确定配制强度。

1) 当混凝土的设计强度等级小于 C60 时，配制强度应按式（4-4-1）确定：

$$f_{cu,o} \geqslant f_{cu,k} + 1.645\sigma \qquad (4 - 4 - 1)$$

式中 $f_{cu,o}$——混凝土配制强度，MPa；

$f_{cu,k}$——混凝土立方体抗压强度标准值，取混凝土的设计强度等级值，MPa；

σ——混凝土强度标准差，MPa。

2）当设计强度等级不小于 C60 时，配制强度应按式（4-4-2）确定：

$$f_{cu,o} \geqslant 1.15 f_{cu,k} \qquad (4 - 4 - 2)$$

3）混凝土强度标准差应按下列规定确定：

①当具有近 1～3 个月的同一品种、同一强度等级混凝土的强度资料，且试件组数不小于 30 时，其混凝土强度标准差应按式（4-4-3）计算：

$$\sigma = \sqrt{\frac{\sum\limits_{i=1}^{n} f_{cu,i}^2 - n m_{f_{cu}}^2}{n - 1}} \qquad (4 - 4 - 3)$$

式中 $f_{cu,i}$——第 i 组的试件强度，MPa；

$m_{f_{cu}}$——n 组试件的强度平均值，MPa；

n——试件组数。

对于强度等级不大于 C30 的混凝土，当 σ 计算值不小于 3.0MPa 时，应按式（4-4-3）计算结果取值；当 σ 计算值小于 3.0MPa 时，应取 3.0MPa。

对于强度等级大于 C30 且小于 C60 的混凝土，当 σ 计算值不小于 4.0MPa 时，应按式（4-4-3）计算结果取值；当 σ 计算值小于 4.0MPa 时，应取 4.0MPa。

②当没有近期的同一品种、同一强度等级混凝土强度资料时，其强度标准差 σ 可按表 4-4-1 取值。

表 4-4-1　　　　　　　　　　　　标 准 差 σ 值

混凝土强度标准值	≤C20	C25～C45	C50～C55
σ	4.0	5.0	6.0

混凝土的配制强度要比设计强度高，其增量与保证率和由施工单位质量管理水平确定的标准差有关。标准差越大，混凝土的强度波动越大，质量越不稳定，均匀性越差，施工管理水平越低。混凝土的配制强度定得太低，结构物不安全；定得太高，又浪费资金。

（2）计算水胶比。

1）按强度要求计算水胶比。混凝土强度等级小于 C60 级时，混凝土水胶比宜按式（4-4-4）计算：

$$W/B = \frac{\alpha_a \cdot f_b}{f_{cu,o} + \alpha_a \cdot \alpha_b \cdot f_b} \qquad (4 - 4 - 4)$$

式中 W/B——混凝土水胶比；

α_a、α_b——回归系数；

f_b——胶凝材料（水泥与矿物掺和料按使用比例混合）28d 胶砂抗压强度，MPa。

回归系数 α_a、α_b 宜按下列规定确定：①根据工程所使用的原材料，通过试验建立的水胶比与混凝土强度关系式来确定；②当不具备上述试验统计资料时，可按表 4-3-2 选用。

f_b 可实测，试验方法按《水泥胶砂强度检验方法（ISO法）》GB/T 17671 执行；当无实测值时，可按式（4-4-5）计算：

$$f_b = \gamma_f \gamma_s f_{ce} \qquad\qquad (4-4-5)$$

式中　γ_f、γ_s——粉煤灰影响系数和粒化高炉矿渣粉影响系数，可按表 4-4-2 选用；

　　　　f_{ce}——水泥 28d 胶砂抗压强度，MPa，可实测，也可按下列规定确定。

当水泥 28d 胶砂抗压强度（f_{ce}）无实测值时，可按式（4-4-6）计算：

$$f_{ce} = \gamma_c \cdot f_{ce,g} \qquad\qquad (4-4-6)$$

式中　γ_c——水泥强度等级值的富余系数，可按实际统计资料确定；当缺乏实际统计资料时，也可按表 4-4-3 选用；

　　　　$f_{ce,g}$——水泥强度等级值，MPa。

表 4-4-2　　　　　粉煤灰影响系数（γ_f）和粒化高炉矿渣粉影响系数（γ_s）

种类 掺量（%）	粉煤灰影响系数 γ_f	粒化高炉矿渣粉影响系数 γ_s
0	1.00	1.00
10	0.85~0.95	1.00
20	0.75~0.85	0.95~1.00
30	0.65~0.75	0.90~1.00
40	0.55~0.65	0.80~0.90
50	—	0.70~0.85

注　1. 采用 I 级、II 级粉煤灰宜取上限值；

　　2. 采用 S75 级粒化高炉矿渣粉宜取下限值，采用 S95 级粒化高炉矿渣粉宜取上限值，采用 S105 级粒化高炉矿渣粉可取上限值加 0.05；

　　3. 当超出表中的掺量时，粉煤灰和粒化高炉矿渣粉影响系数应经试验确定。

表 4-4-3　　　　　　　　水泥强度等级值的富余系数

水泥强度等级值	32.5	42.5	52.5
富余系数 γ_c	1.12	1.16	1.10

2）按耐久性校核水胶比。

混凝土的最大水胶比应符合现行国家标准《混凝土结构设计规范》（GB 50010—2010）的规定，见表 4-3-4。

（3）每立方米混凝土的用水量（m_{wo}）。

每立方米混凝土用水量的确定，应符合下列规定：

1）干硬性或塑性混凝土的用水量。

①混凝土水胶比在 0.40~0.80 范围时，根据粗集料的品种、粒径及施工要求的混凝土拌和物稠度，可按表 4-4-4，表 4-4-5 选取。

②混凝土水胶比小于 0.40，可通过试验确定。

2）掺外加剂时，每立方米流动性或大流动性混凝土的用水量（m_{wo}）。

每立方米流动性或大流动性混凝土的用水量可按式（4-4-7）计算：

$$m_{wo} = m'_{wo}(1-\beta) \qquad\qquad (4-4-7)$$

表 4-4-4 　　　　　　　　　　干硬性混凝土的用水量　　　　　　　　　（kg/m³）

拌和物稠度		卵石最大公称粒径（mm）			碎石最大公称粒径（mm）		
项目	指标	10.0	20.0	40.0	16.0	20.0	40.0
维勃稠度（s）	16～20	175	160	145	180	170	155
	11～15	180	165	150	185	175	160
	5～10	185	170	155	190	180	165

表 4-4-5 　　　　　　　　　　塑性混凝土的用水量　　　　　　　　　（kg/m³）

拌和物稠度		卵石最大公称粒径（mm）				碎石最大公称粒径（mm）			
项目	指标	10.0	20.0	31.5	40.0	16.0	20.0	31.5	40.0
坍落度（mm）	10～30	190	170	160	150	200	185	175	165
	35～50	200	180	170	160	210	195	185	175
	55～70	210	190	180	170	220	205	195	185
	75～90	215	195	185	175	230	215	205	195

　　注　本表用水量系采用中砂时的平均取值。采用细砂时，每立方米混凝土用水量可增加 5～10kg；采用粗砂时，则可减少 5～10kg。掺用各种外加剂或掺和料时，用水量应相应调整。

　　式中　m_{wo}——计算配合比每立方米混凝土的用水量，kg/m³；

　　　　　m'_{wo}——未掺外加剂时推定的满足实际坍落度要求的每立方米混凝土的用水量（kg/m³），以表 4-4-5 中 90mm 坍落度的用水量为基础，按每增大 20mm 坍落度相应增加 5kg/m³ 用水量来计算，当坍落度增大到 180mm 以上时，随坍落度相应增加的用水量可减少；

　　　　　β——外加剂的减水率（%），应经混凝土试验确定。

　　每立方米混凝土外加剂用量应按式（4-4-8）计算：

$$m_{ao} = m_{bo}\beta_a \qquad (4-4-8)$$

　　式中　m_{ao}——计算配合比每立方米混凝土中外加剂用量，kg/m³；

　　　　　m_{bo}——计算配合比每立方米混凝土中胶凝材料用量，kg/m³；

　　　　　β_a——外加剂掺量，%，应经混凝土试验确定。

　　（4）计算胶凝材料、矿物掺和料和水泥用量。

　　1）每立方米混凝土的胶凝材料用量 m_{bo} 应按下式计算，并应进行试拌调整，在拌和物性能满足的情况下，取经济合理的胶凝材料的用量。

$$m_{bo} = \frac{m_{wo}}{W/B} \qquad (4-4-9)$$

　　式中　m_{bo}——计算配合比每立方米混凝土中胶凝材料用量，kg/m³；

　　　　　m_{wo}——计算配合比每立方米混凝土的用水量，kg/m³；

　　　　　W/B——混凝土水胶比。

　　2）每立方米混凝土的矿物掺和料用量（m_{fo}）应按式（4-4-10）计算：

$$m_{fo} = m_{bo}\beta_f \qquad (4-4-10)$$

　　式中　m_{fo}——计算配合比每立方米混凝土中矿物掺和料用量，kg/m³；

　　　　　β_f——矿物掺和料掺量，%，可结合表 4-2-12、表 4-2-13 的规定确定。

3）每立方米混凝土的水泥用量（m_{co}）应按式（4-4-11）计算：

$$m_{co} = m_{bo} - m_{fo} \tag{4-4-11}$$

式中　m_{co}——计算配合比每立方米混凝土中水泥用量，kg/m^3。

4）按耐久性校核每立方米混凝土中胶凝材料用量。

除配制 C15 及其以下强度等级的混凝土外，混凝土的最小胶凝材料用量应符合表 4-3-5 的规定。

（5）选取砂率（β_s）。

1）砂率应根据骨料的技术指标、混凝土拌和物性能和施工要求，参考既有历史资料确定。

2）当缺乏砂率的历史资料时，混凝土砂率的确定应符合下列规定：

①坍落度小于 10mm 的混凝土，其砂率应经试验确定；

②坍落度为 10~60mm 的混凝土，其砂率可根据粗骨料品种、最大公称粒径及水胶比按表 4-4-6 选取；

③坍落度大于 60mm 的混凝土，其砂率可经试验确定，也可在表 4-4-6 的基础上，按坍落度每增大 20mm、砂率增大 1% 的幅度予以调整。

表 4-4-6　混凝土的砂率　（%）

水灰比 (W/B)	卵石最大公称粒径（mm）			碎石最大公称粒径（mm）		
	10.0	20.0	40.0	16.0	20.0	40.0
0.40	26~32	25~31	24~30	30~35	29~34	27~32
0.50	30~35	29~34	28~33	33~38	32~37	30~35
0.60	33~38	32~37	31~36	36~41	35~40	33~38
0.70	36~41	35~40	34~39	39~44	38~43	36~41

注　1. 本表数值系中砂的选用砂率，对细砂或粗砂，可相应地减少或增大砂率；

　　2. 采用人工砂配制混凝土时，砂率应适当增大；

　　3. 只用一个单粒级粗骨料配制混凝土时，砂率应适当的增大。

（6）计算粗骨料和细骨料的单位用量（m_{go}、m_{so}）。

1）质量法。该法是假定混凝土拌和物的表观密度为一固定值，混凝土拌和物各组成材料的单位用量之和即为其表观密度。

当采用质量法时，粗、细骨料用量应按下式计算。

$$m_{fo} + m_{co} + m_{go} + m_{so} + m_{wo} = m_{cp} \tag{4-4-12}$$

$$\frac{m_{so}}{m_{so} + m_{go}} \times 100\% = \beta_s \tag{4-4-13}$$

式中　m_{go}——计算配合比每立方米混凝土的粗骨料用量，kg/m^3；

　　　m_{so}——计算配合比每立方米混凝土的细骨料用量，kg/m^3；

　　　β_s——砂率，%；

　　　m_{cp}——每立方米混凝土拌和物的假定质量，kg，可取 2350~2450kg/m^3。

2）体积法。该法假定混凝土拌和物的体积等于各组成材料绝对体积和拌和物中所含空气体积之和。当采用体积法计算混凝土配合比时，粗、细骨料用量应按下式计算：

$$\frac{m_{co}}{\rho_c} + \frac{m_{fo}}{\rho_f} + \frac{m_{go}}{\rho_g} + \frac{m_{so}}{\rho_s} + \frac{m_{wo}}{\rho_w} + 0.01\alpha = 1 \tag{4-4-14}$$

$$\frac{m_{so}}{m_{so}+m_{go}} \times 100\% = \beta_s \qquad (4-4-15)$$

式中 ρ_c——水泥密度，kg/m³，可按《水泥密度测量方法》GB/T 208—1994 测定，也可取 2900～3100kg/m³；

        ρ_f——矿料掺和料密度，kg/m³，可按《水泥密度测量方法》GB/T 208—1994 测定；

        ρ_g——粗骨料的表观密度，kg/m³，应按《普通混凝土用砂、石质量及检测方法标准》JGJ 52—2006 测定；

        ρ_s——细骨料的表观密度，kg/m³，应按《普通混凝土用砂、石质量及检测方法标准》JGJ 52—2006 测定；

        ρ_w——水的密度，kg/m³，可取 1000kg/m³；

        α——混凝土的含气量百分数，在不使用引气剂或引气型外加剂时，α 可取为1。

通过以上计算得初步配合比，即水泥：矿物掺和料：水：砂：石 $= m_{co} : m_{fo} : m_{wo} : m_{so} : m_{go}$。

一般认为，质量法简便，不需要组成材料的密度资料，如施工单位已积累了混凝土的假定表观密度资料，也可得到准确的结果。体积法由于是根据组成材料实测密度来进行计算的，所以可以获得较为精确的结果。

2. 试配、调整工作性，提出基准配合比

按计算的初步配合比进行试拌，测定拌和物的工作性。当试拌得出的拌和物坍落度或维勃稠度不能满足要求，或黏聚性和保水性不好时，应在保证水胶比不变的条件下相应调整用水量或砂率，直到符合要求为止。然后提出满足工作性要求的基准配合比，供混凝土强度试验用。

（1）混凝土配合比设计试配时应采用工程实际使用的原材料，并应采用强制式搅拌机进行搅拌，搅拌方法宜与施工采用的方法相同。

（2）每盘混凝土试配的最小搅拌量应符合表 4-4-7 的规定，并不应小于搅拌机公称容量的 1/4 且不应大于搅拌机公称容量。

表 4-4-7   混凝土试配的最小搅拌量

粗骨料最大公称粒径（mm）	拌和物数量（L）
≤31.5	20
40	25

3. 检验强度，配合比的调整、确定试验室配合比

（1）混凝土强度试验。

1）应至少采用三个不同的配合比，当采用三个不同的配合比时，其中一个应为确定的试拌配合比，另外两个配合比的水胶比宜较试拌配合比分别增加和减少 0.05；用水量应与试拌配合比相同，砂率可分别增加和减少 1%。

2）进行混凝土强度试验时，拌和物性能应符合设计和施工要求。并检验其坍落度或维勃稠度、黏聚性、保水性及表观密度，作为相应配合比的混凝土拌和物性能指标。

3）进行混凝土强度试验时，每个配合比应至少制作一组试件，标准养护到 28d 或设计规定龄期时试压。也可同时制作几组试件，按《早期推定混凝土强度试验方法标准》（JTJ/T 15—2008）早期推定混凝土强度，用于配合比调整，但最终应满足标准养护 28d 或设计规定龄期的强度要求。

（2）配合比的调整。配合比的调整应符合下列规定：

1）根据混凝土强度试验结果，宜绘制强度和胶水比线性关系图或插值法确定略大于配

制强度对应的胶水比。

2）用水量（m_w）应在试拌配合比用水量的基础上，根据强度试验时测得的拌和物性能进行适当调整。

3）胶凝材料用量（m_b）应以用水量乘以图解法或插值法确定的胶水比计算得出。

4）粗骨料和细骨料用量（m_g 和 m_s）应根据用水量和胶凝材料用量进行调整。

（3）配合比校正。配合比校正应符合下列规定：

1）配合比调整后的混凝土拌和物的表观密度应按式（4-4-16）计算：

$$\rho_{c,c} = m_c + m_f + m_g + m_s + m_w \qquad (4-4-16)$$

式中　$\rho_{c,c}$——混凝土拌和物的表观密度计算值，kg/m^3；

　　　m_c——每立方米混凝土的水泥用量，kg/m^3；

　　　m_f——每立方米混凝土的矿物掺和料用量，kg/m^3；

　　　m_g——每立方米混凝土的粗骨料用量，kg/m^3；

　　　m_s——每立方米混凝土的细骨料用量，kg/m^3；

　　　m_w——每立方米混凝土的用水量，kg/m^3。

2）混凝土配合比的校正系数应按式（4-4-17）计算：

$$\delta = \frac{\rho_{c,t}}{\rho_{c,c}} \qquad (4-4-17)$$

式中　δ——混凝土配合比校正系数；

　　　$\rho_{c,t}$——混凝土拌和物的表观密度实测值，kg/m^3。

3）当混凝土拌和物表观密度实测值与计算值之差的绝对值不超过计算值的2%时，按调整的配合比可维持不变；当二者之差超过2%时，应将配合比中每项材料用量均乘以校正系数（δ）。

（4）确定试验室配合比。

配合比调整后，应测定拌和物水溶性氯离子含量，对耐久性有设计要求的混凝土应进行相关耐久性试验验证。符合氯离子含量规定和耐久性要求的配合比即为混凝土的设计配合比，即水泥：矿物掺和料：水：砂：石=m'_{cb}：m'_{fb}：m'_{wb}：m'_{sb}：m'_{gb}。

生产单位可根据常用材料设计出常用的混凝土配合比备用，并应在使用过程中予以验证或调整。遇有下列情况之一时，应重新进行配合比设计。对混凝土有特殊要求时，水泥、外加剂或矿物掺和料等原材料品种、质量有显著变化时。

以上进行混凝土配合比设计所采用的是干燥状态骨料，细骨料含水率应小于0.5%，粗骨料含水率应小于0.2%。

4. 换算施工配合比

施工现场砂石为露天堆放，应根据实测砂、石的含水率，将试验室配合比换算为施工配合比。

施工现场实测砂、石含水率分别为 $\omega_s\%$，$\omega_g\%$，则施工配合比的各种材料单位用量：

$$m'_c = m'_{cb}$$
$$m'_f = m'_{fb}$$
$$m'_s = m'_{sb}(1 + \omega_s\%)$$
$$m'_g = m'_{gb}(1 + \omega_g\%)$$
$$m'_w = m'_{wb} - (m'_{sb} \cdot \omega_s\% + m'_{gb} \cdot \omega_g\%) \qquad (4-4-18)$$

施工配合比为水泥：矿物掺和料：水：砂：石$=m_c:m_f:m_w:m_s:m_g$。

根据施工配合比，每盘混凝土材料称量值，按式（4-4-19）计算：

$$M_i = V \cdot m_i \tag{4-4-19}$$

式中　M_i——i 材料的称量，kg；

　　　m_i——施工配合比中 i 材料的用量，kg/m^3；

　　　V——每盘搅拌量，m^3。

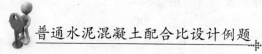

普通水泥混凝土配合比设计例题

- 【题目】试设计双庙大桥上部结构墩台盖梁用混凝土配合比。

- 【原始资料】

1. 已知混凝土设计强度等级为 C30。无强度历史统计资料，要求混凝土拌和物坍落度为 30～50mm。桥梁所在地区属寒冷地区。

2. 组成材料：水泥为硅酸盐水泥，强度等级为 42.5，富余系数 $\gamma_c=1.16$，密度 $\rho_c=3100$kg/m^3。细集料为中砂，表观密度 $\rho_s=2650$kg/m^3，现场含水率为 5.0%。粗集料为碎石，公称最大粒径 $d_{max}=31.5$mm，表观密度 $\rho_g=2700$kg/m^3，现场含水率为 1.0%。水符合混凝土拌和用水要求。

3. 计算初步配合比。

4. 按初步配合比在试验室进行试配调整，确定试验室配合比。

5. 按砂石含水率换算为施工配合比。

- 【设计步骤】

1. 计算初步配合比

（1）确定配制强度

按题意已知：设计要求混凝土强度 $f_{cu,k}=30$MPa，无历史统计资料，查表 4-4-1 标准差 $\sigma=5.0$MPa。按式（4-4-1），混凝土配制强度

$$f_{cu,o} = f_{cu,k} + 1.645\sigma = 30 + 1.645 \times 5 = 38.2 \text{MPa}$$

（2）计算水胶比

1）按强度要求计算水胶比

①计算水泥实际强度　采用强度等级为 42.5 的硅酸盐水泥，$f_{ce,g}=42.5$MPa，水泥富余系数 $\gamma_c=1.16$，水泥实际强度：

$$f_{ce} = \gamma_c \cdot f_{ce,g} = 1.16 \times 42.5 = 49.3 \text{MPa}$$

②计算混凝土水胶比　已知混凝土配制强度 $f_{cu,o}=38.2$MPa，水泥实际强度 $f_{ce}=49.3$MPa，未掺粉煤灰和粒化高炉矿渣粉，因此 $\gamma_f=1$，$\gamma_s=1$，$f_b=f_{ce}=49.3$MPa。查表 4-3-2 可知碎石 $\alpha_a=0.53$、$\alpha_b=0.20$。

按式（4-4-4）计算水胶比：

$$W/B = \frac{\alpha_a \cdot f_b}{f_{cu,o} + \alpha_a \cdot \alpha_b \cdot f_b} = \frac{0.53 \times 49.3}{38.2 + 0.53 \times 0.20 \times 49.3} = 0.60$$

2）按耐久性校核水胶比

桥梁所在地区为寒冷地区，符合混凝土结构的环境类别表 4-3-3 中二 b 的条件，查表

4-3-4，允许最大水胶比为 0.50。按强度计算水胶比为 0.60，不符合耐久性要求，故采用水胶比 0.50。

（3）选取单位用水量（m_{wo}）

已知碎石公称最大粒径为 31.5mm，要求混凝土拌和物坍落度 30～50mm。查表 4-4-5，选取 $m_{wo} = 185$kg/m³。

（4）计算单位胶凝材料用量（m_{bo}）

1）按强度要求计算单位胶凝材料用量

$$m_{bo} = \frac{m_{wo}}{\dfrac{W}{B}} = \frac{185}{0.50} = 370 \quad \text{kg/m}^3$$

由题意已知，未掺粉煤灰和粒化高炉矿渣粉，因此 $m_{fo} = 0$，每立方米混凝土的水泥用量 $m_{co} = m_{bo} = 370$kg/m³。

2）按耐久性校核每立方米混凝土中胶凝材料用量

查表 4-3-5 最小胶凝材料用量不低于 320kg/m³。按强度计算单位胶凝材料用量为 370kg/m³，符合耐久性要求。采用单位胶凝材料用量为 370kg/m³。

（5）选取砂率（β_s）

已知粗骨料采用碎石、公称最大粒径 31.5mm，$W/B = 0.50$。查表 4-4-6，选取砂率 $\beta_s = 33\%$。

（6）计算单位砂石用量（m_{so}、m_{go}）

1）采用质量法

混凝土拌和物假定质量 $m_{cp} = 2400$kg/m³，由式（4-4-12）、（4-4-13）得

$$\begin{cases} m_{so} + m_{go} = 2400 - 370 - 185 - 0 \\ \dfrac{m_{so}}{m_{so} + m_{go}} = 0.33 \end{cases}$$

解得：砂用量 $m_{so} = 609$kg/m³，碎石用量 $m_{go} = 1256$kg/m³。

按质量法计算得初步配合比 $m_{co} : m_{so} : m_{go} : m_{wo} = 370 : 609 : 1236 : 185$。

即 $m_{co} : m_{so} : m_{go} = 1 : 1.65 : 3.34$，$W/B = 0.54$。

2）采用体积法

已知：水泥密度 $\rho_c = 3100$kg/m³。砂表观密度 $\rho_s = 2650$kg/m³，碎石表观密度 $\rho_g = 2700$kg/m³。非引气混凝土取 $\alpha = 1$，由式（4-4-14）、（4-4-15）得：

$$\frac{m_{so}}{2650} + \frac{m_{go}}{2700} = 1 - \frac{370}{3100} - \frac{185}{1000} - 0.01 \times 1$$

$$\frac{m_{so}}{m_{so} + m_{go}} = 0.33$$

解得：$m_{so} = 608$kg/m³，$m_{go} = 1234$kg/m³。

按体积法计算得初步配合比 $m_{co} : m_{so} : m_{go} : m_{wo} = 370 : 608 : 1234 : 185$。

即 $m_{co} : m_{so} : m_{go} = 1 : 1.64 : 3.34 : W/B = 0.50$。

2. 试配、调整工作性，提出基准配合比

（1）计算试拌材料用量

按计算初步配合比（以体积法计算结果为例）试拌 20L 混凝土拌和物，各种材料用量：

$$\begin{aligned} 水泥 \quad & 370 \times 0.020 = 7.40 \text{kg} \\ 水 \quad & 185 \times 0.020 = 3.70 \text{kg} \\ 砂 \quad & 608 \times 0.020 = 12.16 \text{kg} \\ 碎石 \quad & 1234 \times 0.020 = 24.68 \text{kg} \end{aligned}$$

（2）调整工作性

拌制 20L 混凝土拌和物，测定其坍落度为 10mm，未满足题给的和易性（坍落度为 30～50mm）要求。为此，保持水胶比不变，增加 5％水泥浆。再经拌和测坍落度为 40mm，黏聚性和保水性亦良好，满足和易性要求。此时拌和物各组成材料实际用量为

$$\begin{aligned} 水泥 \quad & 7.40 \times (1+5\%) = 7.77 \text{kg} \\ 水 \quad & 3.70 \times (1+5\%) = 3.89 \text{kg} \\ 砂 \quad & = 12.16 \text{kg} \\ 碎石 \quad & = 24.68 \text{kg} \end{aligned}$$

（3）提出基准配合比

调整工作性后混凝土拌和物的基准配合比为

$$m_{ca} : m_{sa} : m_{ga} : m_{wa} = 7.77 : 12.16 : 24.68 : 3.89 = 1 : 1.56 : 3.18; (W/B)_a = 3.89/7.77 = 0.50$$

3. 检验强度，配合比的调整、确定试验室配合比

（1）检验强度

混凝土强度试验时采用水胶比分别为 $(W/B)_A = 0.45$、$(W/B)_B = 0.50$ 和 $(W/B)_C = 0.55$ 拌制三组混凝土拌和物。砂、碎石用量不变，用水量亦保持不变，则三组水泥分别为 A 组为 8.64kg，B 组为 7.77kg，C 组为 7.07kg。除基准配合比一组外，其他两组亦测定坍落度，并观察黏聚性和保水性均合格。

按三组配合比拌制混凝土成型，在标准条件养护 28d 后，按规定方法测定其立方体抗压强度值，列于表 4-4-8。

表 4-4-8　　　　　　不同水胶比的混凝土强度值

组别	水胶比 W/B	胶水比 B/W	28d 立方体抗压强度值 $f_{cu,28}$（MPa）
A	0.45	2.22	44.3
B	0.50	2.00	38.4
C	0.55	1.82	33.2

（2）配合比的调整

根据表 4-4-8 混凝土强度试验结果，绘制混凝土 28d 抗压强度（$f_{cu,28}$）与胶水比（B/W）关系图，如图 4-4-1 所示。

由图 4-4-1 可知，相应混凝土配制强度 38.2MPa 的胶水比为 2，即水胶比为 0.5。

用水量　$185 \times (1+5\%) = 194 \text{kg}$；

水泥用量　$m_{cb} = 194/0.50 = 388 \text{kg}$；

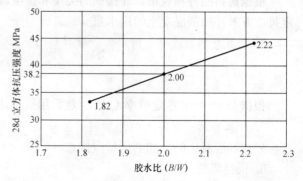

图 4-4-1　混凝土 28d 抗压强度与胶水比关系曲线

砂、石用量按体积法解得 $m_{sb}=594kg/m^3$，$m_{gb}=1206kg/m^3$

调整后配合比 $m_{cb}:m_{sb}:m_{gb}:m_{wb}=388:594:1206:194$；或

$$m_{cb}:m_{sb}:m_{gb}=1:1.53:3.11; W/B=0.50$$

（3）配合比校正

根据表观密度校正配合比

1）混凝土的表观密度计算值：$\rho_{c,c}=388+594+1206+194=2382kg/m^3$

2）实测湿表观密度 $\rho_{c,t}=2435kg/m^3$，

计算校正系数 $\delta=2435/2382=1.02$

3）因为混凝土表观密度实测值与计算值之差的绝对值超过计算值的 2%，则应将配合比中每项材料用量均乘以校正系数 δ：

水泥用量 $m'_{cb}=m_{cb}\delta=388\times1.02=396kg/m^3$

砂用量 $m'_{sb}=m_{sb}\delta=594\times1.02=606kg/m^3$

碎石用量 $m'_{gb}=m_{gb}\delta=1206\times1.02=1230kg/m^3$

用水量 $m'_{wb}=m_{wb}\delta=194\times1.02=198kg/m^3$

试验室配合比为 $m'_{cb}:m'_{sb}:m'_{gb}:m'_{wb}=396:606:1230:198$

或 $1:1.53:3.11; W/B=0.50$。

4. 换算施工配合比

根据现场实测砂石含水率分别为 5.0% 和 1.0%，则施工配合比的各种材料单位用量：

水泥 $m_c=396kg/m^3$

砂 $m_s=606(1+5\%)=636kg/m^3$

碎石 $m_g=1230(1+1\%)=1242kg/m^3$

水 $m_w=198-(606\times5\%+1230\times1\%)=155kg/m^3$

施工配合比为 $m_c:m_s:m_g:m_w=1:1.61:3.14:0.39$。

三、掺外加剂混凝土配合比设计

1. 确定试配强度和水胶比

按前述普通混凝土配合比设计方法相同，按式（4-4-1）确定混凝土配制强度 $f_{cu,o}$，然后按式（4-4-4）计算水胶比。

2. 计算掺外加剂混凝土的单位用水量

根据集料品种和规格、外掺剂的类型和掺量以及施工和易性的要求，按式（4-4-7）确定每立方米外加剂混凝土的用水量 $m_{w,ad}$。

3. 计算外加剂混凝土的单位胶凝材料用量

$$m_{c,ad}=B/W\times m_{w,ad} \tag{4-4-20}$$

4. 计算单位粗、细集料用量

根据表 4-4-6 选定砂率（β_s），然后用质量法或体积法确定粗、细集料用量。

5. 计算外加剂混凝土的外加剂用量

外加剂混凝土的外加剂用量应按式（4-4-8）计算。

6. 试拌调整

根据计算所得各种材料用量进行混凝土试拌，如不满足要求则应对材料用量进行调整，

重新计算和试拌，达到设计要求为止。

 掺外加剂普通混凝土配合比设计例题

按普通水泥混凝土配合比设计例题的资料，掺加高效减水剂 UNF‑5，掺加量 0.5%，减水率 $\beta_{ad}=10\%$，试求该混凝土配合比。

解：

1. 确定试配强度和水胶比

由普通水泥混凝土配合比设计例题计算得

$$f_{cu,o}=38.2\text{MPa},\ W/B=0.50$$

2. 计算掺外加剂混凝土的单位用水量

$$m_{w,ad}=185(1-0.10)=167\text{kg}$$

3. 计算掺外加剂混凝土的单位胶凝材料用量

$$m_{c,ad}=167/0.50=334\text{kg}$$

4. 计算掺外加剂混凝土单位粗细集料用量

同前砂率 $\beta_s=33\%$

按质量法计算得：砂用量 $m_{s,ad}=627\text{kg}$，碎石用量 $m_{g,ad}=1272\text{kg}$

5. 外加剂用量

$$m_{ad}=334\times0.5\%=1.67\text{kg}$$

6. 掺外加剂混凝土配合比

$$m_{c,ad}:m_{s,ad}:m_{g,ad}:m_{w,ad}=334:627:1272:167$$

即 $m_{c,ad}:m_{s,ad}:m_{g,ad}=1:1.87:3.81$；$W/B=m_{w,ad}/m_{c,ad}=167/334=0.50$

7. 校核调整

校核调整方法同前。

第五节 其他功能混凝土

一、高强混凝土

1. 定义

强度等级不低于 C60 的混凝土称为高强混凝土。

2. 组成材料技术要求

（1）水泥应选用硅酸盐水泥或普通硅酸盐水泥，用量不宜大于 500kg/m^3。

（2）粗集料宜采用连续级配，公称最大粒径不宜大于 25mm，针片状颗粒含量不宜大于 5%，含泥量不应大于 0.5%，泥块含量不应大于 0.2%。

（3）细集料的细度模数宜为 2.6~3.0，含泥量不应大于 2%，泥块含量不应大于 0.5%。

（4）宜采用减水率不小于 25% 的高性能减水剂。

（5）宜复合掺用粒化高炉矿渣粉、粉煤灰和硅灰等矿物掺和料，掺量宜为 $25\%\sim40\%$；粉煤灰等级不应低于 II 级；对强度等级不低于 C80 的高强度混凝土，宜掺用硅灰，掺量不宜大于 10%。

3. 技术性能

(1) 高强度混凝土可有效地减轻自重。

(2) 可大幅度地提高混凝土的耐久性。

(3) 在大跨度的结构物中，采用高强度混凝土可减少材料用量，获得显著的经济效益。

4. 工程应用

现代高架公路、立体交叉和大型桥梁等混凝土结构均采用高强混凝土。

二、聚丙烯纤维混凝土

1. 定义

纤维增强混凝土（简称纤维混凝土）是以水泥混凝土为基材与不连续而分散的纤维为增强材料所组成的一种复合材料。常用的纤维有钢纤维、玻璃纤维、合成纤维和天然纤维等。

聚丙烯纤维混凝土是把一定量的聚丙烯纤维加入到普通混凝土的原材料中，在搅拌机的搅拌下，纤维均匀分布在混凝土中的一种复合材料。

2. 组成材料

(1) 水泥、细集料、粗集料、水。与普通混凝土的组成材料要求相同。

(2) 聚丙烯纤维。由丙烯聚合物或共聚物制成的烯烃类纤维，分为薄片和长丝两种。薄片切断后成为近似矩形；长丝切断后成为圆形断面的复丝或单丝纤维。其特征是抗拉强度较高，延伸率大，不吸水，为中性材料，与酸碱不起作用，经济性好。掺量为混凝土体积的 0.05%～0.1%。

3. 技术性能

普通混凝土在硬化早期，因泌水和水分散失而产生塑性收缩，使混凝土产生细微龟裂，在硬化后期还会产生干缩裂缝。在温度应力及外力作用下，裂缝将进一步发展甚至碎裂，从而影响混凝土的耐久性和抗磨性能，而且因裂缝渗水，钢筋容易锈蚀。

在混凝土中掺入聚丙烯纤维后，弥补了混凝土抗拉强度低、延伸率小、韧性差的缺点，使它具有一系列良好的物理和力学性能。在混凝土硬化阶段减少了塑性收缩，抑制裂缝发生，对冲击韧性、抗渗性、耐磨损、耐海水腐蚀性、抗碎裂性能都有明显改善，而且较为经济和容易施工。但不宜用作承受主要荷载。

4. 工程应用

聚丙烯纤维混凝土在公路及桥梁路面、机场跑道、停车场、工业与民用建筑、港口码头、隧洞喷锚加固、基坑支护、水工建筑物抗渗和抗冲刷等建筑工程中，迅速得到推广使用。例如朝阳至黑水（辽蒙界）高速公路第二合同段双庙大桥的桥面铺装、伸缩缝槽、主梁的连续端头就使用了 C50 聚丙烯纤维混凝土。目前已在全球 60 多个国家和地区应用，效益显著。

三、轻集料混凝土

1. 定义

轻集料混凝土是指用轻质粗集料、密度小于 $1950 kg/m^3$ 的混凝土。

2. 特点及应用

与普通混凝土相比，密度较小的轻集料混凝土保温、隔热、隔音性能较好，可使结构自身的质量降低 30%～35%，工程总造价降低 5%～20%，但其强度相对较低。

轻集料混凝土主要用作保温隔热材料，满足现代建筑不断发展的要求。

四、大体积混凝土

1. 定义

建筑物的基础最小边尺寸在 1~3m 范围内就属于大体积混凝土。

2. 特点及应用

大体积混凝土的特点是体积较大，更主要的是由于水泥水化热不易散发，在外界环境或混凝土内力的约束下，将会产生较大的温度应力和收缩应力，极易产生温度收缩裂缝，给工程带来不同程度的危害甚至造成巨大损失。

大体积混凝土工程在现代工程建设中，如各种形式的混凝土大坝、港口建筑物、建筑物地下室底板及大型设备的基础等有着广泛的应用。

第六节 混凝土工程应用实例

水泥混凝土是道路与桥梁建设中，应用最广、用量最大的建筑材料。在道路工程中，水泥混凝土已成为高等级路面的主要建筑材料；在桥梁工程中，钢筋混凝土和预应力钢筋混凝土桥是最主要的桥型。

一、30m T 梁

双庙大桥位于丹东至锡林浩特高速公路朝阳至黑水（辽蒙界）第二合同段，全长 366m。如图 4-6-1、图 4-6-2 所示为施工现场。

表 4-6-1   双庙大桥具体规模及主要结构材料表

桥名	桥梁全长（m）	上部结构	下部结构
双庙大桥	366.0	预应力混凝土 T 梁	柱式墩、肋板台、钻孔灌注桩基础

双庙大桥主要结构材料				
混凝土强度等级	C15	C25	C30	C50 聚丙烯纤维混凝土	C50
结构	搭板、下垫层	泄水槽、墩台基础、搭板	墩台盖梁、墩台身、挡块、台耳背墙、防撞墙、承台、系梁	桥面铺装、伸缩缝槽、主梁的连续端头	预制 T 梁现浇横隔板及湿接缝、垫石

图 4-6-1 朝黑高速公路 30m T 梁预制件场

图 4-6-2 施工中的双庙大桥

二、现浇混凝土

沈阳—吉林高速公路草市至南杂木段第三合同段全长 5 公里。图 4-6-3、图 4-6-4 为施工现场。本合同段起点位于清原镇长山堡村南，两跨国道 G202 线、两跨浑河、跨军队油库专用铁路，经瓦子窑村北，到达终点小山城村南。主要工程量：挖方 19.1 万 m³、填方 49.7 万 m³；特大桥 1 座，长 1790.02m；大桥 1 座，长 164.8m；小桥 1 座；公共分离式立交 1 座；通道 2 座；涵洞 6 道；以及路基防护和排水等工程。合同金额为 14797 万元。

图 4-6-3 沈吉高速公路现浇混凝土施工现场　　图 4-6-4 沈吉高速公路现浇混凝土施工现场

长山堡浑河特大桥为本工程的重点项目，全桥长 1790.02m，上部结构形式左幅为：(2×21m)＋(28m＋40m＋28m)＋(3×25.67m)＋32×30m＋(3×25.67m)＋(56m＋2×80m＋56m)＋(28.67m＋28.66m＋28.67m)＋6×30m；右幅为：21m＋(28m＋40m＋28m)＋21m＋(3×25.67m)＋33×30m＋21.01m＋(3×25.67m)＋2×(56m＋80m＋56m)＋6×30m。其中左幅(2×21m)＋(28m＋40m＋28m)、右幅 21m＋(28m＋40m＋28m)＋21m、右幅 21.01m 上部结构采用钢筋混凝土现浇连续箱梁、钢筋混凝土现浇简支梁以及预应力混凝土现浇连续箱梁结构；左幅(56m＋2×80m＋56m)、右幅 2×(56m＋80m＋56m)上部结构采用悬臂浇筑预应力混凝土连续箱梁结构；左幅(3×25.67m)＋32×30m＋(3×25.67m)＋(28.67m＋28.66m＋28.67m)＋6×30m、右幅(3×25.67m)＋33×30m＋(3×25.67m)＋6×30m 上部结构采用预应力混凝土先简支后连续 T 梁结构；下部结构采用独柱墩、双柱墩、矩形墩、肋板埋置式桥台等几种形式，基础采用扩大基础、桩基础两种形式。

复习思考题

1. 什么是普通水泥混凝土？它具有哪些特点？

2. 什么是集料？在水泥混凝土中，何谓粗集料和细集料？

3. 集料的物理常数有哪几项？简述它们的含义。

4. 何谓粗集料的压碎值？压碎值是表示粗集料什么性质的指标？

5. 何谓级配？表示级配的参数有哪些？简述级配与细度模数的区别与联系？

6. 水泥混凝土用粗、细集料有哪些主要技术要求？何谓连续级配和间断级配？

7. 普通水泥混凝土应具备哪些技术性质？

8. 试述混凝土拌和物工作性的含义，影响因素和改善措施。叙述坍落度和维勃稠度的测定方法和适用范围。

9. 何谓水泥混凝土的立方体抗压强度？

10. 何谓水泥混凝土的立方体抗压强度标准值？它与强度等级有什么关系？

11. 试述影响水泥混凝土强度的主要因素及提高强度的主要措施。

12. 何谓水泥混凝土的徐变？

13. 水泥混凝土的耐久性有哪些要求？用什么指标控制水泥混凝土的耐久性？

14. 何谓碱-集料反应？对路面和桥梁有什么危害？如何控制？

15. 普通水泥混凝土组成设计应满足哪四项基本要求？混凝土配合比设计时应正确处理哪三个参数？

16. 试述混凝土配合比设计方法、步骤和内容。

17. 普通水泥混凝土试配强度与哪些因素有关？它在配合比设计中有何作用？如何确定它？

18. 何谓混凝土外加剂？混凝土外加剂按其功能可分哪几类？

19. 何谓减水剂？简述减水剂的作用机理和主要技术经济效果。

20. 何谓引气剂、缓凝剂、早强剂？简述它们的作用机理和适用条件。

21. 何谓高强混凝土和聚丙烯纤维混凝土？简述它们的技术性能和适用条件。

22. 某桥工地现有一批砂欲配制混凝土，经取样筛析后，其筛析结果见下表，试计算该砂的分计筛余百分率、累计筛余百分率和通过百分率。绘出级配曲线及规范要求的级配曲线范围，以判定该砂的工程适用性，并用细度模数评价其粗度。

筛孔尺寸（mm）	4.75	2.36	1.18	0.6	0.3	0.15	<0.15
各筛存留量（g）	25	35	90	140	110	75	25
规范要求通过范围（%）	90~100	75~100	50~90	30~59	8~30	0~10	—

23. 试设计某桥预应力混凝土 T 型梁用混凝土的配合比。

［设计资料］按桥梁设计图纸水泥混凝土设计强度 $f_{cu,k}=30$MPa；强度标准差 $\sigma=5.0$MPa。按预应力混凝土梁钢筋密集程度和现场施工机械设备，要求水泥混凝土拌和物的坍落度为 30~50mm。组成材料为：硅酸盐水泥 I 型，强度等级为 42.5，实测 28d 抗压强度 46.8MPa，密度 $\rho_c=3100$kg/m³；碎石，最大粒径 $d_{max}=31.5$mm，表观密度 $\rho_g=2780$kg/m³；河砂，属于中砂，表观密度 $\rho_s=2680$kg/m³；饮用水，符合混凝土拌和用水要求。

［设计要求］（1）计算初步配合比；（2）若在拌制混凝土过程中，掺入 UNF-5 减水剂，减水率为 12%，用量为 0.8%，试计算掺减水剂水泥混凝土的初步配合比。

24. 已知：水泥混凝土的试验室配合比为水泥：砂：石＝1：1.80：3.60；W/C＝0.50。求：（1）拌制一锅水泥混凝土用水泥两袋（每袋 50kg），其他各种材料用量是多少？（2）如工地的砂、石含水率分别为 4% 和 1%，施工配合比是多少？

第五章　建筑钢材

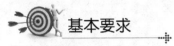

基本要求

了解钢的定义、生产和分类，掌握建筑钢材的主要技术性质，熟悉常用建筑钢材，了解钢材的锈蚀与防护。

重　点

建筑钢材的主要技术性质和技术标准，常用建筑钢材的品种及其特点。

金属材料按其成分可分为黑色金属和有色金属。黑色金属为铁碳合金，按其含碳量又可分为钢和生铁。含碳量小于2%的铁碳合金为钢，含碳量大于2%的铁碳合金为生铁。铜、锡、锌、铝、铅及其合金等为有色金属。

建筑钢材是指用于钢结构的各种型钢（如圆钢、角钢、槽钢、工字钢等）、钢板和钢筋混凝土用钢筋、钢丝等。钢筋混凝土用钢材又包括热轧光圆钢筋、热轧带肋钢筋、预应力混凝土用冷轧带肋钢筋、预应力混凝土用钢丝和钢绞线等。

钢材是建筑工程中最重要的金属材料。它具有强度高、塑性及抗冲击韧性好，可焊可铆、易于加工、便于装配，在建筑工程中被广泛使用，如混凝土及预应力混凝土结构中，特别是大中桥梁（钢桥和钢筋混凝土桥）。其缺点是易锈蚀、能耗大、成本高和耐久性差等。

钢材的技术性质包括屈服强度、抗拉强度、塑性、冲击韧性、疲劳强度、硬度、冷弯、冷加工及时效处理和焊接。屈服强度、抗拉强度是衡量钢材强度的指标，伸长率和冷弯性能是衡量钢材塑性的指标。钢材通过冷加工时效处理，可提高强度，但塑性和韧性降低。

第一节　钢的定义、生产和分类

一、钢的定义

以铁为主要元素、含碳量一般在2%以下，并含有其他元素的材料。

二、钢的生产

钢由生铁冶炼而成。

生铁是将铁矿石、焦炭及助熔剂（石灰石）按一定比例装入炼铁高炉，高温下焦炭中的碳和铁矿石中的氧化铁发生化学反应，排出一氧化碳和二氧化碳，将铁矿石中的铁还原出来而得到生铁。生铁中碳的含量为2.06%～6.67%，磷、硫等杂质的含量也较高。生铁硬而脆，塑性和韧性极低，建筑上很少应用。

炼钢是将生铁在炼钢炉中进一步冶炼，并供给氧气，部分碳被氧化成一氧化碳逸出，含碳量降到2.0%以下，其他杂质则形成氧化物进入炉渣中除去，即成为钢。钢水脱氧后浇铸成钢锭。

三、钢的分类

1. 按钢的化学成分分类

（1）碳素钢（亦称碳钢）。含碳量低于 2.0% 的铁碳含金。常含有锰、硅、硫、磷、氧、氮等杂质。碳素钢按含碳量可分为：

1）低碳钢。含碳量小于 0.25%。

2）中碳钢。含碳量在 0.25%～0.60%。

3）高碳钢。含碳量大于 0.60%～1.4%。

（2）合金钢。为改善钢的性能，在钢中特意加入某些合金元素（如锰、硅、钒、钛等），使钢材具有特殊的力学性能。合金钢按合金元素含量可分为：

1）低合金钢。合金元素总含量小于 5%。

2）中合金钢。合金元素总含量 5%～10%。

2. 按钢的质量分类

按钢有害杂质 S、P 的含量可分为：

（1）普通碳素钢。S≤0.055%，P≤0.045%。

（2）优质碳素钢。S≤0.040%，P≤0.040%。

（3）高级优质钢。S≤0.030%，P≤0.035%。钢号后加"高"或"A"。

（4）特殊优质钢。S≤0.015%，P≤0.025%。钢号后加"E"。

3. 按钢的用途分类

（1）结构钢。用于建筑结构（如桥梁、船舶、矿用钢、钢轨钢、锅炉钢）、机械制造（机械零件）等，一般为低中碳钢或低合金钢。

（2）工具钢。用于制造各种工具（刀具、量具、模具），一般为高碳钢。

（3）特殊钢。具有各种特殊物理化学性能的钢材（如不锈钢、耐热钢等）。

4. 按钢的生产工艺分类

（1）热轧光圆钢筋。经热轧成型，横截面通常为圆形，表面光滑的成品钢筋。

（2）热轧带肋钢筋。横截面通常为圆形，且表面带肋的混凝土结构用钢材。纵肋是平行于钢筋轴线的均匀连续肋；横肋与钢筋轴线不平行的其他肋；月牙肋钢筋是指横肋的纵截面呈月牙形，且与纵肋不相交的钢筋。

（3）冷轧带肋钢筋。热轧圆盘条经冷轧后，在其表面带有沿长度方向均匀分布的二面或三面横肋的钢筋。

（4）预应力混凝土用钢丝。

1）钢丝按外形分。

①光圆钢丝（代号 P）

②螺旋肋钢丝（代号 H）钢丝表面沿着长度方向上具有规则间隔的肋条。

③刻痕钢丝（代号 I）钢丝表面沿着长度方向上具有规则间隔的压痕。

2）钢丝按加工状态分。

①冷拉钢丝（WCD）。用盘条通过拔丝模或轧辊经冷加工而成产品，以盘卷供货的钢丝。

②消除应力钢丝。按松弛性能又可分为：

a. 低松弛级钢丝（WLR）。钢丝在塑性变形下进行的短时热处理而得到的钢丝。

b. 普通松弛级钢丝（WNR）。钢丝通过矫直工序后在适当温度下进行的短时热处理而得到的钢丝。

冷拉钢丝和消除应力钢丝的直径越细，极限强度越高，它们都作为预应力钢筋使用。

（5）钢绞线。由数根钢丝捻制而成。

1）标准型钢绞线是由冷拉光圆钢丝捻制成的钢绞线；

2）刻痕钢绞线是由刻痕钢丝捻制成的钢绞线；

3）模拔型钢绞线是捻制后再经冷拔成的钢绞线。

5. 按形状分类

（1）型材。包括型钢和钢板，主要用于钢桥建筑。

（2）线材。包括钢筋、预应力钢筋、高强钢丝和钢绞线等，是钢筋混凝土桥梁建筑中使用的重要材料之一。

（3）异型材。是为特殊用途制作的，如预应力混凝土桥梁中的锚具、夹具和大变形伸缩件中使用的异型钢梁等。

6. 按直径分类

（1）钢丝。直径 3～5mm。

（2）细钢筋。直径 6～12mm。

（3）粗钢筋。直径大于 12mm。

7. 按供应形式分类

（1）盘圆钢筋。直径 6～10mm。

（2）直条钢筋。直径 6～12mm，长度一般为 6m 或 9m。

8. 按使用性能和力学性能分类

（1）普通钢筋。仅作非预应力钢筋使用。

（2）预应力混凝土用钢筋。目前使用的有热处理钢筋、矫直回火钢丝、冷拉钢丝、刻痕钢丝、钢绞线等，使用最多的是钢绞线。

钢材的分类分为两部分，详见《钢分类 第 1 部分 按化学成分分类》（GB/T 13304.1—2008）和《钢分类 第 2 部分 按主要质量等级和主要性能或使用特性的分类》（GB/T 13304.2—2008）。

桥梁建筑用钢材和钢筋混凝土用钢筋，均属于结构钢，普通钢，低碳钢。所以桥梁结构用钢和混凝土用钢筋是属于碳素结构钢或低合金结构钢。

第二节 建筑钢材的技术性质

一、力学性质

建筑钢材的力学性质包括：屈服强度、抗拉强度、伸长率、冲击韧性、冷弯和硬度等。

1. 强度

无论是钢结构中的钢，还是钢筋混凝土中的钢筋主要起抗拉作用。低碳钢在进行抗拉试验时，应力—应变（延伸）曲线关系如图 5-2-1 所示。

（1）弹性阶段。图 5-2-1 中 *OA* 段，特点是应变随应力增长而增长。卸去荷载，变形消失，试件恢复原状。在弹性阶段，应力与应变（延伸）的比值为一常数，称为弹性模量。弹性阶段的最高点（图中的 A 点）相对应的应力称为弹性极限，用 σ_p 表示。

（2）屈服阶段。图 5-2-1 中 AB 段，当应力超过 A 点达 B 点，卸去荷载，变形不能全部恢复，试件出现塑性变形。此时应力不增加而变形却迅速增长，形成锯齿形水平线。

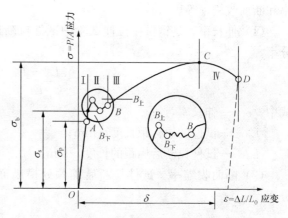

图 5-2-1　低碳钢受拉时应力-应变曲线图

对应最高点 $B_上$ 的应力称屈服上限（与试验过程的许多因素有关），对应最低点 $B_下$ 的应力称屈服下限（稳定而易测），故取屈服下限 $B_下$ 点对应的应力为屈服强度。屈服强度是钢材开始丧失对变形的抵抗能力，并产生大量塑性变形时所对应的应力，用 σ_s 表示。

$$\sigma_s = \frac{F_s}{A_0} \qquad (5-2-1)$$

式中　σ_s——屈服强度，MPa；

　　　F_s——相当于所求应力的荷载，N；

　　　A_0——试件的原横截面积，mm^2。

中碳钢和高碳钢没有明显的屈服点，通常以它们在受拉过程产生残余变形为 0.2% 时的应力 $\sigma_{0.2}$ 作为屈服强度，称为条件屈服点。

屈服强度对钢材的使用具有重要意义，当钢材的应力超过屈服点时，将产生不可恢复的永久变形，虽未破坏，已不能正常工作，使钢筋开裂。在结构设计中要求钢材在弹性范围内工作，故以屈服强度作为设计应力的依据。

（3）强化阶段。图 5-2-1 中 BC 段，钢材抵抗塑性变形的能力又有所增加。达到曲线最高点 C 对应的应力称为极限抗拉强度。抗拉强度是指钢材所能承受的最大拉应力，用 σ_b 表示。

$$\sigma_b = \frac{F_b}{A_0} \qquad (5-2-2)$$

式中　σ_b——抗拉强度，MPa；

　　　F_b——试件拉断前的最大荷载，N；

　　　A_0——试件的原横截面积，mm^2。

抗拉强度在结构设计中虽不能直接利用，但屈强比（屈服强度和抗拉强度的比值）却对钢材使用有较大的意义，屈强比越小，钢材受力超过屈服点工作时的可靠性越大，钢材结构的安全性越高。但屈强比太小，钢材强度的利用率太低，浪费钢材，最好在 0.60~0.75。

（4）颈缩阶段。图 5-2-1 中 CD 段，钢材在外力的作用下，塑性变形迅速增加，产生颈缩现象，直到最后发生断裂，断裂点 D。

2. 塑性

钢材在受力破坏前可以经受永久变形的性能，称为塑性。通常用伸长率、最大力总延伸率和断面收缩率等表示。

（1）伸长率。是钢材在拉伸试验中试件拉断后标距长度的增量与原标距长度之比的百分率。

$$\delta = \frac{L_1 - L_0}{L_0} \times 100\% \qquad (5 - 2 - 3)$$

式中　δ——伸长率，%；

L_0——试件的原标距长度，mm；

L_1——试件拉断后标距的长度，mm。

（2）断面收缩率。试件拉断后缩颈处横断面积的最大缩减量占原试件横截面积的百分率。

$$\psi = \frac{A_0 - A_1}{A_0} \times 100\% \qquad (5 - 2 - 4)$$

式中　ψ——断面收缩率，%；

A_0——试件的原横截面积，mm^2；

A_1——试件拉断处的横截面积，mm^2。

伸长率与断面收缩率越大，钢材的塑性越好。塑性好的钢材，偶尔遇到超载，将产生塑性变形，使内部应力重新分布，不致由于应力集中造成脆性断裂。塑性小的钢材，钢质硬脆，超载后易脆断破坏。

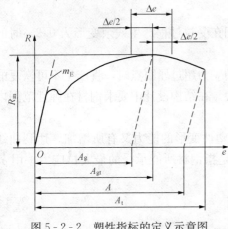

图 5 - 2 - 2　塑性指标的定义示意图

但是伸长率不能过大，否则，会使钢材在使用中超过允许的变形值。当 $\delta > 2\% \sim 5\%$ 时称塑性材料，如铜、铁等；当 $\delta < 2\% \sim 5\%$ 时称脆性材料，如铸铁等。

下面给出我国试验标准中的塑性指标的定义，如图 5 - 2 - 2 所示。

（3）断后伸长率 A，指断后标距的残余伸长与原始标距之比的百分率。

（4）断裂总伸长率 A_t，指断裂时刻原始标距的总延伸（弹性延伸加塑性延伸）与原始标距之比的百分率。

（5）最大力塑性延伸率 A_g，指最大力时，原始标距的塑性延伸与原始标距之比的百分率。

（6）最大力总延伸率 A_{gt}，指最大力时原始标距的总延伸（弹性延伸加塑性延伸）与原始标距之比的百分率。

3. 冲击韧性

钢材抵抗瞬间冲击荷载而不破坏的能力称为冲击韧性。用冲断试件所需能量的多少表示，它是衡量钢材抵抗脆性破坏的指标。

试验方法（摆冲法，见图 5 - 2 - 3）是将有 V 形缺口的标准试件（10mm×10mm×55mm），以横梁式放在冲击试验机上，将摆锤升至规定高度，突然松开摆锤，使其自由下落，冲断试件刻槽的背面，测得试件缺口处单位面积上所消耗的冲击功（J/cm^2）。

$$\alpha_k = \frac{A_k}{A} \tag{5-2-5}$$

式中 α_k——钢材的冲击韧性，J/cm²；

　　　A_k——摆锤冲断试件所做的功，J；

　　　A——试件断口的截面积，cm²。

α_k 越大，钢材在断裂时所吸收的能量越多，钢材的冲击韧性越好。α_k 值小的钢材在断裂前无显著的塑性变形，属脆性材料，不宜用作承担冲击荷载的构件。

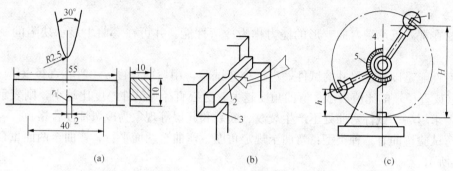

图 5-2-3　冲击韧性试验图

(a) 试件尺寸（mm）；(b) 试验装置；(c) 试验机

1—摆锤；2—试件；3—试验台；4—指针；5—刻度盘

H—摆锤扬起的高度；h—摆锤向后摆动高度

4. 硬度

钢材表面抵抗更硬物体压入的能力称为硬度。实际上硬度为钢材抵抗塑性变形的能力。

测定方法有布氏硬度、洛氏硬度和维氏硬度。最常用的布氏硬度是将直径为 D（mm）标准的硬钢球，以荷载 P（N）压入试件表面，持续一定时间后卸荷，量出压痕直径 d（见图 5-2-4）。计算压痕单位表面积所承受的荷载值。

$$HB = \frac{P}{F} \tag{5-2-6}$$

式中 HB——布氏硬度；

　　　P——施加荷载，N；

　　　F——凹痕表面积，mm²。

钢材硬度越大，表明钢材抵抗局部塑性变形的能力越大，钢材的强度也越高。

5. 耐疲劳性

钢材抵抗疲劳破坏的能力称为耐疲劳性。

钢材在交变荷载（随时间作周期性交替变更的应力）的反复作用下，可以在远小于抗拉强度时突然断裂，这种破坏称为疲劳破坏。

疲劳破坏是由拉应力引起的，是从局部开始形成细小裂

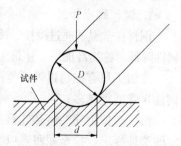

图 5-2-4　布氏硬度试验图

纹，由于裂纹尖端的应力集中再使其逐渐扩大，直到突然发生瞬时疲劳破坏。疲劳裂纹在应力最大处（即应力集中处）形成。

疲劳破坏是在低应力状态下突然发生的，所以危害极大，往往造成灾难性的事故。

一般把钢材在荷载交变 10^7 次时不破坏的最大应力定义为疲劳强度（或疲劳极限）。一般来说，钢材的抗拉强度高，其疲劳极限也较高。在设计承受反复荷载且需进行疲劳验算的结构时，应了解钢材的疲劳强度。

二、工艺性质

工艺性质是指钢材在加工过程中，能承受各种加工制造工艺且不产生疵病或废品而应具备的性能。如冷弯、冷拉、冷拔及焊接性能等。

1. 冷弯性能

钢材在常温下承受弯曲变形的能力称为冷弯性能。并可在弯曲中显示缺陷的一种工艺性能。

冷弯性能是以规定尺寸的试件，进行冷弯试验，用弯曲角度 α、弯心直径（d）与试件厚度 a（或直径）的比值表示。弯曲角度越大、弯心直径与试件厚度比越小，则表示对弯曲性能的要求越高。试件弯曲处不产生裂纹、断裂和起层等现象为冷弯性能合格。

冷弯试验弯曲有三种类型：弯曲至规定角度、弯曲至两面平行、弯曲至两面重合；如图 5-2-5 所示。

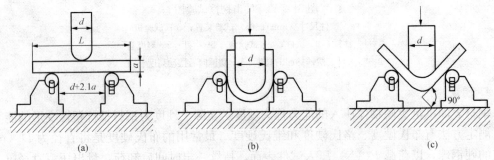

图 5-2-5　钢材的冷弯示意图

(a) 装好的试件；(b) 弯曲 180°；(c) 弯曲 90°

钢材的塑性越大，其冷弯性能越好。冷弯试验对塑性的评定比拉伸试验更严格，伸长率反映的是钢材在均匀变形下的塑性，而冷弯性能是钢材处于不利变形条件下的塑性，冷弯能揭示钢材的内部组织不均匀、气孔、杂质、裂纹、局部脆性及焊件的接头缺陷等。所以冷弯不仅是评定加工性能、塑性的要求，也是评定焊接质量的重要指标之一。

2. 钢材的冷加工

钢材在常温下通过冷拉、冷拔、冷轧产生塑性变形，从而提高屈服强度和硬度，但塑性、韧性降低，称为冷加工。建筑工程中大量使用的钢筋采用冷加工强化具有明显的经济效益。

冷加工只有在超过弹性范围后才会发生。冷加工变形越大，屈服强度提高越多，塑性及韧性也降低得越多。

（1）冷拉钢筋。将热轧钢筋在常温下、一般在工地上用拉伸设备予以拉长，使之产生一定的塑性变形，拉至屈服点以上、极限强度以下，使原钢筋的屈服点、极限强度和硬度都得到提高，从而节约钢材。但屈服阶段变短，伸长率降低。

（2）冷拔。将钢筋或钢管，在厂内或工地通过冷拔机上的模孔，冷拔成钢丝或细钢管，如图 5-2-6。冷拔后的钢材强度提高，节约钢材，效果比冷拉还好，但塑性降低。直径越细，强度越高。

模孔的出口直径比进口小，每次截面缩小为10%以下。经多次冷拔得到的冷拔低碳钢丝，其屈服强度可提高40%～60%。

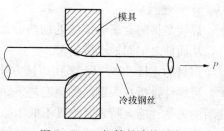

图 5-2-6 钢筋的冷拔示意

（3）冷轧。将热轧钢筋或钢板通过冷轧机，轧成一定规律变形的钢筋或薄钢板。冷轧变形钢筋不但强度提高，节约钢材，而且可以提高钢筋与混凝土的黏结力。钢筋冷轧时纵向和横向同时产生变形，因而能较好地保持塑性和内部结构的均匀性。

3. 冷加工时效

冷加工后的钢材经过一段时间，其屈服强度、抗拉强度与硬度进一步提高，塑性和韧性进一步降低，这个过程称为时效。

时效处理有两种方法：

（1）自然时效。将冷加工的钢材在常温下放置15～20d，称为自然时效。它适用于强度较低的钢材。

（2）人工时效。将冷加工的钢材用蒸汽或电热方法加热至100～200℃来加速时效，保持1～2h，称为人工时效。适用于高强度的钢材。

自然时效效果较差，对强度较高的钢材，如预应力钢筋多采用人工时效方法。

钢材经冷加工和时效处理后强化的原因，是钢材产生塑性变形后，晶粒产生相对滑移，导致滑移面上的晶粒破碎，晶格畸变，使滑移面变得凹凸不平，从而阻碍变形的进一步发展，提高了抵抗外力的能力，因而屈服强度提高，塑性降低，脆性增大。时效后，溶于 α-Fe 中的碳、氮原子向滑移面等缺陷部位移动、富集，使晶格扭曲、畸变加剧，因而强度进一步提高，塑性和韧性进一步下降。

4. 钢材的热处理

热处理钢筋是将热轧带肋钢筋，经淬火和回火的调质热处理而成。

将钢材按一定规则加热、保温和冷却，以改变其组织结构，从而获得需要性能的加工工艺称为热处理。其方法有：

（1）淬火。将钢材加热至723～910℃（依含碳量而定）的某一温度，保温使其晶体组织完全转变后，放入冷却介质（盐水、冷水或矿物油）中急冷称为淬火。淬火使钢的强度、硬度大为提高，塑性和韧性明显下降。

（2）回火。将淬火后的钢材在723℃以下重新加热，保温后按一定速度冷却至室温的过程称为回火。回火可消除淬火产生的内应力，恢复塑性和韧性，但硬度下降。

回火分为高温回火（500～650℃）、中温回火（300～500℃）和低温回火（150～300℃）。加热温度越高，硬度降低越多，塑性和韧性恢复越好。在淬火后随即采用高温回火，称为调质处理。调质处理的钢材，强度、塑性和韧性均有较大的改善。

（3）退火。将钢材加热至723～910℃（依含碳量而定）的某一温度，然后在退火炉中保温、缓慢冷却称为退火。退火可降低钢材的硬度，提高塑性及韧性。冷加工后的低碳钢，常在650～700℃的温度下退火，以提高其塑性和韧性。

（4）正火。将钢材加热至723～910℃或更高温度，然后在空气中冷却称为正火。正火较退火钢材的强度和硬度提高，但塑性较退火小。

5. 焊接性能

焊接是将两金属的接缝处加热或加压，或两者互溶，以造成金属原子间和分之间的结合，从而使之牢固地连接起来。

钢材的连接 90% 以上采用焊接方式。为保证焊接质量，要求钢材有良好的可焊性。

可焊性是指在一定的焊接工艺条件下，在焊缝及附近过热区不产生裂缝及变脆倾向，焊接后的力学性能，特别是强度不低于原钢材的性能。

焊接质量取决于焊接工艺、焊接材料的可焊性和钢材的焊接性能。钢材的焊接性受其化学成分及其含量的影响。含碳量高，硫、磷及气体杂质含量高，使钢材的可焊性降低，过多的合金元素，也降低可焊性。世界各国都是通过规定含碳量和碳当量来控制焊接质量。

在焊接过程中，钢材达到很高的温度，局部金属熔融，由于金属的传热性好，所以在焊接区域，随温度的急速升高和下降，体积急剧膨胀和收缩，易产生内应力、变形及内部组织的变化，形成裂纹、气孔、夹杂物等缺陷，影响钢材的强度、塑性、韧性和耐疲劳性。

一般焊接结构用钢应选含碳量低的氧气转炉或平炉镇静钢。对于高碳钢及合金钢，为了改善焊接性能，一般采用焊前预热及焊后热处理等措施。

焊接方法有焊接钢结构用的电弧焊和钢筋焊接用的接触对焊。

三、化学成分对钢材技术性质的影响

钢材在冶炼过程中会从原料、燃料中引入一些其他元素。钢材的化学成分对性能有重要的影响。一类能改善、优化钢材的性能，称为合金元素，主要有硅、锰、钒、钛、铌等；另一类能劣化钢材的性能，属于钢材的杂质，主要有氧、硫、氮、磷等。

1. 碳

碳是钢中除铁之外含量最多的元素，是决定钢性能的重要元素。随着含碳量的增加，钢的强度和硬度提高，而塑性、冲击韧性和可焊性则降低，含碳量过高会增加钢的冷脆性（见图 5-2-7）。

2. 锰

锰是钢中的有益元素。在普通碳钢中锰的含量为 0.25%～0.8%。锰是炼钢时用锰脱氧、硫而含于钢中。锰具有很强的脱氧、硫能力，能消除氧、硫引起的钢的热脆性，改善热加工性能，同时能提高钢的强度和硬度。锰能与硫化合成硫化锰，其熔点为 1620℃，减轻硫的有害作用。

3. 硅

硅是钢中的有益元素。在普通碳钢中硅的含量为 0.1%～0.4%。硅是炼钢时为了脱氧、硫而加入的。硅的脱氧能力比锰还强，当含硅量小于 1% 时，能提高钢的强度和硬度，对塑性和韧性影响不大。

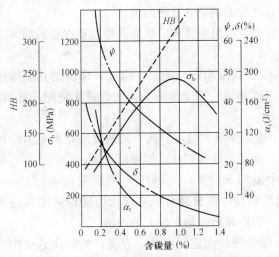

图 5-2-7 含碳量对普通碳素钢性能的影响

当含硅量大于 1% 时，可焊性降低，冷脆性增加。

4. 钛、钒、铌

钛是强脱氧剂，钒、铌是碳化物和氮化物的形成元素，三者皆能细化晶粒，增加强度，在建筑常用的低合金钢中，三者是常用合金元素。

5. 磷

磷是钢中的有害元素。磷是炼钢时由矿石带到钢中的杂质。磷主要溶于铁素体中，使钢的屈服强度显著提高，而塑性、冲击韧性、冷弯性能、可焊性显著降低。特别是在低温下冲击韧性下降更为明显，常把这种现象称为冷脆性。

6. 氮

氮对碳钢的影响，与磷相似，可使强度提高，塑性、韧性显著降低。

7. 硫

硫是钢中的有害元素，是炼钢时由矿石与燃料带到钢中的杂质。硫以 FeS 存在，在 950℃时 S 与 Fe 形成共晶，硫化物造成的低熔点，使钢材在焊接加热到 1000℃以上时，由于共晶体已经熔化，导致钢材产生裂缝，即钢材的热脆性。因此，硫能显著降低钢材的可焊性。

8. 氧

氧是钢中的有害元素。氧是炼钢氧化过程而存在钢中的。氧大部分以 FeO 等氧化物存在。氧会降低钢的塑性、韧性、冷弯性能和可焊性，显著降低钢的疲劳强度，会造成钢材的热脆性。

第三节 常用建筑钢材

一、常用建筑钢材的技术要求

1. 良好的综合力学性能

建筑钢材在建筑工程中得到广泛使用，如混凝土及预应力混凝土结构中，特别是大中桥梁。因此，要求建筑钢材应具有较高的屈服点与抗拉强度，并有良好的塑性、冷弯、冲击韧性和疲劳强度以及低温（-40℃）的冲击韧性。

2. 良好的焊接性

为保证钢结构的焊接质量，要求钢材具有良好的可焊性，亦即焊接的连接部分的强度与韧性应不低于原钢材的性能。

3. 良好的耐久性

要求建筑用钢材具有良好的抵抗周围各种因素对其作用的耐久性能。

二、常用建筑钢材

（一）钢筋混凝土用钢材

钢筋混凝土用钢筋，是由碳素结构钢和低合金高强度结构钢加工而成的。主要有热轧光圆钢筋、热轧带肋钢筋、冷轧带肋钢筋、冷拉钢丝、碳素钢丝、刻痕钢丝及钢绞线等。

1. 热轧钢筋

热轧钢筋是钢筋混凝土用普通钢筋的主要品种。按外形可分为热轧光圆钢筋和热轧带肋钢筋。与光圆钢筋相比带肋钢筋与混凝土之间的握裹力大，共同工作的性能较好。

根据《钢筋混凝土用钢第 1 部分：热轧光圆钢筋》（GB 1499.1—2008）规定，热轧光圆钢筋牌号由 HPB 和屈服强度特征值构成，HPB 是热轧光圆钢筋的英文缩写，其中 H、P、B 分别为热轧（Hot rolled）、光圆（Plain）、钢筋（Bars）的英文首母，只有 HPB300 一个牌号。

根据《钢筋混凝土用钢热轧带肋钢筋》（GB 1499.2—2007）规定，热轧带肋钢筋分普通热轧钢筋和细晶粒热轧钢筋。普通热轧钢筋是指按热轧状态交货的钢筋。细晶粒热轧钢筋是指在热轧过程中，通过控轧和控冷工艺形成的细晶粒钢筋。普通热轧钢筋牌号由 HRB 和屈服强度特征值构成，HRB 是热轧带肋钢筋的英文缩写，其中 H、R、B 分别为热轧（Hot rolled）、R 为带肋（Ribbed）、钢筋（Bars）的英文首母，分为 HRB335、HRB400、HRB500；细晶粒热轧钢筋牌号由 HRBF 和屈服强度特征值构成，HRBF 在热轧带肋钢筋的英文缩写后加"细"的（Fine）的英文首母，分为 HRBF335、HRBF400、HRBF500。热轧光圆钢筋、热轧带肋钢筋的力学性能指标见表 5 - 3 - 1。

表 5 - 3 - 1　　　　　　　　　　　钢筋混凝土用热轧钢筋的性能指标

表面形状	牌号	公称直径（mm）	屈服强度 R_{el}（MPa）	抗拉强度 R_m（MPa）	伸长率（%）	最大力总伸长率（%）	冷弯试验	
			不小于				弯芯直径	弯曲角度
热轧光圆	HPB300	6～22	300	420	25	10	d	180°
热扎带肋	HRB335 HRBF335	6～25	335	455	17		3d	180°
		28～40					4d	
		>40～50					5d	
	HRB400 HRBF400	6～25	400	540	16	7.5	4d	180°
		28～40					5d	
		>40～50					6d	
	HRB500 HRBF500	6～25	500	630	15		6d	180°
		28～40					7d	
		>40～50					8d	

注　d 为钢筋直径。

HPB300 级钢筋具有塑性好、伸长率高、便于弯折成形等特点，可用作钢筋混凝土结构的受力钢筋或箍筋。

钢筋表面质量要求：不得有肉眼可见的裂纹、结疤、折叠；允许有凸块，但不得超过横肋的高度；允许有不影响使用的缺陷；不得沾有油污。

2. 冷轧带肋钢筋

冷轧带肋钢筋是指热轧圆盘条经冷轧后，在其表面带有沿长度方向均匀分布的二面或三面横肋的钢筋。《冷轧带肋钢筋》（GB 13788—2008）规定，冷轧带肋钢筋牌号由 CRB 和钢筋的抗拉强度最小值构成，C、R、B 分别为冷轧（Cold rolled）、带肋（Ribbed）、钢筋（Bar）的英文首母，分为 CRB550、CRB650、CRB800、CRB970 四个牌号。CRB650、CRB800、CRB970 钢筋应力松弛初始应力应相当于公称抗拉强度的 70%，1000h 松弛率不大于8%（见表5-3-2）。

表5-3-2　　　　　　　　　冷轧带肋钢筋力学性能和工艺性能

牌号	公称直径（mm）	屈服强度 $R_{P0.2}$（MPa）	抗拉强度 R_m（MPa）	断后伸长率（%）	最大力总伸长率（%）	冷弯试验弯曲180°	反复弯曲
		不小于				弯芯直径	
CRB550	4~12	500	550	8.0	—	$D=3d$	—
CRB650		585	650	—	4.0	—	3次
CRB800	4，5，6	720	800	—	4.0	—	3次
CRB970		875	970	—	4.0	—	3次

注　表中 D 为弯心直径，d 为钢筋公称直径；表中钢筋的强屈比 R_m/R 比值应不小于1.03。

冷轧带肋钢筋与冷拔低碳钢丝相比，具有强度高、塑性好、质量稳定、与混凝土黏结牢固等优点。它广泛用于高速公路、桥梁、机场跑道、高层建筑的多孔楼板、现浇楼板、水泥电杆、输水管、铁路轨枕、水电站坝基等工程。CRB550宜用作普通钢筋混凝土结构，其他牌号宜用在预应力混凝土结构中。

（二）预应力混凝土用钢丝和钢绞线

1. 预应力混凝土用钢丝

预应力混凝土用钢丝是用优质碳素结构钢制成，经冷拉或冷拉后消除应力处理制成。根据《预应力混凝土用钢丝》（GB/T 5223—2002）规定，按外形分为光圆钢丝（代号为P）、螺旋肋钢丝（代号为H）、刻痕钢丝（代号为I）；按加工状态分为冷拉钢丝（代号为WCD）和消除应力钢丝。消除应力钢丝按松弛性能又分为低松弛级钢丝（代号为WLR）和普通松弛级钢丝（代号为WNR）。

冷拉钢丝的力学性能应符合表5-3-3规定。消除应力的光圆、螺旋肋、刻痕钢丝的力学性能应符合表5-3-4规定。

表5-3-3　　　　　　　　　冷拉钢丝的力学性能

公称直径（mm）	抗拉强度 σ_b（MPa）⩾	规定非比例伸长应力 $\sigma_{P0.2}$（MPa）⩾	最大力下总伸长率（$L_0=200mm$）δ_{gt}（%）⩾	弯曲次数（次/180°）⩾	弯曲半径 R（mm）	断面收缩率 ψ（%）⩾	每210mm扭矩的扭转次数 n⩾	初始应力相当于70%公称抗拉强度时，1000h后应力松弛率 r（%）⩽
3.00	1470	1100		4	7.5		—	—
4.00	1570	1180		4	10		8	
5.00	1670	1250	1.5	4	15	35	8	8
	1770	1330						
6.00	1470	1100		5	15		7	
7.00	1570	1180		5	20		6	
8.00	1670	1250		5	20	30		
	1770	1330					5	

表 5-3-4　　　　　消除应力光圆、螺旋肋、刻痕钢丝的力学性能

钢丝名称	公称直径 (mm)	抗拉强度 σ_b (MPa) ≥	规定非比例伸长应力 $\sigma_{P0.2}$ (MPa) ≥		最大力下总伸长率 ($L_0=200mm$) δ_g (%) ≥	弯曲次数 (次/180°) ≥	弯曲半径 R (mm)	应力松弛性能		
								初始应力相当于公称抗拉强度的百分率 (%)	1000h 后应力松弛率 r (%) ≤	
			WLR	WNR					WLR	WNR
									对所有规格	
消除应力光圆及螺旋肋钢丝	4.00	1470	1290	1250		3	10			
		1570	1380	1330						
	4.80	1670	1470	1410		4	15			
		1770	1560	1500		4	15			
	5.00	1860	1640	1580		4	15			
	6.00	1470	1290	1250		4	15	60	1.0	4.5
	6.25	1570	1380	1330	3.5	4	20	70	2.0	8.0
		1670	1470	1410		4	20	80	4.5	12.0
	7.00	1770	1560	1500		4	20			
	8.00	1470	1290	1250		4	20			
	9.00	1570	1380	1330		4	25			
	10.00	1470	1290	1250		4	25			
	12.00					4	30			
消徐应力刻痕钢丝	≤5.0	1470	1290	1250						
		1570	1380	1330				60	1.5	4.5
		1670	1470	1410		3	15	70	2.5	8.0
		1770	1560	1500	3.5			80	4.5	12.0
		1860	1640	1580						
	>5.0	1470	1290	1250						
		1570	1380	1330		3	20			
		1670	1470	1410						
		1770	1560	1500						

预应力混凝土用钢丝的标记应包含：预应力钢丝、公称直径、抗拉强度等级、加工状态代号、外形代号、标准号。如直径为 4.00mm，抗拉强度为 1670MPa 冷拉光圆钢丝，其标记为：预应力钢丝 4.00-1670-WCD-P-GB/T 5223—2002。

大型预应力混凝土构件，由于受力很大，常采用预应力高强度钢丝作为主要受力钢筋。消除应力钢丝的塑性比冷拉钢丝好；刻痕钢丝和螺旋肋钢丝与混凝土的黏结力好。预应力混凝土用钢丝强度高、柔韧性好、抗腐蚀性强、质量稳定、安全可靠、无接头、施工方便，主要用于大跨度的屋架、薄腹架、大跨度吊车梁、桥梁等预应力混凝土结构，还可用于轨枕、压力管道等预应力混凝土构件。

2. 预应力混凝土用钢绞线

预应力混凝土用钢绞线是由数根优质碳素钢丝捻制而成。用七根钢丝捻制的钢绞线预应力混凝土用得最多。

钢绞线按结构分为 5 类，其代号为：

用两根钢丝捻制的钢绞线 1×2；

用三根钢丝捻制的钢绞线 1×3；

用三根刻痕钢丝捻制的钢绞线 1×3 I；

用七根钢丝捻制的标准型钢绞线 1×7；

用七根钢丝捻制又经模拔的钢绞线（1×7）C；如图 5-3-1 所示。

产品标记应包含：预应力钢绞线，结构代号，公称直径，强度级别，标准号。如：公称直径为 15.20mm，强度级为 1860MPa 的七根钢丝捻制的标准型钢绞线，其标记为：预应力钢绞线 1×7-15.20-1 860-GB/T 5225—2003。

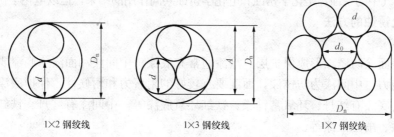

图 5-3-1　预应力钢绞线截面图

D_n—钢绞线直径（mm）；d_0—外层钢丝直径（mm）；

A—（1×3）结构钢绞线测量尺寸（mm）

预应力混凝土用钢绞线的技术要求详见《预应力混凝土用钢绞线》（GB/T 5224—2003）。

预应力混凝土用钢绞线强度高、柔韧性好、抗腐蚀性强、质量稳定、安全可靠、无接头、施工方便、与混凝土的黏结力好等优点，使用时可按要求的长度切断。主要用于大跨度、大负荷、桥梁和曲线配筋的预应力钢筋混凝土结构。

第四节　钢材的锈蚀与防护

一、钢材的锈蚀

钢材的锈蚀是指钢材的表面与周围介质发生化学或电化学作用而引起破坏的现象。锈蚀后产生锈坑，使钢材受力面积减小，承载力下降，不仅浪费钢材，而且会造成应力集中，在反复荷载作用下，使疲劳强度降低，加速结构破坏。

钢材锈蚀的影响因素主要与钢材的材质、表面状况、环境的湿度、侵蚀性介质的性质及数量和含尘量等有关。

钢材的锈蚀可分为化学锈蚀和电化学锈蚀。

1. 化学锈蚀

化学锈蚀是指钢材与周围介质（如 O_2、CO_2、SO_2、H_2O 等）发生化学反应产生的锈蚀。多数是氧化作用，在钢材的表面形成疏松的氧化物。常温下，钢材表面会形成一薄层氧化物保护膜，主要成分为 FeO，一般情况下，化学锈蚀是将 FeO 氧化成黑色的 Fe_3O_4。这种锈蚀在干燥环境中进行很慢，但在温度或湿度较大时，锈蚀加快。

2. 电化学锈蚀

电化学锈蚀是指钢材与电解质溶液接触形成原电池而产生的锈蚀。钢材中含有铁、碳等多种成分，由于这些成分的电极电位不同，当有电解质溶液存在时，会在钢材表面形成许多微小的原电池。铁易失去电子，使碳与铁在电解质中形成原电池的阴阳两极，阳极的铁失去电子成为 Fe^{2+} 离子进入溶液，在阴极附近，由于溶液中溶解有氧气，被还原成 OH^- 离子，Fe^{2+} 与 OH^- 结合生成 $Fe(OH)_2$，$Fe(OH)_2$ 易被氧化成疏松且易剥落的红棕色铁锈 $Fe(OH)_3$。大气中的 CO_2 溶于水中则成为电解质溶液，会加速钢材的电化学锈蚀。

钢材含碳等杂质越多，钢材的表面不平，或与酸、碱和盐接触都会使腐蚀加快。钢材锈蚀时体积膨胀，使钢筋混凝土周围的混凝土胀裂。

钢材在大气中的锈蚀，是化学锈蚀和电化学锈蚀共同作用的结果，但以电化学锈蚀为主。

二、防止锈蚀的方法

1. 表面刷漆

在钢材表面涂防锈漆形成保护层。涂漆通常有底漆、中间漆和面漆。底漆要有较好的附着力和防锈能力，中间漆为防锈漆，面漆要有较好的附着力和耐候性，保护底漆不受损伤或侵蚀。常用的底漆有红丹、环氧富锌漆、铁红环氧底漆等，中间漆有红丹、铁红，面漆有灰铅油、醇酸漆、酚醛磁漆等。

2. 覆盖金属

用耐腐蚀强的金属，以电镀或喷镀方法覆盖在钢材的表面。如镀锡、镀锌、镀铬等。

3. 采用耐候钢

在钢中加入能提高抗锈蚀能力的元素，如铜、铬、镍等制成耐腐蚀性较强的耐候钢，但这种方法成本很高。

4. 阴极保护法

在水下的钢结构，接上锌、镁等比钢材更活泼的金属形成原电池，这些活泼的金属作为阳极而遭到腐蚀，而钢结构作为阴极得到保护。

将废钢铁或难熔金属放在钢材附近，外接直流电，负极接在要保护的钢材上，正极接在废钢铁上，作为废钢铁的阳极被腐蚀，钢结构作为阴极得到保护。

复 习 思 考 题

1. 钢材如何分类？
2. 评价钢材强度和塑性的主要指标是什么？
3. 什么叫屈强比？它在工程中有何意义？
4. 什么是钢材的冷弯性能？它的表示方法及实际意义？
5. 什么叫钢筋的冷加工和时效？经冷加工和时效处理后钢筋的性能有何变化？什么叫自然时效和人工时效？
6. 钢材的化学成分对其性能有何影响？
7. 常用建筑钢材主要有哪些？
8. 热轧光圆钢筋、热轧带肋钢筋和冷轧带肋钢筋有哪几个牌号？其表示的含义是什么？
9. 何谓钢材的锈蚀？何谓钢材的化学锈蚀和电化学锈蚀？如何防锈？

第六章　砌体材料

 **基本要求**

了解岩石的定义、分类和应用，掌握其技术性质；了解烧结普通砖的定义、技术要求、特点和应用；了解烧结多孔砖、多孔砌块和烧结空心砖、蒸养砖、蒸压砖的定义、特点及其应用；熟悉砌筑砂浆的定义、材料要求和配合比设计方法，掌握砌筑砂浆的技术性质；了解其他砂浆和其他砌体材料。

重　点

岩石的技术性质，砌筑砂浆的技术性质。

第一节　岩　石

一、岩石的定义、分类

（一）岩石的定义

在各种地质作用下，按一定方式结合而成的矿物集合体，是构成地壳及地幔的主要物质。

（二）岩石的分类

岩石按地质成因可分为岩浆岩、沉积岩、变质岩三大类。

地壳表面以沉积岩为主，沉积岩约占地表面积的 75%，洋底几乎全部为沉积物所覆盖。地壳深处和上地幔的上部主要由岩浆岩和变质岩组成。从地表向下 16 公里范围内岩浆岩和变质岩的体积占 95%。

```
          ┌                ┌ 大块的——玄武岩、安山岩
          │        喷出岩 ┤ 散粒的——火山灰、火山砂、浮石
          │                └ 胶结的——火山凝灰岩
      岩浆岩（火成岩）┤
          │        侵入岩  深成岩——花岗岩、正长岩、闪长岩、辉长岩
          │  ┌ 机械沉积岩  砂岩、砾岩、角砾岩
  岩石 ┤沉积岩┤ 化学沉积岩  石膏、白云岩、菱镁矿
          │  └ 生物沉积岩  石灰岩、硅藻土
          │      ┌ 岩浆岩变质岩  片麻岩
          └ 变质岩┤
                  └ 沉积岩变质岩  石英岩　大理岩
```

1. 岩浆岩

岩浆岩（也称火成岩）是由岩浆活动（在地表或地下冷凝）所形成的岩石。地壳发生变

动或覆盖在它上面的岩层出现裂缝时，岩浆会在高压下沿着地壳的裂缝上升，喷出地壳或侵入地壳上部，冷却凝固后而形成的岩石。岩浆岩分为两类：

（1）喷出岩。

岩浆从火山口喷出地表迅速冷却凝固形成的岩石称为喷出岩。

喷出岩由于冷却较快，大部分结晶不完全。岩浆中所含气体在压力骤减时会在岩石中形成多孔构造。建筑中用到的喷出岩有玄武岩、安山岩等。

当岩浆被喷到空中急速冷却形成火山碎屑岩。如火山灰、火山砂、浮石等，前两者可作为混合材料，浮石可作轻混凝土骨料。

火山灰、火山砂经覆盖层压力作用胶结而成火山凝灰岩，多孔轻质，易于加工。可作保温建筑的墙体材料，磨细后也可作为水泥的混合材料。

（2）侵入岩。

岩浆从地球深处沿地壳裂缝处缓慢侵入而不喷出地表形成的岩石称为侵入岩。

岩浆在地表深处岩浆源附近凝结而成的岩浆岩称为深成岩。其特点是结晶完全、晶粒明显可辨、构造致密、表观密度大、抗压强度高、孔隙率和吸水率小、抗冻性、耐久性好。

花岗岩是常用的一种深成岩。其矿物呈酸性，由于次要矿物成分含量的不同呈灰白色、黄色或浅红色等。表观密度大，为 $2600\sim2800kg/m^3$，抗压强度高，可达 $120\sim250MPa$，孔隙率和吸水率小（$0.1\%\sim0.7\%$），抗冻及耐磨性好，耐久性好。由于花岗岩中所含石英在 $573℃$ 时会发生晶型转变，所以耐火性差，遇高温时将因不均匀膨胀而崩裂。

深成岩还包括正长岩、闪长岩、辉长岩，可用于建筑石材。

2. 沉积岩

沉积岩（也称水成岩）是岩石经水、风化或冰川的搬运，在地表沉积和固结形成的岩石。

沉积岩最显著的特征是层层叠叠的结构。由于物质是一层一层沉积下来的，其构造是层状的，称为层理。

沉积岩的特性是密度小，强度较低，孔隙率和吸水率大，耐久性较差。但它分布广，易加工，工程上应用很广。常用的有石灰岩、页岩、砂岩、砾岩、石膏、白垩、硅藻土等，散粒状的有黏土、砂、卵石等。

沉积岩分为三类：

（1）机械沉积岩。机械沉积岩是岩石风化破碎后又经风、雨、河流及冰川等，搬运、沉积、重新压实或胶结而成的岩石。主要有砂岩、砾岩、角砾岩和页岩等。

砂岩是由砂粒经胶结而成。胶结物质有硅质、石灰质、铁质和黏土质。致密的硅质砂岩性能接近于花岗岩，表观密度达 $2600kg/m^3$；抗压强度可达 $250MPa$。石灰质砂岩性能类似于石灰岩，抗压强度为 $60\sim80MPa$，加工比较容易；铁质砂岩性能较石灰质砂岩差，可用于一般建筑；黏土质砂岩强度不高，耐水性也差，建筑中一般不用。

砾岩和角砾岩的构成和性能与砂岩相似。

页岩由黏土沉积而成，呈页片状，强度低、耐水性差，不能直接用作建筑材料。页岩可代替黏土烧砖或烧制页岩陶粒。

（2）化学沉积岩。化学沉积岩是岩石中的矿物溶于水后，经富集、沉积而成的岩石。如石膏、白云岩、菱镁矿等。

石膏的化学成分为 $CaSO_4 \cdot 2H_2O$，是烧制建筑石膏和生产水泥的原料。

白云岩的主要成分是白云石 $CaCO_3 \cdot MgCO_3$，其性能接近于石灰岩。

菱镁矿的化学成分为 $MgCO_3$，是生产耐火材料的原料。

（3）生物沉积岩。生物沉积岩是海生动植物的遗骸，经分解、分选、沉积而成的岩石。如石灰岩、硅藻土等。

石灰岩的主要成分为方解石（$CaCO_3$），常含有白云石、菱镁矿、石英、蛋白石、含铁矿物和黏土等。石灰岩一般为灰白色、因含杂质而呈浅灰、深灰、浅黄、淡红色等。表观密度为 $2000\sim2600kg/m^3$，抗压强度为 $20\sim120MPa$。大部分石灰岩构造致密，耐水性和抗冻性较好。石灰岩分布广，易于开采加工。

硅藻土是由硅藻的细胞壁沉积而成。富含无定形 SiO_2、浅黄色或浅灰色、质软而轻、多孔、易磨成粉末，有极强的吸水性。是热、声和电的不良导体，可用作轻质、绝缘、隔音的建筑材料。

3. 变质岩

变质岩是地壳中原有的岩石在地质运动过程中受到高温、高压的作用，发生矿物成分、结构构造和化学成分变化形成的岩石。常用的变质岩有大理岩、蛇纹岩、石英岩、片麻岩、板岩等。

大理岩也称大理石，是由石灰岩、白云岩经变质而成的具有细晶结构的致密岩石。在我国分布广泛，以云南大理岩最负盛名。大理岩表观密度为 $2600\sim2700kg/m^3$，抗压强度较高，达 $100\sim300MPa$，质地密实但硬度不高，易于加工，可用于石雕或磨光成镜面。纯大理岩为白色，如汉白玉，若含有杂质呈灰色、黄色、玫瑰色、粉红色、红色、绿色、黑色等多种色彩和花纹，是高级建筑材料和装饰材料。因其不耐酸，所以不宜用在室外或有酸腐蚀的场合。

石英岩由酸性砂岩变质而成，质地均匀致密，硬度大，抗压强度高达 $250\sim400MPa$，加工困难，但耐久性好。石英岩板可用作重要建筑的饰面材料或地面、踏步、耐酸衬板等。其碎块可用于道路面层及混凝土骨料。

片麻岩由花岗岩等火成岩变质而成。其矿物成分与花岗石相近，具有片状构造。因而，各个方向的物理力学性质不同，在垂直于片理方向抗压强度为 $120\sim200MPa$，沿片理方向易于开采加工。吸水性大，抗冻性差。通常加工成毛石或碎石，用于不重要的工程。

（三）岩石的组成

构成岩石的主要矿物称为造岩矿物。岩石是由一种或多种造岩矿物组成，矿物在地壳中受各种不同地质作用，所形成的具有一定化学成分和结构特征的天然化合物或单质。

由单一矿物组成的岩石叫单矿岩。如石灰岩主要是由方解石（结晶 $CaCO_3$）组成。由两种以上矿物组成的岩石叫多矿岩。如花岗岩是由长石（铝硅酸盐 $KAlSi_3O_8$）、石英（结晶 SiO_2，其中无色透明者称为水晶）、云母（钾、镁、锂、铝等的铝硅酸盐）等矿物组成。

常用岩石的造岩矿物：

石英。是二氧化硅（SiO_2）晶体的总称。非常坚硬、强度高，化学稳定性及耐久性好。但受热（573℃）时，因晶型转变会产生裂缝，甚至松散。

长石。是长石族矿物的总称，包括正长石、斜长石等，为钾、钠、钙等的铝酸盐晶体。坚硬、强度高、耐久性好。

云母。是云母族矿物的总称，为片状的含水复杂硅铝酸盐晶体。易裂成薄片，玻璃光泽，耐久性差。云母的主要种类为白云母和黑云母，后者易风化，为岩石中的有害矿物。

角闪石、辉石、橄榄石。它们为铁、镁、钙等硅酸盐晶体。强度高、韧性好、耐久性好。

方解石。为碳酸钙晶体（$CaCO_3$），强度较高，耐久性次于上述矿物，遇酸后分解，微溶于水，易溶于二氧化碳的水中。

白云石。为碳酸钙与碳酸镁的复盐晶体（$CaCO_3 MgCO_3$）。强度、耐酸腐蚀性及耐久性略高于方解石，遇酸分解。

黄铁矿。为二硫化铁（FeS_2）晶体。耐久性差，遇水和氧生成游离硫酸，污染并破坏岩石，且体积膨胀，并产生铁锈。为岩石中的有害矿物。

二、岩石的技术性质

（一）物理性质

1. 物理常数

在路桥工程用岩石中，最常用的物理常数主要是密度（又称真实密度）、毛体积密度和孔隙率，它们的含义与第一章第二节叙述的材料各种密度基本相同。岩石密度可采用密度瓶法测定，毛体积密度可采用量积法、水中称量法和封蜡法测定。

岩石的物理常数不仅在一定程度上反映岩石的内部组成结构，而且能预测岩石的有关物理性质和力学性质。例如相同矿物组成的岩石，通常情况下毛体积密度越大，孔隙率越小，吸水率越低，其抗压强度越高，耐久性越好。

2. 吸水性

吸水性是岩石在规定条件下吸水的能力。采用吸水率和饱和吸水率来表征，它们直接影响岩石的抗冻性。

（1）吸水率。在规定条件（室温 20℃±2℃、大气压）下，岩石试样最大的吸水质量与烘干岩石试件质量之比。计算方法与第一章第二节所述的质量吸水率相同。

（2）饱和吸水率。在强制条件（沸煮法或真空法饱和试件）下，岩石试样最大的吸水质量与烘干岩石试件质量之比。计算方法与吸水率相似。

吸水率是在室温 20℃±2℃、大气压的条件下测定，而饱和吸水率是岩石在真空的条件下测定，开口孔隙的空气被排出，当恢复常压时，水分几乎充满开口孔隙的全部体积。所以，同一种岩石饱水率大于吸水率。当两者非常接近时，说明岩石易吸水，抗冻性差，抗压强度低，两者的差值越大越好。

岩浆深成岩以及许多变质岩的吸水率都很小，如花岗岩的吸水率通常小于 0.5%。沉积岩由于形成条件、密实程度与胶结情况有所不同，导致吸水率的波动很大。

（二）力学性质

岩石单轴抗压强度是将岩石制成标准试件（建筑地基用岩石制成直径为 50mm±2mm、高 100mm 的圆柱体试件；桥梁工程用岩石制成边长为 70mm±2mm 的立方体试件；路面工程用岩石制成直径和高均为 50mm±2mm 圆柱体或边长为 50mm±2mm 的立方体试件），经吸水饱和后，单轴受压并按规定的加载条件下，达到极限破坏时单位受压面积的荷载。

岩石单轴抗压强度主要用于岩石的强度分级和岩性描述。其影响因素有岩石的矿物组成、结构构造及含水状态等；试验条件（如试件形状、大小、加荷速率等）。

含水状态对岩石强度的影响用软化系数表示。软化系数在第一章第二节中已经叙述。岩石中亲水性和可溶性矿物含量越多，空隙越发育，强度降低越明显，软化系数较小，其耐水性较差。

（三）耐久性

岩石在道路和桥梁结构物中长期受到各种自然因素的作用，力学强度逐渐降低。导致强度降低的因素，首先是冻融作用，其次是温度的升降。在大多数地区，前者占主导地位。因此，对道路与桥梁用岩石，必须测定其抗冻性。

岩石的抗冻性是指岩石试样在吸水饱和状态下，抵抗反复冻结和融化的性能。抗冻性试验是试件饱水经多次冻融循环后，采用质量损失率和冻融系数来表示抗冻性，并观察剥落、裂缝和边角损坏等情况。质量损失率是冻融试验前后干试件的质量差与冻融试验前干试件质量的比值（％）。冻融系数是冻融试验后的试件饱水抗压强度与冻融试验前的试件饱水抗压强度的比值。

岩石中大开口孔隙越多，亲水性和可溶性矿物越高时，抗冻性越低；反之，越高。

质量损失率小于 2％，冻融系数大于 0.75，岩石的抗冻性好；吸水率小于 0.5％，软化系数大于 0.75，岩石具有足够的抗冻能力。对于一般公路工程，根据上述标准来确定是否进行抗冻性试验。

坚固性试验是确定岩石试样经饱和硫酸钠溶液反复浸烘 5 次后而不发生显著破坏或强度降低的性能，是测定岩石抗冻性的一种简易方法。

三、岩石的技术标准

1. 公路工程石料的技术分级

按公路工程对各种不同矿物组成的岩石的不同技术要求，可将自然界的岩石划分为四大类：

Ⅰ、岩浆岩类：花岗岩、正长岩、辉长岩、辉绿岩、闪长岩、橄榄岩、玄武岩、安山岩、流纹岩等；

Ⅱ、石灰岩类：石灰岩、白云岩、泥灰岩、凝灰岩等；

Ⅲ、砂岩和片岩类：石英岩、砂岩、片麻岩、花岗片麻岩等；

Ⅳ、砾石类。

按路用岩石标准，各类岩石又按其饱水状态的抗压强度和磨耗率各分为 4 个等级：

1 级——最坚强的岩石；

2 级——坚强的岩石；

3 级——中等强度的岩石；

4 级——较软的岩石。

2. 公路工程岩石的技术标准

路用岩石的技术标准见表 6-1-1。在公路工程中，可根据工程结构特点、有关技术要求、用途以及当地石料资源，选用合适的石料。

四、岩石的工程应用

岩石是最古老的建筑材料之一。由于它具有抗压强度高，耐磨性和耐久性好，加工后表面美观富于装饰性，资源分布广，蕴藏量丰富，便于就地取材，所以得到广泛的应用。

表 6-1-1　　　　　　　　公路工程岩石技术标准（JTJ 054—94）

岩石类别	主要岩石名称	石料等级	技术标准		
			饱水极限抗压强度（MPa）	磨耗率洛杉矶试验法（%）	磨耗率狄法尔试验法（%）
岩浆岩类	花岗岩、正长岩、辉长岩、辉绿岩、闪长岩、橄榄岩、玄武岩、安山岩、流纹岩	1	>120	<25	<4
		2	100~120	25~30	4~5
		3	80~100	30~45	5~7
		4	—	45~60	7~10
石灰岩类	石灰岩、白云岩、泥灰岩、凝灰岩等	1	>100	<30	<5
		2	80~100	30~35	5~6
		3	60~80	35~50	6~12
		4	30~60	50~60	12~20
砂岩与片麻岩类	石英岩、砂岩、片麻岩、花岗片麻岩等	1	>100	<30	<5
		2	80~100	30~35	5~7
		3	50~80	35~45	7~10
		4	30~50	45~60	10~15
砾石类	—	1		<20	<5
		2		20~30	5~7
		3		30~50	7~12
		4		50~60	12~20
试验方法			JTJ 054 T 0212—1994	JTJ 054 T 0220—1994	JTJ 054 T 0221—2005

　　岩石可用作混凝土和砂浆等的骨料；或用作生产其他建筑材料的原料，如生产石灰、建筑石膏、水泥等。

　　道路路面建筑用岩石制品，包括直接铺砌路面用的锥形块石、拳石、条石、方块石等。

　　（1）锥形块石。具有平底面而形似角锥、上小下大的岩石称为锥形块石。底面积不小于 100cm²，顶部尺寸不限，但不能为尖形，不得呈斜锥形。主要用于铺砌道路路面底基层。

　　（2）铺砌拳石。拳石形状近似棱柱体，顶面呈四边形或多边形。顶面与底面应平行，底面不得呈尖楔状，底面投影应在顶面轮廓之内，侧边不得有尖锐突出，以免妨碍铺砌时相互挤紧。主要用于道路路面铺砌以及桥涵及其他加固工程的铺砌如图 6-1-1 所示。

　　（3）高级铺砌用条石。形似六面体且具有长方形外形的岩石，上下面应平行，表面平整。用于铺砌高级道路的路面面层，特别是重型交通、履带车等道路如图 6-1-2 所示。

　　（4）高级铺砌用方块石。形状近似于正立方体。上下两面应平行，底面积应不小于顶面积的 3/4。顶面不应有显著的突出与凹陷。用于铺砌高级路面及交叉口、桥头和广场等地。

　　目前常用的有：用锥形块石砌筑边沟，用条石砌筑排水沟，用方块石砌筑挡墙，用条石砌筑路缘石。

图 6-1-1　拳石铺砌的路面

图 6-1-2　条石砌筑路缘石——阜朝高速公路

第二节　砖

一、砖的定义及分类

砖是砌筑用的人造小型块材，外形多为直角六面体，其长度不超过 365mm，宽度不超过 240mm，高度不超过 115mm。

砖按用途分为承重砖和非承重砖；按原材料分为黏土砖、粉煤灰砖、煤矸石砖、页岩砖等；按外形分为实心砖、多孔砖和空心砖；按生产工艺分为烧结砖（温度在 1000℃左右）和非烧结砖（温度在 180℃左右）。

二、烧结砖

（一）烧结普通砖

1. 定义及分类

烧结普通砖是以黏土、页岩、粉煤灰、煤矸石为主要原料，经焙烧而成的块体材料。

按原材料分为烧结黏土砖、烧结粉煤灰砖、烧结煤矸石砖、烧结页岩砖等。

2. 生产

烧结黏土砖是经原料开采、泥料制备、制坯、干燥、焙烧等工艺过程生产而成的。其中，焙烧是制砖最重要的环节，应控制焙烧温度和时间，避免出现欠火砖和过火砖。

黏土坯在焙烧过程中发生一系列物理、化学变化，在 900～1000℃时，已分解的黏土矿物间发生化合反应，生成结晶硅酸盐矿物。熔融物流入不溶的黏土颗粒之间的空隙中，并将其黏结形成多孔的块体材料。

欠火砖是由于焙烧温度过低或时间过短造成的，其孔隙率大，吸水率大，强度低，耐久性差，色浅、敲击声沙哑。

过火砖则是由于焙烧温度过高或时间过长，造成砖体产生软化变形，外形尺寸极不规整，色深，敲击声清脆。

砖的焙烧温度，因原料不同而异，黏土砖为 950℃左右，页岩砖、粉煤灰砖为 1050℃左右，煤矸石砖为 1100℃左右。

砖坯在氧化气氛中焙烧出窑，可制得红砖，红色是黏土矿物中的铁被氧化为高价氧化铁

（Fe$_2$O$_3$）所致。若砖坯在氧化气氛中烧成后，再经浇水闷窑，使窑内形成还原气氛，高价氧化铁（Fe$_2$O$_3$）将还原成青灰色的低价氧化铁（FeO），然后冷却 300℃ 以下时出窑，即可制得青砖。青砖一般比红砖结实、耐碱、耐久性好，但成本较高，是我国古代宫廷建筑的主要墙体材料。

3. 技术性质

根据国家标准《烧结普通砖》（GB 5101—2003）的规定，烧结普通砖的技术性质包括尺寸偏差、外观质量、强度、抗风化性能、泛霜、石灰爆裂、放射性物质。并规定产品中不允许有欠火砖、酥砖和螺纹砖（过火砖）。强度、抗风化性能和放射性物质合格的砖，根据尺寸偏差、外观质量、泛霜和石灰爆裂分为优等品（A）、一等品（B）、合格品（C）三个等级。

（1）规格、尺寸偏差和外观质量（见表 6-2-1，表 6-2-2）。

烧结实心普通砖的标准尺寸为 240mm×115mm×53mm（无孔洞或空洞率小于 15%）。在砌体中，加上灰缝 10mm，每 4 块砖长、8 块砖宽、16 块砖厚均各为 1m，1m^3 砌体需用 512 块砖。每块砖的 240mm×115mm 的面称为大面，240mm×53mm 的面称为条面，115mm×53mm 的面称为顶面。

表 6-2-1　　　　　　　　　　烧结普通砖尺寸允许偏差　　　　　　　　　　　mm

公称尺寸（mm）	优等品		一等品		合格品	
	样本平均偏差	样本极差≤	样本平均偏差	样本极差≤	样本平均偏差	样本极差≤
240	±2.0	6	±2.5	7	±3.0	8
115	±1.5	5	±2.0	6	±2.5	7
53	±1.5	4	±1.6	5	±2.0	6

注　1. 检验样品数为 20 块，按（GB/T 2542—2003）《砌墙砖试验方法》进行；
　　2. 样本平均偏差是 20 块试样同一方向 40 个测量尺寸的算数平均值减去其公称尺寸的差值，样本极差是抽检的 20 块试样中同一方向 40 个测量尺寸中最大测量值与最小测量值之差值。

外观质量需要考察两个条面之间的高度差、弯曲程度、缺棱掉角、裂纹长度等。

表 6-2-2　　　　　　　　　　烧结普通砖外观质量　　　　　　　　　　　mm

项　目		优等品	一等品	合格品
两条面高度差	不大于	2	3	4
弯曲	不大于	2	3	4
杂质凸出高度	不大于	2	3	4
缺棱掉角的三个破坏尺寸	不大于	2	20	30
裂纹长度	不大于			
（二）大面上宽度方向及其延伸到条面的长度		30	60	80
（三）大面上长度方向及其延伸到顶面的长度或条顶面上水平裂纹的长度		50	80	100

续表

项　目		优等品	一等品	合格品
完整面	不得少于	二条面和二顶面	一条面和一顶面	—
颜色		基本一致	—	—

注 1. 为装饰而施加的着色、凹凸纹、拉毛、压花等不算作缺陷;

　　2. 凡有下列缺陷之一者,不得称为完整面:

　　A. 缺损在条面或顶面上造成的破坏面尺寸同时大于 10mm×10mm;

　　B. 条面或顶面上裂纹宽度大于 1mm,其长度超过 30mm;

　　C. 压陷、粘底、焦花在条面或顶面上的凹陷或凸出超过 2mm,区域尺寸同时大于 10mm×10mm。

(2) 强度等级见表 6-2-3。烧结实心普通砖分为 MU30、MU25、MU20、MU15、MU10 等 5 个强度等级。抽取 10 块砖试样进行抗压强度试验,分别计算 10 块砖的抗压强度平均值,标准差,变异系数和强度标准值,根据计算结果确定强度等级。抗压强度按《砌墙砖试验方法》(GB/T 2542—2003) 规定的方法进行。

表 6-2-3　　　　　　　　　烧结普通砖的强度等级　　　　　　　　　MPa

强度等级	抗压强度平均值≥	变异系数≤0.21	变异系数>0.21
		强度标准值≥	单块最小抗压强度值≥
MU30	30.0	22.0	25.0
MU25	25.0	18.0	22.0
MU20	20.0	14.0	16.0
MU15	15.0	10.0	12.0
MU10	10.0	6.5	7.5

$$\overline{f} = \sum_1^{10} fi \tag{6-2-1}$$

$$s = \sqrt{\frac{1}{9} \sum_{i=1}^{10} (fi - \overline{f})^2} \tag{6-2-2}$$

$$\delta = \frac{s}{\overline{f}} \tag{6-2-3}$$

$$f_k = \overline{f} - 2.1s \tag{6-2-4}$$

式中　$\overline{f}$——10 块试样抗压强度平均值,MPa;

　　　fi——单块试样抗压强度测定值,MPa;

　　　s——10 块试样抗压强度标准值,MPa;

　　　δ——10 块试样抗压强度变异系数,MPa;

　　　f_k——10 块试样抗压强度标准值,MPa。

(3) 耐久性。

1) 泛霜。泛霜指黏土原料中的可溶性盐类(硫酸钠、镁盐等),随着砖内水分蒸发而在砖表面产生的盐析现象,一般呈白色粉末,常在砖的表面形成絮团状斑点。严重时会出现起粉、掉角或脱皮等现象。轻微泛霜的砖对清水墙的建筑外观产生较大影响。中等泛霜会使砖因盐析结晶而表面粉化剥落。严重泛霜则会引起砌体结构粉化破坏。国家标准规定，优等品砖不允许有泛霜，一等品砖不允许出现中等泛霜，合格品砖不允许出现严重泛霜。

2）石灰爆裂。当砖的原料中夹杂有石灰石时，会在焙烧时生成生石灰，砖吸水后生石灰消化，产生体积膨胀而导致砖出现爆裂，称为石灰爆裂。石灰爆裂轻者影响美观，重者降低砌体强度。国家标准规定，优等品砖不允许出现最大破坏尺寸大于2mm的爆裂区域。一等品砖最大破坏尺寸大于2mm，且小于10mm的爆裂区域，每组砖样不得多于15处；不允许出现最大破坏尺寸大于10mm的爆裂区域。合格品砖最大破坏尺寸大于2mm，且小于15mm的爆裂区域，每组砖样不得多于15处，其中大于10mm的不得多于7处；不允许出现最大破坏尺寸大于15mm的爆裂区域。

3）抗风化性能。抗风化性能是指在干湿变化、温度变化和冻融变化等因素作用下，材料不变质、不破坏而保持原有性能的能力。主要用砖的抗冻性、吸水率和饱和系数等指标判别。

我国按风化指数划分为严重风化区和非严重风化区。标准规定，严重风化区必须进行抗冻性试验，取5块砖样经15次冻融后，每块砖样不出现裂纹、分层、掉皮、缺棱、掉角等现象，且质量损失不大于2％为抗风化性能合格。其他地区的砖，其抗风化性能按吸水率及饱和系数来评定。满足表6-2-4规定时风化性能合格，可不做冻融试验，否则，必须进行冻融试验。饱和系数是指在常温下浸水24h后的吸水率与5h沸煮吸水率之比。

表6-2-4　　　　　　　　　烧结普通砖的抗风化性能要求

砖种类项目	严重风化区				非严重风化区			
	5h沸煮吸水率（％）≤		饱和系数≤		5h沸煮吸水率（％）≤		饱和系数≤	
	平均值	单块最大值	平均值	单块最大值	平均值	单块最大值	平均值	单块最大值
黏土砖	18	20	0.85	0.87	19	20	0.88	0.90
粉煤灰砖	21	23			23	25		
页岩砖	16	16	0.74	0.77	18	20	0.78	0.80
煤矸石砖								

注　粉煤灰掺入量（体积比）小于30％时，抗风化性能指标按黏土砖规定。

4. 黏土砖的特点和应用

烧结普通砖作为一种古老而传统的砌筑材料，原料易得、生产工艺简便、具有一定的强度、良好的耐久性、透气性和保温绝热性，价格低廉、便于施工，但吸水率较大。

黏土砖主要用作砌体材料，大量用于砌筑墙体、柱、拱、烟囱、沟道及基础等。其中，优等品可用于清水墙和墙体装饰，一等品、合格品可用于混水墙。中等泛霜的砖不能用于潮湿部位。若在砖砌体中配置钢筋，可代替钢筋混凝土柱、过梁等。黏土砖三维尺寸互为倍数，便于砌筑施工和设计。但是黏土砖的生产要破坏大量的耕地，所以实心黏土砖的使用受到限制，以粉煤灰砖、煤矸石砖的应用将越来越受到重视。

（二）烧结多孔砖、多孔砌块和烧结空心砖

1. 烧结多孔砖和多孔砌块

烧结多孔砖和烧结多孔砌块是以黏土、页岩、煤矸石、粉煤灰、淤泥（江、河、湖等淤泥）及其他固体废弃物等为主要原料，经焙烧而成。砖孔洞率不小于 28%，砌块孔洞率不小于 33%，孔的尺寸小而数量多。主要用于建筑物承重部位。

按主要原料分为黏土砖和黏土砌块（N）、页岩砖和页岩砌块（Y）、煤矸石砖和煤矸石砌块（M）、粉煤灰砖和粉煤灰砌块（F）、淤泥砖和淤泥砌块（U）、固体废弃物砖和固体废弃物砌块（G）。

国家标准《烧结多孔砖和多孔砌块》（GB 13544—2011）对烧结多孔砖和多孔砌块的技术要求有尺寸允许偏差、外观质量、密度等级、强度等级、孔型孔结构及孔洞率、泛霜、石灰爆裂和抗风化性能，并规定产品中不允许有欠火砖（砌块）和酥砖（砌块）。砖长宽高规格尺寸（mm）：290、240、190、180、140、115、90。砌块长宽高规格尺寸（mm）：490、440、390、340、290、240、190、180、140、115、90。根据抗压强度分为 MU30，MU25，MU20，MU15，MU10 5 个强度等级。砖的密度等级分为 1000、1100、1200、1300 四个等级，砌块的密度等级分为 900、1000、1100、1200 四个等级。

烧结多孔砖和多孔砌块的技术要求详见《烧结多孔砖和多孔砌块》（GB 13544—2011）。

2. 烧结空心砖

烧结空心砖（简称空心砖）是以黏土、页岩、煤矸石粉煤灰、淤泥（江、河、湖等淤泥）、建筑渣土及其他固体废弃物为主要原料，经焙烧而成。且孔洞大、数量少，主要用于建筑物非承重部位。技术要求详见《烧结空心砖和空心砌块》（GB/T 13545—2014）。

3. 特点和应用

烧结多孔砖、烧结多孔砌块和烧结空心砖具有块体较大、自重较轻、隔热保温性好等特点。其生产与烧结普通砖相比，可节约黏土 20%～30%，节约燃煤 10%～20%，且砖坯焙烧均匀，烧成率高。用于砌筑砌体时，可提高施工效率 20%～30%，节约砂浆 15%～60%，减轻自重 1/3 左右，是烧结普通砖的换代产品，属于新型墙体材料。

烧结多孔砖主要用于 6 层以下的承重墙体或高层框架结构填充墙（非承重墙），不宜用于基础墙、地面以下或室内防潮层以下的砌体。烧结空心砖的自重轻，强度较低，具有良好的绝热性能，主要用于非承重砌体结构，如框架结构的填充墙、围墙等。

三、蒸养砖、蒸压砖（非烧结砖）

1. 定义及分类

蒸养砖及蒸压砖是以石灰和硅质材料（砂、粉煤灰、炉渣、矿渣、煤矸石、页岩等）加水拌和，经成型、蒸养或蒸压而制得的砖。由于钙质材料和硅质材料在高温高压下发生化学反应，生成水化硅酸钙，使蒸养砖及蒸压砖具有要求的强度，故称硅酸盐砖。

主要产品有灰砂砖、粉煤灰砖及炉渣砖等。蒸压灰砂砖是以石灰和天然砂，经混合搅拌、陈化、轮碾、加压成型、蒸压养护制成的砖，多为浅灰色。粉煤灰砖是以粉煤灰、石灰为主要原料，掺入适量石膏和集料，经坯料制备、陈化、轮碾、加压成型、再经常压或高压蒸汽养护制成的砖，多为灰色。炉渣砖是以煤燃烧后的残渣为主要原料，掺入适量的石灰和少量石膏，加水搅拌，经陈化、轮碾、成型和蒸汽养护制成。

2. 技术要求

根据《蒸压灰砂砖》（GB 11945—1999）的规定，灰砂砖按抗压强度和抗折强度分为 MU10、MU15、MU20 和 MU25 共 4 个强度等级，并根据尺寸偏差、外观质量、强度和抗冻性分为优等品、一等品和合格品三个等级。技术要求详见《蒸压灰砂砖》（GB 11945—

1999）。

根据《粉煤灰砖》（JC 239—2001）的规定，粉煤灰砖按抗压强度和抗折强度分为MU10、MU15、MU20、MU25、MU30 共 5 个强度等级，并规定了尺寸偏差、抗冻性和外观质量的要求。技术要求详见《粉煤灰砖》（JC 239—2001）。

3. 特点及应用

蒸养砖及蒸压砖属于非烧结砖，与烧结普通黏土砖相比，原料是工业废渣，可节省土地资源，不耗费燃煤，减少环境污染，规格尺寸与烧结普通砖相同，可代替黏土砖用于工业与民用建筑的墙体和基础。但是，这些砖收缩性较大，容易开裂。

灰砂砖和粉煤灰砖都不得用于长期受热（200℃以上）、受急冷急热或有酸性介质侵蚀的建筑部位。MU25、MU20、MU15 的灰砂砖可用于基础及其他建筑；MU10 的灰砂砖仅可用于防潮层以上的建筑。用于基础或易受冻融和干湿交替作用的建筑部位时，必须使用MU15 及其以上强度等级的粉煤灰砖。

第三节　建　筑　砂　浆

一、定义、分类

建筑砂浆是由胶凝材料、细集料、掺加料和水，按适当的比例配合、拌制、硬化而成的建筑工程材料。建筑砂浆的组成中没有粗集料，常用的胶凝材料为水泥、石灰等，细集料则多采用天然砂。

建筑砂浆按用途不同分为砌筑砂浆、抹面砂浆和特种砂浆。

建筑砂浆按胶凝材料不同又分为水泥砂浆、石灰砂浆和混合砂浆。

二、砌筑砂浆

1. 定义、分类

砌筑砂浆是将砖、石或砌块等块材经砌筑成为砌体，起黏结、衬垫和传力作用的砂浆。

砌筑砂浆分为现场配制砂浆和预拌砂浆。

现场配制砂浆由水泥、细骨料和水，以及根据需要加入的石灰、活性掺和料或外加剂在现场配制的砂浆，分为水泥砂浆和水泥混合砂浆。水泥砂浆是由水泥、细集料和水配制而成的砂浆；水泥混合砂浆是由水泥、细集料、掺和料和水配制成的砂浆。

预拌砂浆（商品砂浆）是由专业生产厂生产的湿拌砂浆和干混砂浆，它的工作性、耐久性优良。

2. 材料要求

（1）砌筑砂浆所用原材料不应对人体、生物与环境造成有害的影响，并应符合现行国家标准《建筑材料放射性核素限量》GB 6566—2010）的规定。

（2）水泥宜采用通用水泥或砌筑水泥，且应符合现行国家标准《通用硅酸盐水泥》GB 175 和《砌筑水泥》GB/T 3183 的规定。水泥强度等级应根据砂浆品种及等级的要求进行选择。M15 及以下强度等级的砌筑砂浆宜选用 32.5 级的通用硅酸盐水泥或砌筑水泥；M15 以上强度等级的砌筑砂浆宜选用 42.5 级通用硅酸盐水泥。

（3）砂宜选用中砂，并应符合现行国家标准《普通混凝土用砂、石质量及检验方法标准》JGJ 52—2006 的规定，且应全部通过 4.75mm 的筛孔。

（4）砌筑砂浆用石灰膏、电石膏应符合下列规定。

1）生石灰熟化成石灰膏时，应用孔径不大于 3mm×3mm 的网过滤，熟化时间不得少于 7d；磨细生石灰的熟化时间不得少于 2d。沉淀池中储存的石灰膏，应采取防止干燥、冻结和污染的措施。严禁使用脱水硬化的石灰膏。为了保证石灰膏的质量，要求石灰膏需防止干燥、冻结、污染。脱水硬化的石灰膏不但起不到塑化作用，还会影响砂浆强度，故规定严禁使用。

2）为了保证电石膏的质量，制作电石膏的电石渣应用孔径不大于 3mm×3mm 的网过滤，检验时应加热至 70℃后至少保持 20min，并应待乙炔挥发后再使用。电石膏中乙炔含量大会对人体造成伤害，因此规定检验后才可使用。

3）消石灰粉不得直接用于砌筑砂浆中。消石灰粉是未充分熟化的石灰，颗粒太粗，起不到改善和易性的作用，还会大幅度降低砂浆强度，因此规定不得使用。磨细生石灰粉必须熟化成石灰膏才可使用。严寒地区，磨细生石灰直接加入砌筑砂浆中属冬季施工措施。

（5）石灰膏、电石膏试配时的稠度，应为 120mm±5mm。如稠度不在规定范围，可按表6-3-1进行换算。

表 6-3-1 石灰膏不同稠度的换算系数

稠度（mm）	120	110	100	90	80	70	60	50	40	30
换算系数	1.00	0.99	0.97	0.95	0.93	0.92	0.90	0.88	0.87	0.86

（6）粉煤灰、粒化高炉矿渣粉、硅灰、天然沸石粉应分别符合《用于水泥和混凝土中的粉煤灰》（GB/T 1596—2005）《用于水泥和混凝土中的粒化高炉矿渣粉》（GB/T 18046—2008）《高强高性能混凝土用矿物外加剂》（GB/T 18736—2002）和《混凝土和砂浆用天然沸石》（JG/T 3048—1998）的规定。当采用其他品种矿物掺和料时，应有充足的技术依据，并应在使用前进行试验验证。粉煤灰不宜采用Ⅲ级粉煤灰。高钙粉煤灰使用时，必须检验安定性指标是否合格，合格后方可使用。

（7）采用保水增稠材料时，应在使用前进行试验验证，并应有完整的型式检验报告。

（8）外加剂应符合国家现行有关标准的规定，引气型外加剂还应有完整的型式检验报告。

（9）当水中含有有害物质时，将会影响水泥的正常凝结，并可能对钢筋产生锈蚀作用，所以要求拌制砂浆用水应符合现行行业标准《混凝土用水标准》（JGJ 63—2006）的规定。

3. 技术性质

（1）新拌砂浆的和易性。

1）流动性。指砂浆在自重或外力作用下产生流动的性质，用稠度表示（见表6-3-2）。稠度是用稠度仪测定，稠度是将新拌砂浆装入砂浆筒中，砂浆表面低于容器口 10mm 左右，插捣 25 次，轻轻敲打 5～6 下，置于稠度仪上，使试锥与砂浆表面接触，指针对准零点，试锥锥尖由试样表面下沉，经 10s 的沉入深度（以 mm 计）。

流动性的大小取决于用水量、胶凝材料的种类和用量、细集料的种类、颗粒形状及粗糙程度和级配，掺和料及外加剂的特征和用量，搅拌时间、放置时间、环境温度、湿度等。

2）保水性。指新拌砂浆在运输和施工中保持水分和各组分不分离的能力。保水率是衡量砂浆保水性的指标，见表6-3-3。

表 6-3-2　　　　　砌筑砂浆的施工稠度（JGJ 98—2010）

砌体种类	施工稠度（mm）
烧结普通砖砌体、粉煤灰砖砌体	70～90
烧结多孔砖砌体、烧结空心砖砌体、轻集料混凝土小型空心砌块砌体、蒸压加气混凝土砌块砌体	60～80
混凝土砖砌体、普通混凝土小型空心砌块砌体，灰砂砖砌体	50～70
石砌体	30～50

表 6-3-3　砌筑砂浆的保水率（JGJ 98—2010）

砂浆种类	保水率（%）
水泥砂浆	≥80
水泥混合砂浆	≥84
预拌砂浆	≥88

砂浆的保水性差，在施工过程中就易泌水、分层、离析，使流动性变差，不易铺成均匀的砂浆层，影响胶凝材料的硬化，与底面黏结不牢，降低砌体的强度。掺用石灰膏或黏土膏的混合砂浆，具有较好的保水性。砂浆中掺入加气剂或塑化剂也能改善保水性或流动性。

影响砂浆保水性的主要因素是用水量、胶凝材料的种类和用量，砂的品种、级配、细度和用量以及有无掺和料及外加剂等。

（2）硬化后砂浆的强度。

砂浆的抗压强度是确定其强度等级的重要依据。

砂浆的抗压强度是指边长 70.7mm 的立方体试件，在温度 20℃±5℃，静置 24h±2h 后，拆模，在标准养护条件下（温度 20℃±2℃，相对湿度为 90%），养护 28d 的抗压强度平均值（单位 MPa）。

按《砌筑砂浆配合比设计规程》（JGJ 98—2010）规定，水泥砂浆及预拌砂浆的强度等级可分为 M5、M7.5、M10、M15、M20、M25、M30 7 个强度等级；水泥混合砂浆的强度等级可分为 M5、M7.5、M10、M15 4 个强度等级。

（3）黏结力。

砂浆的黏结力主要是指砂浆与基体的黏结强度的大小。它是影响砌体抗剪强度、耐久性和稳定性、建筑物的抗震能力和抗裂性的基本因素之一。通常砂浆的抗压强度越高，则黏结力越大。此外，砖石表面状态、清洁程度、湿润情况及施工养护条件也对黏结力有一定的影响。

（4）耐久性。

圬工砂浆经常受环境水的作用，应具有抗渗、抗冻、抗侵蚀等性能。提高砂浆的耐久性，主要是提高其密实度。

（5）收缩性能。

收缩性能是指砂浆因物理化学作用而产生的体积缩小现象。其形式为由于水分散失和温度升高而引起的干缩、由于内部热量的散失和温度下降而引起的冷缩、由于水泥水化而引起的减缩和由于砂粒沉降而引起的沉缩。

4. 技术条件

按《砌筑砂浆配合比设计规程》（JGJ 98—2010）的规定，砌筑砂浆需符合以下技术条件：

（1）水泥砂浆及预拌砂浆的强度等级可分为 M5、M7.5、M10、M15、M20、M25、M30；水泥混合砂浆的强度等级可分为 M5、M7.5、M10、M15。

（2）砌筑砂浆拌和物的表观密度不宜小于 $1900kg/m^3$；水泥混合砂浆拌和物的密度不宜小于 $1800kg/m^3$。该密度值是对以砂为细集料拌制的砂浆密度值的规定，不包含轻集料砂浆。

（3）砌筑砂浆的稠度、保水率、试配抗压强度应同时满足要求。

砌筑砂浆施工时的稠度宜按表 6-3-1 选用。保水率应符合表 6-3-2 的规定。

（4）有抗冻性要求的有砌体工程，砌筑砂浆应进行冻融试验。砌筑砂浆的抗冻性应符合表 6-3-4 的规定，且当设计对抗冻性有明确要求时尚应符合设计规定。

表 6-3-4 砌筑砂浆的抗冻性 (JGJ 98—2010)

使用条件	抗冻指标	质量损失率（%）	强度损失率（%）
夏热冬暖地区	F15		
夏热冬冷地区	F25	≤5	≤25
寒冷地区	F35		
严寒地区	F50		

（5）砌筑砂浆中的水泥和石灰膏、电石膏等材料的用量可按表 6-3-5 选用。

（6）砂浆中可掺入保水增稠材料、外加剂等，掺量应经试配后确定。

（7）砂浆试配时应采用机械搅拌。搅拌时间应自开始加水算起，并应符合下列规定：

1）对水泥砂浆和水泥混合砂浆，搅拌时间不得小于 120s；

2）对预拌砂浆和掺有粉煤灰、外加剂、保水增稠材料等的砂浆，搅拌时间不得小于 180s。

表 6-3-5 砌筑砂浆的材料用量 (JGJ 98—2010)

砂浆种类	材料用量（kg/m³）
水泥砂浆	≥200
水泥混合砂浆	≥350
预拌砂浆	≥200

注 1. 水泥砂浆中的材料用量是指水泥用量；
2. 水泥混合砂浆中的材料用量是指水泥和石灰膏、电石膏的材料总量。
3. 预拌砂浆中的材料用量是指胶凝材料用量，包括水泥和替代水泥的粉煤灰等活性矿物掺和料。

5. 砌筑砂浆配合比设计

（1）现场配制砌筑砂浆的试配要求。

1）现场配制水泥混合砂浆的试配配合比计算。

①计算砂浆试配强度（$f_{m,o}$）。

$$f_{m,o} = kf_2 \tag{6-3-1}$$

式中 $f_{m,o}$——砂浆的试配强度，MPa，应精确至 0.1MPa；

f_2——砂浆强度等级值，MPa，精确至 0.1MPa；

k——系数，按表 6-3-6 取值。

砂浆现场强度标准差的确定应符合下列规定：

a. 当有统计资料时，应按式（6-3-2）计算：

$$\sigma = \sqrt{\dfrac{\sum\limits_{i=1}^{n} f_{m,i}^2 - n\mu_{fm}^2}{n-1}} \qquad (6-3-2)$$

式中　$f_{m,i}$——统计周期内同一品种砂浆第 i 组试件的强度，MPa；

　　　　μ_{fm}——统计周期内同一品种砂浆 n 组试件强度的平均值，MPa；

　　　　n——统计周期内同一品种砂浆试件的总组数，$n \geqslant 25$。

表 6 - 3 - 6　　　　　　　　砂浆强度标准差 σ 选用值　　　　　　　　MPa

强度等级 施工水平	强度标准差 σ（MPa）							k
	M5	M7.5	M10	M15	M20	M25	M30	
优良	1.00	1.50	2.00	3.00	4.00	5.00	6.00	1.15
一般	1.25	1.88	2.50	3.75	5.00	6.25	7.50	1.20
较差	1.50	2.25	3.00	4.50	6.00	7.50	9.00	1.25

　　b. 当无统计资料时，砂浆强度标准差可按表 6 - 3 - 6 取值。

　　②计算每立方米砂浆中的水泥用量。

　　a. 每立方米砂浆中的水泥用量，应按下式计算：

$$Q_c = 1000 \dfrac{f_{m,o} - \beta}{\alpha f_{ce}} \qquad (6-3-3)$$

式中　Q_c——每立方米砂浆的水泥用量，kg，应精确至 1kg；

　　　　f_{ce}——水泥的实测强度，MPa，应精确至 0.1MPa；

　　　　α，β——砂浆的特征系数，其中 α 取 3.03，β 取 -15.09。

　　注：各地区也可用本地区试验资料确定 α，β 值，统计用的试验组数不得少于 30 组。

　　b. 在无法取得水泥的实测强度值时，可按下式计算：

$$f_{ce} = \gamma_c f_{ce,k} \qquad (6-3-4)$$

式中　$f_{ce,k}$——水泥强度等级值，MPa；

　　　　γ_c——水泥强度等级值的富余系数，宜按实际统计资料确定；无统计资料时可
　　　　　　　取 1.0。

　　③计算每立方米砂浆中石灰膏用量。

　　石灰膏用量应按下式计算：

$$Q_D = Q_A - Q_c \qquad (6-3-5)$$

式中　Q_D——每立方米砂浆的石灰膏用量，kg，应精确至 1kg；石灰膏使用时的稠度宜为
　　　　　　　120±5mm；

　　　　Q_c——每立方米砂浆的水泥用量，kg，应精确至 1kg；

　　　　Q_A——每立方米砂浆中水泥和石灰膏总量，应精确至 1kg；可为 350kg。

　　④确定每立方米砂浆砂用量，应按干燥状态（含水率小于 0.5%）的堆积密度值作为计算值，kg。

　　⑤按砂浆稠度选每立方米砂浆用水量，可根据砂浆稠度等要求可选用 210～310kg。

　　注：混合砂浆中的用水量，不包括石灰膏中的水；当采用细砂或粗砂时，用水量分别取上限或下限；稠度小于 70mm 时，用水量可小于下限；施工现场气候炎热或干燥季节，可酌量增加用水量。

2）现场配制水泥砂浆的试配应符合下列规定。

水泥砂浆的材料用量可按表6-3-7选用。

表6-3-7 每立方米水泥砂浆的材料用量（JGJ 98—2010）

强度等级	水泥用量（kg/m³）	砂子用量（kg/m³）	用水量（kg/m³）
M5	200～230		
M7.5	230～260		
M10	260～290		
M15	290～330	砂的堆积密度值	270～330
M20	340～400		
M25	360～410		
M30	430～480		

注 1. M15及M15以下强度等级水泥砂浆，水泥强度等级为32.5级；M15以上强度等级水泥砂浆，水泥强度等级为42.5。

2. 当采用细砂或粗砂时，用水量分别取上限或下限。

3. 稠度小于70mm时，用水量可小于下限。

4. 施工现场气候炎热或干燥季节，可酌量增加用水量。

5. 试配强度应按式（6-3-1）计算。

3）水泥粉煤灰砂浆材料用量可按表6-3-8选用。

表6-3-8 每立方米水泥粉煤灰砂浆材料用量

强度等级	水泥和粉煤灰总量（kg/m³）	粉煤灰	砂子用量（kg/m³）	用水量（kg/m³）
M5	210～240			
M7.5	240～270	粉煤灰掺量可占胶凝材料总量的15%～25%	砂的堆积密度值	270～330
M10	270～300			
M15	300～330			

注 1. 表中水泥强度等级为32.5级。

2. 当采用细砂或粗砂时，用水量分别取上限或下限。

3. 稠度小于70mm时，用水量可小于下限。

4. 施工现场气候炎热或干燥季节，可酌量增加用水量。

5. 试配强度应按式（6-3-1）计算。

（2）预拌砌筑砂浆的试配要求。

1）预拌砌筑砂浆应满足下列规定。

①在确定湿拌砂浆稠度时应考虑砂浆在运输和储存过程中的稠度损失。

②湿拌砂浆应根据凝结时间要求确定外加剂掺量。

③干混砂浆应明确拌制时的加水量范围。

④预拌砂浆的搅拌、运输、储存等应符合《预拌砂浆》（JG/T 230—2007）的规定。

⑤预拌砂浆性能应符合《预拌砂浆》（JG/T 230—2007）的规定。

根据相关标准对干混砌筑砂浆、湿拌砌筑砂浆性能进行了规定，预拌砂浆性能应按表

6-3-9确定。

表6-3-9　　　　　　　　　　预 拌 砂 浆 性 能

项目	干混砌筑砂浆	湿拌砌筑砂浆
强度等级	M5、M7.5、M10、M15、M20、M25、M30	M5、M7.5、M10、M15、M20、M25、M30
稠度（mm）	—	50、70、90
凝结时间（h）	3～8	≥8、≥12、≥24
保水率（%）	≥88	≥88

2）预拌砂浆的试配应满足下列规定。

①预拌砂浆生产前应进行试配，试配强度应按式（6-3-1）计算确定，试配时稠度取70～80mm。

②预拌砂浆中可掺入保水增稠材料、外加剂等，掺量应经试配后确定。

（3）砌筑砂浆配合比试配、调整与确定。

1）砌筑砂浆试配应考虑工程实际要求，搅拌应符合砌筑砂浆的技术条件第（7）条的规定。

2）按计算或查表所得配合比进行试拌时，应按《建筑砂浆基本性能试验方法标准》（JGJ/T 70—2009）测定砌筑砂浆拌和物的稠度和保水率。当稠度和保水率不能满足要求时，应调整材料用量，直到符合要求为止，然后确定为试配时的砂浆基准配合比。

3）试配时至少应采用三个不同的配合比，其中一个配合比为基准配合比，其余两个配合比的水泥用量应按基准配合比分别增加及减少10%。在保证稠度、保水率合格的条件下，可将用水量、石灰膏、保水增稠材料或粉煤灰等活性掺和料用量作相应调整。

4）砂浆试配时稠度应满足施工要求，并应按《建筑砂浆基本性能试验方法标准》（JGJ/T 70—2009）分别测定不同配合比砂浆的表观密度及强度；并应选定符合试配强度及和易性要求、水泥用量最低的配合比作为砂浆的试配配合比。

5）砂浆试配配合比尚应按下列步骤进行校正。

①应根据上述确定的砂浆配合比材料用量，按下式计算砂浆的理论表观密度值：

$$\rho_t = Q_c + Q_D + Q_S + Q_w \qquad (6-3-6)$$

式中　ρ_t——砂浆的理论表观密度值，kg/m^3，应精确至$10kg/m^3$。

②应按下式计算砂浆配合比校正系数：

$$\delta = \frac{\rho_c}{\rho_t} \qquad (6-3-7)$$

式中　ρ_c——砂浆的实测表观密度值，kg/m^3，应精确至$10kg/m^3$。

③当砂浆的实测表观密度值与理论表观密度值之差的绝对值不超过理论值的2%时，可将按上述第4）条得出的试配配合比确定为砂浆设计配合比；当超过2%时，应将试配配合比中每项材料用量均乘以校正系数（δ）后，确定为砂浆设计配合比。

6）预拌砂浆生产前应进行试配、调整与确定，并应符合《预拌砂浆》（JG/T 230—2007）的规定。

6. 砌筑砂浆工程应用

在道路和桥隧工程中，砌筑砂浆主要用于砌筑排水沟、挡墙、路缘石、桥涵或隧道等坋工砌体，如图 6-3-1、图 6-3-2 所示。

图 6-3-1　阜朝高速公路用 　　　　图 6-3-2　用砌筑砂浆砌
砌筑砂浆砌筑排水沟　　　　　　　筑路缘石和泄水槽

三、抹面砂浆

抹面砂浆是涂抹于建筑物表面的砂浆。其功能是保护基体、抹平表面并起到装饰效果。按其功能可分为普通抹面砂浆、装饰砂浆、防水砂浆等。

由于抹面砂浆常用于建筑物的表面，与空气和底面的接触面积大，水分容易散失，因此要求与基底的黏附性好，保水性好。其组成可参考有关施工手册。

抹面砂浆分两层或三层进行施工，各层的条件不同，对砂浆的性能要求也不同。砖墙的底层抹灰，多采用石灰砂浆或石灰炉灰砂浆；混凝土结构的底层抹灰，多采用混合砂浆。中层抹灰一般采用麻刀石灰砂浆。面层抹灰则多采用混合砂浆、麻刀或纸筋石灰砂浆。在容易碰撞或潮湿的地方，一般采用水泥砂浆。

装饰砂浆多用于室内外装饰，以增加美观效果。它是在普通抹面砂浆中，添加矿物颜料，使用特殊骨料；在普通抹面砂浆做好底层和中层抹灰后施工，从而使表面呈现各种色彩、线条和花样。常用的有：拉毛、水刷石、水磨石、干粘石、斩假石、人造大理石、喷粘彩色瓷粒等。

防水砂浆是具有防水功能的砂浆。主要用于隧道、地下工程砌体结构的表面。可用普通水泥砂浆制作，通过选择适当的胶凝材料和配合比，以及施工方法来获得；也可在水泥砂浆中掺入防水剂。常用的有氯化物金属盐类防水剂，水玻璃防水剂和金属皂类防水剂等。近年来还掺加高聚物涂料，使之形成密实的砂浆防水层。

聚合物砂浆含有适量的高分子聚合物，一般是聚合物乳液或可再分散聚合物胶粉。聚合物砂浆具有优良的黏结性能和较大的变形能力，常用于外保温体系中 2~4mm 厚的面层薄抹灰层。

四、特种砂浆

1. 绝热砂浆

采用水泥、石灰、石膏等胶凝材料与膨胀珍珠岩、膨胀蛭石、陶粒、淘砂或聚苯乙烯泡沫颗粒等轻质多孔材料，按一定比例配置的砂浆称为绝热砂浆。绝热砂浆质轻，保温绝热性能好，可用于屋面隔热层、隔热墙壁、冷库以及工业窑炉、供热管道隔热层等处。

2. 耐酸砂浆

以水玻璃与氟硅酸钠为胶凝材料，加入石英岩、花岗岩、铸石等耐酸粉料和细集料拌制而成的砂浆。水玻璃硬化后具有很好的耐酸性能。耐酸砂浆可用于耐酸地面、耐酸容器与酸接触的部位和有酸雨腐蚀地区建筑物的外墙装修。

3. 防射线砂浆

在水泥砂浆中掺入重晶石粉、重晶石砂，可制得防 X 射线和 γ 射线的砂浆。其配合比约为水泥：重晶石粉：重晶石砂＝1：0.25：（4～5）。如在水泥中掺入硼砂、膨化物等可制得防中子射线的砂浆。

4. 膨胀砂浆

在水泥砂浆中加入膨胀剂，或使用膨胀水泥，可制得膨胀砂浆。膨胀砂浆具有一定的膨胀性，可补偿水泥浆的收缩，防止干缩开裂。膨胀砂浆可用于修补工程或装配式大板工程中，靠其膨胀作用而填充缝隙，以达到黏结密实的目的。

5. 自流平砂浆

自流平砂浆是指在自重作用下能流平的砂浆。自流平砂浆常用于地坪和地面，强度高，耐磨性好，施工方便，平整光洁，无开裂现象。

6. 吸声砂浆

吸声砂浆是指具有吸声功能的砂浆。一般绝热砂浆都具有多孔结构，因而也都具有吸声的功能。工程中常以水泥：石灰膏：砂：锯末＝1：1：3：5（体积比）配制吸声砂浆，或在石灰、石膏砂浆中加入玻璃棉、矿棉或有机纤维或棉类物质。吸声砂浆常用于厅堂的墙壁和顶棚的吸声。

第四节 其他砌体材料

一、建筑砌块

建筑砌块是一种新型的节能墙体材料。按用途分为承重用实心或空心砌块、装饰砌块、非承重保温砌块和地面砌块等。按照原材料分为混凝土小型砌块、加气混凝土砌块、人造骨料混凝土砌块、复合砌块等。其中混凝土空心小型砌块产量最大，占砌块全部产量的70%，其应用也最广。

1. 混凝土小型空心砌块

（1）定义。混凝土小型空心砌块是由普通水泥、砂、碎石或卵石、煤矸石、炉渣，加水搅拌，经振动、振动加压或挤压成型，养护而制成。主要规格为 390mm×190mm×190mm。

（2）特点。混凝土小型空心砌块具有原料易得、生产工艺简单、不必焙烧或蒸汽养护、节省能耗，施工较黏土砖简单、快速、自重较轻、组合灵活等特点。按抗压强度分为 15.0、10.0、7.5、5.0、3.5 等 5 个强度等级。

（3）应用。混凝土小型空心砌块可用于低层和中层建筑的内外墙。砌筑时一般不宜浇水，但在气候特别干燥炎热时，可在砌筑前稍喷水湿润。承重墙不得用砌块和砖混合砌筑。

2. 加气混凝土砌块

（1）定义。加气混凝土砌块采用钙质材料（水泥、石灰）和硅质材料（砂、粉煤灰、矿渣）混合，加入适量铝粉作为发气剂，经粉磨、加水搅拌、浇注成型、发气膨胀、预养切割、高压蒸养而得到的含有大量微小的非连通气孔的轻质硅酸盐材料。

（2）特点。加气混凝土砌块强度为 $1.0 \sim 10.0$ MPa，强度较低，表观密度为 $300 \sim 800$ kg/m³，质量轻，孔隙多，干缩率大、导热系数小、保温隔声性能好，表面平整、尺寸精确，可像木材一样进行加工，施工便捷，但与抹面砂浆的黏结性较低。

（3）应用。加气混凝土砌块主要用于非承重外墙、内墙、框架墙，加气混凝土条板用于刚性屋面。

3. 粉煤灰硅酸盐砌块

（1）定义。粉煤灰硅酸盐砌块是以粉煤灰、生石灰、石膏为胶结料，以煤渣、高炉矿渣、陶粒、石子、煤矸石等作为骨料，加水搅拌后振动成型，经蒸汽养护制成的实心或空心块体材料。

（2）技术要求。粉煤灰硅酸盐砌块外观要求为不允许表面疏松，不允许有贯穿面棱的裂缝和直径大于 50mm 的灰团、空洞、爆裂等缺陷；表面局部凸起高度不能大于 20mm，翘起不大于 10mm；条面、顶面相对两棱边高低差不大于 8mm；缺棱、掉角深度不大于 50mm。在使用时应按照标准规定进行严格检查。

抗压强度是评定其质量的主要指标，规定以 200mm×200mm×200mm 的试件，测定蒸养出池后 $24 \sim 36$ h 内的强度。其强度等级有 MU5、MU7、MU10、MU15 等。

粉煤灰硅酸盐砌块的耐久性包括耐水性、抗冻性和碳化稳定性。耐水性是指砌块在水中能否保持原有外观和强度的性能。粉煤灰砌块浸水饱和后的强度与蒸养后的强度相比，一般会降低 $10\% \sim 15\%$。抗冻性试验是将试件在 -15℃ 的水中冷冻 $4 \sim 8$ h，然后在 $10 \sim 20$℃ 的水中溶解 4h，如此冻融循环 15 次或 25 次后，观察外观的脱落状况，并测定冻融循环后强度下降值。碳化稳定性是指砌块在空气中的 CO_2 作用下的强度稳定性，以碳化系数表示，即砌块在碳化后的强度与碳化前强度的比值。粉煤灰砌块被碳化后，其中的水化硅酸钙等水化产物将分解，从而使强度降低。在使用中碳化是不能避免的，因此，应以碳化后的强度作为结构设计的依据。

（3）特点。粉煤灰砌块的吸水率大，与黏土砖相比吸水速度慢、收缩值大，在砌筑时应采取相应的措施。

（4）应用。粉煤灰硅酸盐砌块一般用于低层或多层房屋建筑的墙体和基础，不宜用于有酸性介质侵蚀的部位，在采取有效防护措施时，可用于非承重结构部位，不宜用于经常处于高温条件下的部位。

二、轻质墙板

轻质墙板是在工厂生产的大板、条板或薄板，板高至少为一个楼层，在现场直接组装成为一面墙体的板式材料。可用作建筑的内墙、外墙、隔墙，框架结构的围护墙和隔墙，混合结构建筑的隔墙；还可作特殊功能型复合面板，无梁柱式拼装加层和活动房屋的墙体、屋面和天棚等。

应用较广的板材有 GRC 板、纸面石膏板、彩钢 EPS 夹芯板、轻质陶粒混凝土板和挤压成型混凝土多孔板。

1. 玻璃纤维增强水泥板（GRC 板）

（1）定义。GRC 板是由水泥、玻璃纤维、轻质骨料（膨胀珍珠岩或陶粒等）以及外加剂，经搅拌、浇注（或挤压）成型、养护制成的轻质空心条形板材。

（2）特点。GRC 板轻质高强、保温隔声、防火、使用方便（可锯、钻、钉、刨）、施工快捷。水泥浆体呈碱性，腐蚀玻璃纤维，从而导致 GRC 板长期强度下降，耐久性较差。通常采用抗碱玻璃纤维与低碱度硫铝酸盐水泥同时使用，可大大提高 GRC 板的耐久性。

（3）应用。GRC 板用于非承重的构件。其质量标准应符合《玻璃纤维增强水泥轻质多孔隔墙条板》GB/T 19631—2005 的要求。

此外，相近的条板还有灰渣混凝土空心隔墙板（GB/T 23449—2009），建筑用轻质隔墙条板（GB/T 23451—2009），建筑隔墙用保温条板（GB/T 23450—2009），纤维水泥夹芯复合墙板（JC/T 1055—2007），硅镁加气混凝土空心轻质隔墙板（JC 680—1997）。

2. 石膏板-轻钢龙骨组装隔墙

（1）定义。石膏板-轻钢龙骨组装隔墙是纸面石膏板固定在轻钢龙骨上组装而成的材料。

纸面石膏板是粘贴护面纸的薄型石膏制品，它是以建筑石膏为主要原料，加入适量玻璃纤维或纸浆等纤维增强材料和少量发泡、增稠、调凝外加剂，加水搅拌成料浆，浇注在行进中的纸面上，成型后再覆盖上层面纸，经固化、切割、烘干而制得。若在板芯配料中加入防水外加剂以及耐火纤维，可分别制成防水型纸面石膏板和防火型纸面石膏板。纸面石膏板的规格为板长 1800～3600mm；板宽 900mm 或 1200mm；板厚 9.5～25.0mm。

（2）特点。纸面石膏板具有轻质、强度和韧性好、防火阻燃和调湿作用、较大的变形能力和较好的抗震能力。

应用。石膏板-轻钢龙骨组装隔墙主要用作内隔墙，这种墙体施工快捷（现场干作业，不需抹面），布置灵活。

3. 压型钢板-发泡聚苯乙烯（EPS）夹芯板

（1）定义。压型钢板-发泡聚苯乙烯 EPS 夹芯板是将钢板压成一定形状后，用黏合剂粘贴在一定厚度的聚苯乙烯泡沫塑料板两边，经加压固化得到的复合墙体材料。

复合墙板采用各具性能的材料，将其复合成集围护、装饰、保温隔热于一体的多功能墙体材料。

复合墙板由保温隔热材料和面层材料组成。无机保温隔热材料包括岩棉、矿棉、玻璃棉、泡沫混凝土、加气混凝土、膨胀珍珠岩及其制品等。有机保温隔热材料包括发泡聚苯乙烯、挤塑聚苯乙烯、发泡聚氨酯等。金属面层材料包括钢板、彩色钢板、镀锌钢板、搪瓷钢板、铝合金板、铝塑复合板等。非金属面层材料包括钢筋混凝土板、纤维增强水泥板、石膏板、木板、塑料板等。实际中多采用彩色压型钢板，这种复合板是五层结构，即钢板—胶—聚苯乙烯板—胶—钢板，其各层的厚度比一般为 0.5：0.3：100：0.3：0.5。

（2）特点。EPS 夹芯板的特点是质轻、绝热、阻燃、防水、隔声、强度高、使用温度范围广（—50～120℃）、易加工、拆装方便、可重复使用、施工快速、自带装饰（色彩和凹凸棱）、涂层耐久。密度小，储热系数小，热稳定性差，不宜用于间歇供暖的建筑物。

EPS 夹芯板的长度可自由选择，宽度为 1000mm 和 1200mm，厚度为 50mm、75mm、100mm、125mm、150mm、200mm、250mm 七种。

（3）应用。EPS 夹芯板可用于各种建筑物的外墙板、屋面板、天棚板，特别适合在寒冷地区建造办公室、别墅、活动房屋、厂房、仓库等。

复 习 思 考 题

1. 岩石的物理常数有哪几项？简述它们的含意。
2. 何谓岩石的吸水率和饱和吸水率？二者有何不同？
3. 何谓岩石的单轴抗压强度？影响单轴抗压强度的主要因素有哪些？
4. 路用岩石的技术等级如何确定？
5. 何谓烧结普通砖？简述它的特点和应用。
6. 何谓建筑砂浆？简述它的分类和性能。
7. 何谓混凝土小型空心砌块？简述它的特点和应用。

第七章　沥青材料

基本要求

　　了解沥青的基本概念、分类和生产；掌握石油沥青的化学组分、胶体结构、技术性质和技术标准；掌握改性沥青的定义、种类及其性能，熟悉改性沥青的应用；了解乳化沥青的定义、特点、组成材料、形成机理及其应用。

重　点

　　石油沥青的胶体结构类型、技术性质和技术标准，改性沥青的定义和性能。

第一节　沥青的基本概念、分类与生产

一、沥青的基本概念

　　沥青是由一些极其复杂的高分子的碳氢化合物及其非金属（氧、氮、硫等）的衍生物所组成的混合物。这些烃类为一些带有不同长短侧链的高度缩合的环烷烃和芳环烃。沥青在常温下呈黑色或黑褐色的黏性液体、半固体或固体，可溶解于二硫化碳、三氯甲烷等有机溶剂。

　　沥青材料是一种有机胶凝材料，广泛地用于道路路面结构工程中。

二、沥青的分类

1. 按获得的方式分类

　　沥青按其在自然界中获得的方式可分为地沥青和焦油沥青两大类。

　　（1）地沥青。地沥青是天然存在的或由石油精制加工而得到。按其产源分为天然沥青和石油沥青。

　　1）天然沥青。天然沥青是石油在自然因素的长期作用下，经过轻质油分蒸发、氧化和缩聚作用而形成的产物。有以纯粹沥青成分存在的（如沥青湖、沥青泉或沥青海等），也有沥青渗入各种孔隙性岩石中（如岩地沥青）或沥青与砂石材料相混（如地沥青砂、地沥青岩）存在的。

　　2）石油沥青。石油沥青是原油经精制加工提炼出各种轻质油及润滑油后的而得到的副产品。最常得到的有直馏沥青、氧化沥青、溶剂沥青等，在道路工程中应用最广泛。

　　（2）焦油沥青。焦油沥青是各种有机物（煤、木材、页岩等）干馏加工得到的焦油，经再加工而得到的产品。焦油沥青按其加工的原料名称而命名。如由煤干馏所得的煤焦油，经再蒸馏后得到的沥青，即称为煤沥青。

2. 按石油的基属分类

　　石油是炼制石油沥青的原料，石油沥青的性质与石油的基属有关。

原油的分类可按关键馏分特性和含硫量进行分类：

（1）关键馏分特性分类。原油按关键馏分特性可分为七类。分类方法如下：

石油在半精馏装置中，在常压下蒸得 $250\sim275℃$ 的馏分称为"第一关键馏分"；在 $5.33kPa$ 减压下蒸得 $275\sim300℃$ 的馏分称为"第二关键馏分"。测定以上两个关键馏分的相对密度 ρ_4^{20}，按照两个关键馏分的基属对照表 7-1-1，原油可分为表 7-1-2 所列的七类。

表 7-1-1　　　　　　　　　关键馏分的基属分类指标

基属 关键馏分	石蜡基	中间基	环烷基
第一关键馏分	$\rho_4^{20}<0.8207$ （$K^{①}>11.9$）	$\rho_4^{20}=0.8207\sim0.8506$ （$K=11.5\sim11.9$）	$\rho_4^{20}>0.8506$ （$K<11.5$）
第二关键馏分	$\rho_4^{20}<0.8721$ （$K>12.2$）	$\rho_4^{20}=0.8721\sim0.9302$ （$K=11.5\sim12.2$）	$\rho_4^{20}>0.9302$ （$K<11.5$）

① K 为特性因素，根据关键馏分的沸点和密度指数查有关诺模图而求得。

表 7-1-2　　　　　　　　　原油的基属分类

原油基属 第一关键馏分基属 第二关键馏分基属	石蜡基	中间基	环烷基
石蜡基	石蜡基	中间—石蜡基	—
中间基	石蜡—中间基	中间基	环烷—中间基
环烷基	—	中间—环烷基	环烷基

（2）含硫量分类。按原油中含硫量可分为低硫原油（含硫量$<0.5\%$），含硫原油（含硫量$0.5\%\sim2.0\%$）和高硫原油（含硫量$>2.0\%$），见表 7-1-3。

表 7-1-3　　　　　　　　　几种典型原油的分类命名

原油名称	含硫量 （质量，%）	第一关键馏分 ρ_4^{20}	第二关键馏分 ρ_4^{20}	关键馏分 特性分类	原油分类命名
大庆混合原油	0.11	0.814（$K=12.0$）	0.850（$K=12.5$）	石蜡基	低硫石蜡基
胜利混合原油	0.83	0.832（$K=11.8$）	0.881（$K=12.0$）	中间基	含硫中间基
大港混合原油	0.14	0.860（$K=11.4$）	0.887（$K=12.0$）	环烷中间基	低硫环烷中间基

按常规的生产工艺，最好是选用环烷基原油，环烷基沥青含蜡量一般低于 3%，黏性好，优质的道路石油沥青大多是环烷基沥青。其次是中间基原油，中间基沥青的含蜡量为 $3\%\sim5\%$。最好不选用石蜡基原油，因为石蜡给沥青的路用性能带来不良的影响。但是，石蜡基原油采用溶剂法，也可使沥青的性能得到一定的改善。

3. 按加工方法分类

生产沥青的工艺方法主要有蒸馏法、氧化法、半氧化法、溶剂法和调和法等。

（1）直馏沥青。原油直接由蒸馏得到的沥青。

（2）氧化沥青。常压渣油或减压渣油经加热并吹入空气氧化得到的沥青。

（3）溶剂沥青。常压渣油或减压渣油采用溶剂脱沥青装置萃取脱沥青油后，剩下的沥青。

三、石油沥青的生产

原油经常压塔，将汽油、煤油和柴油等蒸馏后，得到常压渣油；再经减压塔，蒸馏出重柴油等后，得到减压渣油。这些渣油再经减压深拔出各种重质油品，可得到不同稠度的直馏沥青，这种原油直接由蒸馏得到的沥青称为直馏沥青。渣油在氧化塔内经加热并吹入空气，和空气中的氧产生氧化、缩聚和脱氢等反应，渣油经不同深度的氧化后，可以得到不同稠度的氧化沥青或半氧化沥青，这种吹入空气氧化得到的沥青称为氧化沥青。渣油采用溶剂脱沥青装置萃取脱沥青油后，剩下的沥青称为溶剂沥青。以丙烷为溶剂所得到的沥青称为丙烷沥青。除轻度蒸馏和轻度氧化的沥青属于高标号慢凝沥青外，上述三种沥青都属于黏稠石油沥青。石油沥青的生产工艺流程如图 7-1-1 所示。

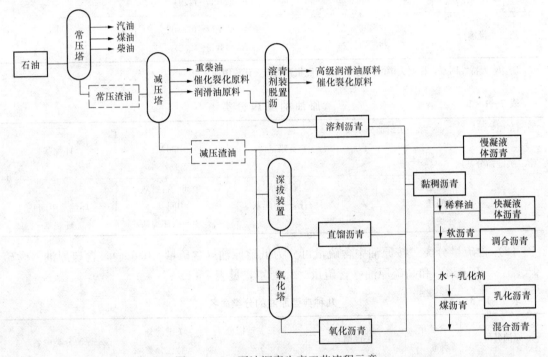

图 7-1-1　石油沥青生产工艺流程示意

用汽油、煤油、柴油等溶剂将石油沥青稀释而成的沥青产品称为液体沥青，也称轻制沥青或稀释沥青。

为得到不同稠度的沥青，采用硬的沥青与软的沥青（黏稠沥青或慢凝液体沥青）以适当比例调配，称为调配沥青。

将沥青分散于有乳化剂的水中而形成沥青乳液，称为乳化沥青。

为发挥石油沥青和煤沥青的优点，选择适当比例的煤沥青与石油沥青混合，称为混合沥青。

生产沥青的工艺方法不同，沥青的性能亦不同。直馏沥青具有较好的低温变形能力，但感温性大（即温度升高容易变软）。氧化沥青具有较低的感温性，但低温变形能力较差（即低温时容易脆裂）。国产石油多属石蜡基和中间基原油，采用溶剂法得到的溶剂沥青，可以使石蜡基渣油中的蜡，随脱沥青油萃取出，使含蜡量大大降低，沥青的性能得到改善。

第二节 石 油 沥 青

一、石油沥青的组成和结构

1. 元素组成

石油沥青是由多种碳氢化合物及其非金属（氧、硫、氮）的衍生物所组成的混合物，它的通式为 $C_nH_{2n+a}O_bS_cN_d$，元素组成主要是碳（80%～87%），氢（10%～15%），其次是非烃元素，如氧、硫、氮等（<3%）。由于沥青化学组成结构的复杂性，目前仍不能得到沥青元素含量与路用性能之间的关系。

2. 化学组分

利用沥青在不同溶剂中的选择性溶解或在不同吸附剂上的选择性吸附，将沥青分离为化学性质相近，而且与其路用性能有联系的几个组，称为化学组分。

《公路工程沥青及沥青混合料试验规程》（JTG E 20—2011）中规定，有三组分法和四组分法。

（1）三组分法（溶解-吸附法）。将石油沥青分离为油分、树脂和沥青质三个组分（见表7-2-1）。该法是将沥青试样先用正庚烷沉淀沥青质，再将溶于正庚烷中的可溶分（即软沥青质）用硅胶吸附，装于抽提仪中抽提油蜡，再用苯-乙醇抽出树脂。在油分中往往含有蜡，故应将油蜡分离，最后用丁酮-苯为脱蜡溶剂，在−20℃下冷冻过滤分离油、蜡。如图7-2-1所示。

该法的组分含量能在一定程度上说明它的路用性能，但分析流程复杂，分析时间很长。

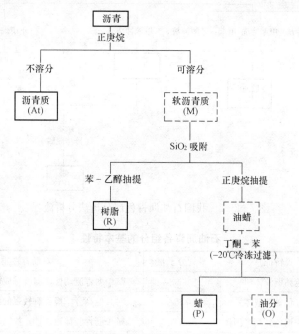

图7-2-1　我国石油沥青溶解-吸附法分析流程

（2）四组分法（色层分析法，见表7-2-2）。将石油沥青分离为饱和分、芳香分、胶质和沥青质。该法是将沥青试样先用正庚烷（C_7）沉淀沥青质（At）；再将溶于正庚烷中的可溶分（即软沥青质）吸附于氧化铝谱柱上，先用正庚烷冲洗，所得的组分称为饱和分（S）；

继用甲苯冲洗，所得的组分称为芳香分（Ar）；最后用甲苯-乙醇混合液、甲苯、乙醇冲洗，所得的组分称为胶质（R）。对于含蜡沥青，可将饱和分和芳香分，以丁酮-苯为脱蜡溶剂，在－20℃下冷冻过滤分离固态烷烃，确定含蜡量，如图7-2-2所示。

表7-2-1 石油沥青三组分分析法的各组分性状

性状组分	外观特征	平均分子量	碳氢比	物化特征	对沥青性质的影响
油分	淡黄色透明液体	200～700	0.5～0.7	溶于大部分有机溶剂，具有光学活性，有荧光	赋予沥青流动性
树脂	红褐色黏稠半固体	800～3000	0.7～0.8	温度敏感性高，熔点低于100℃	使沥青具有良好的塑性和黏结性
沥青质	深棕色至黑色固体粉末	1000～5000	0.8～1.0	加热不熔化，分解为硬焦炭	决定感温性，提高热稳定性和黏结性

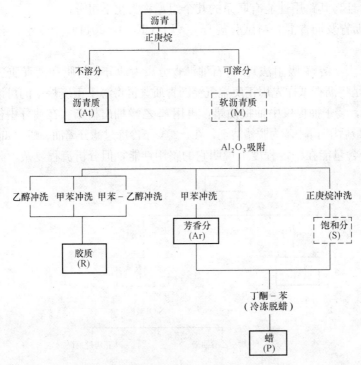

图7-2-2 我国石油沥青色层分析法分析流程

表7-2-2 石油沥青各组分的基本特性

组分名称	外观特征	平均分子量	对沥青性质的影响
饱和分	无色黏稠液体	650	赋予沥青流动性，温度感应性较大
芳香分	黄至红色黏稠液体	725	对其他高分子烃类有较强的溶解能力
胶质	红褐色至深褐色黏稠半固体	1150	赋予沥青胶体稳定性，提高塑性和黏附性
沥青质	深棕色至黑色固体粉末	3500	决定感温性，提高热稳定性和黏结性
蜡	白色结晶	300～1000	破坏沥青结构的均匀性，降低沥青的黏结性和塑性

四组分法是按沥青中各化合物的化学组成结构来进行分组的方法，所以它与沥青的使用性能更为密切，在我国广泛使用四组分法。

（3）组分对沥青性质的影响。按四组分法，饱和分的含量增加，可使沥青的稠度降低，感温性增大；胶质含量增加，可使沥青的塑性增加；在有饱和分存在的条件下，沥青质的含量增加，可使沥青获得较低的感温性，沥青质和胶质的含量增加，可使沥青的黏度和热稳定性提高。芳香分对沥青性质的影响不明显。

（4）蜡对沥青性质的影响。国产石油沥青在化学组分上的特点是蜡含量高，沥青质含量低，路用性能差。蜡在高温时会使沥青发软，降低沥青的黏度和路面的高温稳定性，容易出现车辙的现象；增大沥青的温度敏感性；在低温时蜡会结晶析出，使沥青变得脆硬，降低路面的低温抗裂性；蜡还能降低沥青与石料的黏附性，在有水的条件下，使路面石子易产生剥落现象，造成路面的破坏；更严重的是，蜡会降低路面的抗滑性，影响行车安全。

3. 石油沥青的胶体结构

（1）胶体结构的形成。沥青的胶体结构是以沥青质为胶核，胶质被吸附于其表面，并逐渐向外扩散形成胶团，胶团再分散于芳香分和饱和分中。

（2）胶体结构类型。根据沥青中各组分的化学组成和含量不同，可以形成三种胶体结构，如图 7-2-3 所示。

1）溶胶结构。沥青中沥青质含量很少（＜10％），沥青胶团之间没有吸引力或吸引力极小。这类沥青完全服从牛顿液体的规律，称为牛顿流沥青。

直馏沥青属于此类结构。在路用性能上，具有较好的自愈性和低温变形能力，但感温性较大。

2）溶-凝胶结构。沥青中沥青质含量适当（15％～25％），沥青胶团之间有一定的吸引力，在变形的最初阶段，呈明显的弹性效应，当变形增加到一定数值后，则变为牛顿流动。此类沥青具有黏-弹性和触变性，因此称为黏-弹性沥青。

大多数优质的道路沥青都属于此类。在路用性能上，高温时具有较低的感温性，低温时又具有较好的变形能力。

3）凝胶结构。沥青中沥青质含量很多（＞30％），沥青胶团互相接触形成空间网络结构，这种沥青具有明显的弹性效应，称为弹性沥青。有时还具有明显的触变性。

氧化沥青多属于凝胶结构。在路用性能上，具有较低的感温性，但低温变形能力较差。

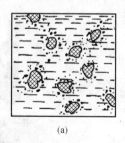 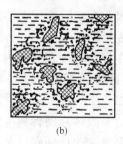 

(a)　　　　　　(b)　　　　　　(c)

图 7-2-3　沥青胶体结构示意图

（a）溶胶结构；（b）溶-凝胶结构；（c）凝胶结构

二、石油沥青的技术性质

（一）黏结性

黏结性（简称黏性）是指沥青在外力的作用下抵抗变形的能力，通常用黏度表示。沥青的黏性随沥青质含量增加而增大，随温度升高而降低。黏度分为绝对黏度和相对黏度（或称条件黏度）。

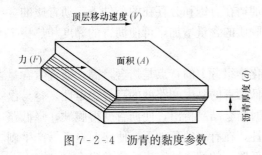

图 7-2-4　沥青的黏度参数

1. 沥青的绝对黏度

溶胶沥青或沥青在高温（加热至施工温度）时可视为牛顿液体，其绝对黏度可用动力黏度来表示。如图 7-2-4 所示，在两金属板中夹一层沥青，将下板固定，对上板施以剪应力 F，使其以恒定速度平移，沥青层内摩擦力 F 的大小，与流层间接触面积 A 和接触面法线方向上的速度变化率 dv/dy 成正比。按牛顿定律，沥青层抵抗移动的抗力为：

$$F = \eta A \frac{dv}{dy} \qquad (7-2-1)$$

式中　F——引起沥青层移动的力（亦即等于沥青层抵抗移动的抗力），N；

　　　A——沥青层间的接触面积，m^2；

　dv/dy——接触面 A 法线方向上的速度变化率，s^{-1}；

　　　η——沥青的动力黏度系数（简称黏度），Pa·s。

绝对黏度亦可用运动黏度来表示。运动黏度为沥青在某一温度下的动力黏度与同温度下的密度之比。

2. 沥青黏度的测定方法

沥青黏度的测定方法分为两类，一类为绝对黏度法，另一类为相对黏度法。前者是由基本单位导出而得，后者是由一些经验方法确定，通常采用的方法见表 7-2-3。

表 7-2-3　　　　　　　　　　　**常用的沥青黏度测定方法**

项目	测定方法
绝对黏度法	毛细管法、真空减压毛细管法
相对黏度法	针入度法、标准黏度计法、恩氏黏度计法、赛氏黏度计法

由于绝对黏度测定较为复杂，因此在实际应用上多测定沥青的条件黏度。最常采用的条件黏度有：

（1）针入度。沥青的针入度是在规定温度和时间内，附加一定质量的标准针垂直贯入沥青试样的深度，以 0.1mm 计。采用针入度仪来测定（见图 7-2-5）。

针入度试验是测定黏稠（固体、半固体）沥青稠度的一种方法。该法适用于测定道路石油沥青、改性沥青以及液体石油沥青蒸馏或乳化沥青蒸发后残留物的针入度。

试验条件以 $P_{T,m,t}$ 表示，其中 P 为针入度，T 为试验温度，m 为标准针、针连杆及砝码的质量，t 为贯入时间。最常用的试验条件为 $P_{25℃,100g,5s}$，例如：$P_{(25℃,100g,5s)} = 90$（0.1mm）。此外，为确定针入度指数（PI），常用的试验条件为 5℃、15℃、25℃ 和 30℃ 等，但标准针质量和贯入时间

图 7-2-5　沥青的针入度测定

均为 100g 和 5s。

针入度值在一定程度上反映黏稠石油沥青的黏结性。针入度值越大，表示沥青越软，稠度越小，黏性越小。针入度是划分黏稠沥青等级的重要依据，所以黏稠沥青亦称"针入度级沥青"。缺点是相近针入度值的沥青，它们的黏结性可以相差很大。许多研究表明，针入度值并不能表征沥青的真实黏度，所以现行的各国沥青标准，相继采用以绝对黏度来划分等级。

（2）黏度。沥青的黏度是液体状态沥青试样在标准黏度计中，于规定的温度条件下，通过规定的流孔直径流出 50ml 所需的时间，以 s 表示。

沥青标准黏度试验是测定液体沥青条件黏度的一种方法。该法适用于测定液体石油沥青、煤沥青、乳化沥青等流动状态时的黏度。采用道路沥青标准黏度计来测定（见图 7-2-6）。以 $C_{T,d}$ 表示，其中 C、T、d 分别为黏度、试验温度和流孔直径。常用的试验温度为 25℃、30℃、50℃ 和 60℃，流孔有 3、4、5mm 和 10mm，试验温度和流孔直径根据液体沥青的黏度选择。例如某沥青在 60℃ 时，通过 5mm 流孔流出 50ml 沥青所需的时间为 100s，可表示为 $C_{60,5}=100s$。

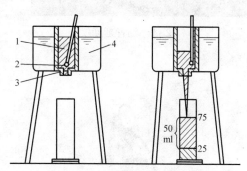

图 7-2-6　沥青的标准黏度测定
1—沥青试样；2—活动球杆；3—流孔；4—水

在相同温度和相同流孔条件下，流出时间越长，表示沥青黏度越大。液体沥青的等级按黏度来划分，所以液体沥青亦称为"黏度级沥青"。

（二）塑性

塑性是指沥青在外力的拉伸作用下发生变形而不破坏的能力，用延度表示。

沥青质的含量增加，黏性增大，塑性降低；树脂含量较多，塑性提高；温度升高，塑性增大。在常温下，塑性好的沥青在产生裂缝时，由于特有的黏塑性而自行愈合。故塑性还反映了沥青开裂后的自愈能力。

沥青的延度是规定形状的沥青试样，在规定温度下以一定速度受拉伸至断开时的长度，以 cm 计。采用延度仪（见图 7-2-7，图 7-2-8）来测定。以 $D_{T,v}$ 表示，其中 D 为延度，T 为试验温度，v 为拉伸速度。通常采用的试验温度为 25℃、15℃、10℃ 或 5℃，拉伸速度为（5±0.25）cm/min，低温采用（1±0.05）cm/min。

沥青的延度越大，塑性越好，沥青的低温抗裂性也越好，对耐久性越有利。

（三）温度稳定性

温度稳定性是指沥青的黏性和塑性随温度升降而变化的性能。温度稳定性好的沥青，使用时不易因夏季升温而软化，也不易因冬季低温而脆裂。

1. 软化点

软化点是评价沥青高温稳定性的重要指标。

沥青从固态转变为液态有很宽的温度间隔，在此期间是一种黏滞流动状态，随着温度的升高，沥青逐渐软化。在工程中为保证沥青不致由于升温而产生流动，取硬化点与滴落点之间温度间隔的 87.21% 作为软化点。用环球法测定（见图 7-2-9，图 7-2-10）。

图 7-2-7　沥青延度仪

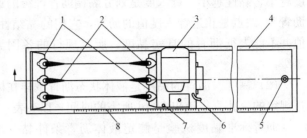

图 7-2-8　沥青的延度测定

1—试模；2—试样；3—电机；4—水槽；5—泄水孔；
6—开关柄；7—指针；8—标尺

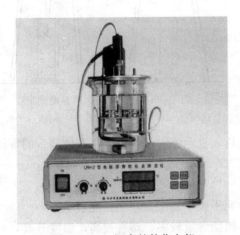

图 7-2-9　沥青的软化点仪

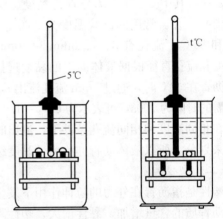

图 7-2-10　沥青的软化点测定

软化点是沥青试样在规定尺寸的金属环内，上置规定尺寸和质量的钢球，放于水或甘油中，以规定的速度加热，至钢球下沉达规定距离时的温度，以℃计。

软化点越高，沥青的热稳定性越好。道路石油沥青的软化点一般在 40～60℃ 之间。

研究认为，沥青在软化点时的黏度约为 1200Pa·s 或相当于针入度为 800（0.1mm）。据此可以认为软化点是一个等黏温度。

针入度、延度、软化点是评价黏稠石油沥青路用性能最常用的三大指标。

2. 脆点

沥青在低温时表现为脆性破坏。通常采用弗拉斯脆点以评价沥青的低温抗裂性能。

弗拉斯脆点是涂于金属片上的沥青试样薄膜在规定条件下，因被冷却和弯曲而出现裂纹时的温度，以℃计。采用弗拉斯脆点仪测定。一般认为针入度大、针入度指数大的沥青其脆点越低、抗裂性能也越好。在我国许多沥青的沥青质含量较少，但含蜡量较多，试验表明脆点较低，但低温抗裂性并不好。因此，用弗拉斯脆点并不适宜评价多蜡沥青的低温抗裂性。

（四）感温性

沥青的感温性通常采用黏度随温度而变化的行为（黏—温关系）来表达。针入度指数是最常用的一种评价沥青感温性的指标，反映针入度随温度而变化的程度，由不同温度的针入度按规定方法计算得到，无量纲。

针入度指数宜在 15、25、30℃3 个或 3 个以上温度条件下测定针入度后按规定的方法计算得到，若 30℃时的针入度值过大，可采用 5℃代替。当量软化点 T_{800} 是相当于沥青针入度为 800 时的温度，用以评价沥青的高温稳定性。当量脆点 $T_{1.2}$ 是相当于沥青针入度为 1.2 时的温度，用以评价沥青的低温抗裂性能。

根据测试结果可按以下方法计算针入度指数、当量软化点及当量脆点。

(1) 求针入度温度指数 A_{lgpen}。将 3 个或 3 个以上不同温度条件下测试的针入度值取对数，令 $y=lgP$，$x=T$，按式（7-2-2）的针入度对数与温度的直线关系，进行 $y=a+bx$ 一元一次方程的直线回归，求取针入度温度指数 A_{lgPen}。

$$lgP = K + A_{lgPen} \times T \qquad (7 - 2 - 2)$$

式中　lgP——不同温度条件下测得的针入度值的对数；

　　　T——试验温度；

　　　K——回归方程的常数项 a；

　　　A_{lgPen}——回归方程的系数 b。

按式（7-2-2）回归时必须进行相关性检验，直线回归相关系数 R 不得小于 0.997（置信度 95%），否则，试验无效。

(2) 确定沥青的针入度指数 PI 　　　$PI_{lgPen} = \dfrac{20-500A_{lgPen}}{1+50A_{lgPen}}$ 　　　(7 - 2 - 3)

(3) 确定沥青的当量软化点 T_{800} 　　　$T_{800} = \dfrac{lg800-K}{A_{lgPen}} = \dfrac{2.9031-K}{A_{lgPen}}$ 　　　(7 - 2 - 4)

(4) 确定沥青的当量脆点 $T_{1.2}$ 　　　$T_{1.2} = \dfrac{lg1.2-K}{A_{lgPen}} = \dfrac{0.0792-K}{A_{lgPen}}$ 　　　(7 - 2 - 5)

(5) 计算沥青的塑性温度范围 ΔT 　　　$\Delta T = T_{800} - T_{1.2} = \dfrac{2.8239}{A_{lgPen}}$ 　　　(7 - 2 - 6)

针入度指数值越大，表示沥青的感温性越低。《道路石油沥青技术要求》（JTG F 40—2004）规定，对 A 级沥青 PI 值要求在 $-1.5 \sim +1.0$ 之间，对 B 级沥青要求在 $-1.8 \sim +1.0$ 之间。

针入度指数可以用来判断沥青的胶体结构。按针入度指数可将沥青划分为三种胶体结构类型：$PI < -2$ 者为溶胶型沥青；$PI > +2$ 者为凝胶型沥青；$PI = -2 \sim +2$ 者为溶-凝胶型沥青。

（五）大气稳定性（耐久性）

大气稳定性是指石油沥青在热、阳光、氧气和潮湿等因素的长期综合作用下抵抗老化的性能。

沥青在自然因素（热、氧、光和水等）的作用下，产生不可逆的化学变化，导致路用性能的劣化，称为"老化"，见表 7-2-4。

沥青在施工加热，在路面中受到空气、阳光、水、气温及其与矿料作用等，组分会发生转移。芳香分转变为胶质，胶质转变为沥青质，由于胶质转变为沥青质的速度较芳香分转变为胶质快，最终使胶质明显减少，而沥青质则大量增多。致使沥青变得更稠硬，塑性降低，脆性增大，综合技术性质恶化。

大气稳定性以质量变化百分率和针入度比来评定。质量变化百分率越小，针入度比越大，大气稳定性越好。

表 7 - 2 - 4　　　　　　　　　　影响沥青耐久性的因素及作用

因素	作　　　用
热	施工加热除引起沥青的蒸发，空气中的氧参与作用，使沥青的性质劣化
氧	加热时能促使沥青组分对空气中的氧吸收，使沥青的组分发生转移
光	日光对沥青照射后，能产生光化学反应，促使氧化速度加快
水	水在与光、氧和热共同作用时，能起老化催化剂的作用

　　热致老化试验方法对黏稠石油沥青为薄膜加热试验或旋转薄膜加热试验（见图 7 - 2 - 11），对液体石油沥青则应进行蒸馏试验。

　　沥青薄膜加热试验（TFOT）：将试样注入盛样皿中，在 163℃ 的烘箱中加热 5h，测定质量变化百分率及残留物针入度比。试验后沥青针入度减小、软化点升高和延度降低，质量减少时质量变化百分率为负值，质量增加时为正值。

　　沥青旋转薄膜加热试验（RTFOT）：将试样注入玻璃瓶并插入旋转烘箱中，以 15r/min 的速度旋转，在 163℃ 下加热 75min，测定质量变化及残留物的针入度等指标。该法试样在垂直方向旋转，沥青膜较薄，能连续介入热空气，老化较快，试验结果精度较高。

　　液体石油沥青蒸馏试验是确定液体沥青中轻质挥发油的数量，以及挥发后沥青的性质。蒸馏试验是将沥青在蒸馏瓶内进行加热，将物理化学性质相近的油分划分为 3 个馏程。各馏分蒸馏的切换温度为 225℃、316℃、360℃。测定各馏分含量，分别计算馏出物占试样的体积百分率，不得超过标准规定值。否则表明低沸点和不稳定成分过多，老化进程较快。残留物可进行针入度、延度等试验，用以说明残留沥青在道路路面中的性质。

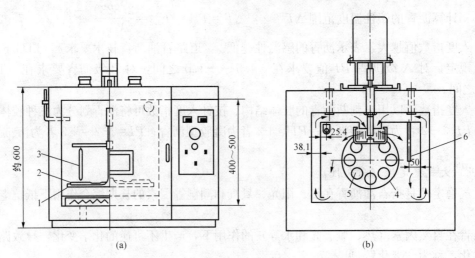

图 7 - 2 - 11　沥青薄膜加热烘箱（单位：mm）

(a) 薄膜加热烘箱　　(b) 旋转薄膜加热烘箱

1，4—转盘；2—试样；3，6—温度计；5—盛样瓶插孔

（六）安全性

　　沥青使用时必须加热，当加热至一定温度时，沥青挥发的油分与空气组成混合气体，遇

火焰则易发生闪火，若继续加热，遇火焰极易燃烧，而引起火灾或导致沥青烧坏。为此，必须测定沥青的闪点和燃点。它们是保证沥青加热质量和施工安全的一项重要指标。

闪点是沥青试样在规定的盛样器内，按规定的升温速度受热时所蒸发的气体，以规定的方法与试焰接触，初次发生一瞬即灭火焰时的试样温度，以℃计。燃点是试样继续加热时，当试样蒸气接触火焰能持续燃烧不少于 5S 时的温度。对黏稠沥青是采用克利夫兰开口杯法（简称 COC 法），对液体沥青是采用泰格开口杯法（简称 TOC 法），如图 7-2-12 所示。

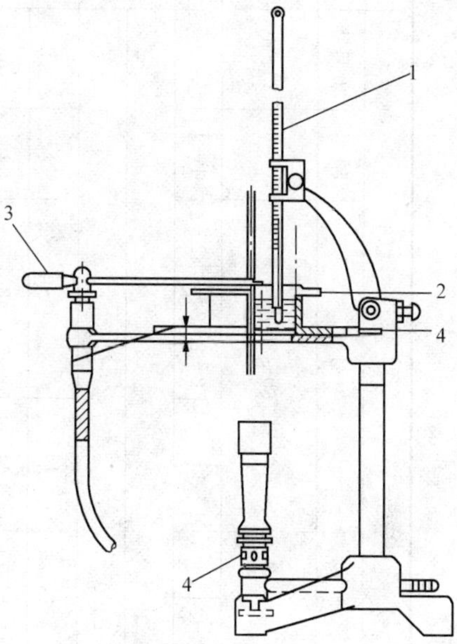

（七）沥青其他性能指标

1. 沥青的密度

沥青的密度是沥青在规定温度下单位体积的质量，以 g/cm^3 计。沥青的相对密度是在同一温度下，沥青质量与同体积的水质量之比值，无量纲。非特殊要求，宜在试验温度 25℃ 及 15℃ 下测定沥青的密度与相对密度。

图 7-2-12 克利夫兰开口杯式闪点仪

沥青的密度是沥青在重量与体积之间相互换算以及沥青混合料配合比设计时必不可少的重要参数。通常黏稠沥青的密度在 0.96~1.04 范围。

2. 溶解度

沥青的溶解度是沥青试样在规定溶剂中可溶物的含量，以质量百分率表示。非经注明，溶剂为三氯乙烯。在实际工作中，通常不进行沥青的化学组分分析，一般仅测定其溶解度，以确定沥青中含有对筑路有利的有效成分含量和纯净程度。

3. 蜡含量

蜡质量与沥青总质量的比，以质量百分率表示。沥青中的蜡含量是采用裂解蒸馏法测定，该法是将蒸馏沥青试样所得的馏出油，用乙醚-乙醇混合溶剂溶解，在低温 −20℃ 下冷冻，将结晶析出的蜡过滤，滤得的蜡用热石油醚溶解，从溶液中蒸出溶剂，干燥后称量，按其占原试样质量百分率计算含蜡量。

4. 含水量

沥青的含水量是沥青试样中水分的质量占试样质量的百分率。水分不仅影响沥青用量，且影响施工安全以及沥青与矿料的黏结。当加热时水分形成泡沫，使沥青体积增大，易从熔锅中溢出，除了使沥青损失外，可能引起火灾。含水量采用沥青含水量测定仪测定。

三、石油沥青的技术标准

1. 道路黏稠石油沥青的技术标准

道路石油沥青按针入度划分为 30 号、50 号、70 号、90 号、110 号、130 号和 160 号七个标号，根据当前的沥青使用和生产水平，按技术性能分为 A、B、C 三个等级，技术要求见表 7-2-5。

表7-2-5　道路石油沥青技术要求

指标	单位	等级	160号[4]	130号[4]	110号	90号	70号[3]	50号	30号[4]	试验方法[1]
针入度(25℃,5s,100g)[6]	0.1mm		140~200	120~140	100~120	80~100	60~80	40~60	20~40	T 0604
适用的气候分区[6]			注[4]	注[4]	2-1 2-2 3-2	1-1 1-2 1-3 1-4 2-2 2-3 2-4 3-2	1-3 1-4 2-2 2-3 2-4	1-4	注[4]	T 0604
针入度指数 PI[2]		A	-1.5~+1.0							
		B	-1.8~+1.0							
软化点(R&B) 不小于	℃	A	38	40	43	45	46	49	55	T 0606
		B	36	39	42	43	44	46	53	
		C	35	37	41	42	43	45	50	
60℃动力黏度[2] 不小于	Pa·s	A	—	60	120	160	180	200	260	T 0620
10℃延度[2] 不小于	cm	A	50	50	40	45 30 20	20 15	15	10	T 0605
		B	30	30	30	30 20 15	20 15 10	10	8	
15℃延度 不小于	cm	A,B	80	80	60	50 100	40	30	20	
蜡含量(蒸馏法) 不大于	%	A	2.2							
		B	3.0							
		C	4.5							
闪点不小于	℃		230	230	245	245	260	260	260	T 0611
溶解度不小于	%		99.5							T 0607
密度(15℃)	g/cm³		实测记录							T 0603

续表

指标	单位	等级	沥青标号							试验方法[1]
			160号[4]	130号[4]	110号	90号	70号[3]	50号	30号[4]	
TFOT(或RTFOT)后[5]										
质量变化　不大于	%					±0.8				T 0610 或 T 0609
残留针入度比　不小于	%	A	48	54	55	57	61	63	65	T 0604
		B	45	50	52	54	58	60	62	
		C	40	45	48	50	54	58	60	
残留延度(10℃)　不小于	cm	A	12	12	10	8	6	4	—	T 0605
		B	10	10	8	6	4	2	—	
残留延度(15℃)　不小于	cm	C	40	35	30	20	15	10	—	T 0605

注　1. 试验方法按照现行《公路工程沥青及沥青混合料试验规程》(JTG E 20—2011)规定的方法执行。用于仲裁试验求取 PI 时的 5 个温度的针入度关系的相关系数不得小于 0.997。

2. 经建设单位同意，表中 PI 值、60℃动力黏度、10℃延度可作为选择性指标，也可不作为施工质量检验指标。

3. 70 号沥青可根据需要求供应商提供针入度范围为 60~70 或 70~80 的沥青，50 号沥青可要求供应商提供针入度范围为 40~50 或 50~60 的沥青。

4. 30 号沥青仅适用于沥青稳定基层。130 号和 160 号沥青除寒冷地区可直接应用外，通常用作乳化沥青、稀释沥青、改性沥青的基质沥青。

5. 老化试验以 TFOT 为准，也可以 RTFOT 代替。

6. 气候分区见表 9 - 2 - 4。

表 7 - 2 - 6　　道路液体石油沥青技术要求

试验项目		单位	快凝		中凝						慢凝						试验方法[1]
			AL(R)-1	AL(R)-2	AL(M)-1	AL(M)-2	AL(M)-3	AL(M)-4	AL(M)-5	AL(M)-6	AL(S)-1	AL(S)-2	AL(S)-3	AL(S)-4	AL(S)-5	AL(S)-6	
黏度	C25.5	—	<20	—	<20	—	—	—	—	—	<20	—	—	—	—	—	T 0621
黏度	C60.5	s	—	5~15	—	5~15	16~25	26~40	41~100	101~200	—	5~15	16~25	26~40	41~100	101~200	
蒸馏体积	225℃前	%	>20	>15	<10	<7	<3	<2	0	0	—	—	—	—	—	—	
蒸馏体积	315℃前	%	>35	>30	<35	<25	<17	<14	<8	<5	—	—	—	—	—	—	T 0632
蒸馏体积	360℃前	%	>45	>35	<50	<35	<30	<25	<20	<15	<40	<35	<25	<20	<15	<5	
蒸馏后残留物	针入度(25℃)	0.1mm	6~200	6~200	100~300	100~300	100~300	100~300	100~300	100~300	—	—	—	—	—	—	T 0604
蒸馏后残留物	延度(25℃)	cm	>60	>60	>60	>60	>60	>60	>60	>60	—	—	—	—	—	—	T 0605
蒸馏后残留物	浮标度(5℃)	s	—	—	—	—	—	—	—	—	<20	<20	<30	<40	<45	<45	T 0631
闪点(TOC法)		℃	>30	>30	>65	>65	>65	>65	>65	>65	>70	>70	>100	>100	>120	>120	T 0633
含水量不大于		%	0.2	0.2	0.2	0.2	0.2	0.2	0.2	0.2	2.0	2.0	2.0	2.0	2.0	2.0	T 0612

2. 液体石油沥青的技术标准

道路用液体石油沥青的技术要求（JTG F 40—2004），按液体沥青的凝固速度而分为：快凝 AL（R）、中凝 AL（M）和慢凝 AL（S）三个等级，快凝液体沥青按黏度分为AL(R)−1和 AL(R)−2 两个标号，中凝和慢凝液体沥青按黏度分为 AL(M)−1…AL(M)−6 和 AL(S)−1…AL(S)−6 六个标号。技术要求见表 7-2-6。

第三节 改 性 沥 青

高等级沥青路面的特点是交通密度大、车辆轴载重、荷载作用间歇时间短、高速和渠化。因此，造成路面高温出现车辙、低温产生裂缝等病害。为解决车辙和裂缝等病害，要求沥青必须具有抵抗高温变形和低温裂缝的性能，因此要对沥青的性能进行改善。

一、改性沥青的定义及分类

1. 改性沥青的定义

改性沥青是指掺加橡胶、树脂、高分子聚合物、天然沥青、磨细的橡胶粉，或者其他材料等改性剂制成的沥青结合料，从而使沥青或沥青混合料的性能得以改善。

2. 改性沥青的种类

常用的改性剂主要为高聚物，种类有树脂类、橡胶类、热塑性弹性体类等三类，见表 7-3-1。树脂类高聚物可分为热塑性树脂和热固性树脂。常用的主要是热塑性树脂。

表 7-3-1 改性沥青常用高聚物

树脂类高聚物	橡胶类高聚物	树脂-橡胶共聚物（热塑性弹性体）
聚乙烯（PE） 聚丙烯（PP） 聚乙烯-乙酸乙烯酯共聚物（EVA）	丁苯橡胶（SBR） 氯丁橡胶（CR） 丁腈橡胶（NBR） 苯乙烯-异戊二烯橡胶（SIR） 乙丙橡胶（EPDR）	苯乙烯-丁二烯嵌段共聚物（SBS） 苯乙烯-异戊二烯嵌段共聚物（SIS）

改性沥青主要分为三大类：热塑性树脂类改性沥青、橡胶类改性沥青、热塑性弹性体类改性沥青。

二、改性沥青的性能

1. 热塑性树脂类改性沥青

热塑性树脂类改性沥青的性能，主要是改善沥青高温性能。提高了沥青的黏度和高温稳定性，提高了路面抗车辙能力，减薄路面厚度，降低路面造价等。但可使沥青的低温脆性增大，掺加时易分解以及与沥青的相容性差等。

最常用的是聚乙烯、聚丙烯，由于它们比较便宜，且可以直接掺加，因此主要应用于温和地区。例如杭州钱江二桥就使用了 EVA 改性沥青铺筑桥面。

2. 橡胶类改性沥青

橡胶类改性沥青的性能是低温变形能力提高。低温 5℃ 延度明显增加；韧性增大；高温（施工温度）黏度增大，软化点升高，热稳定性明显提高。

改性效果较好的是丁苯橡胶，最大特点是改善沥青的低温性能。橡胶沥青的性能，主要取决于沥青的性能、橡胶的品种和掺量以及制备工艺。橡胶沥青主要适宜在寒冷气候条件下使用。如青藏公路就铺筑了橡胶沥青路面。

3. 热塑性弹性体改性沥青

热塑性弹性体对沥青性能的改善优于树脂和橡胶。改性剂主要是苯乙烯-丁二烯嵌段共聚物，如苯乙烯-丁二烯-苯乙烯（SBS）。各国使用最多的是 SBS 改性沥青。

SBS 改性沥青最大的特点是高温稳定性和低温抗裂性都好，高温（60℃）黏度和软化点提高，5℃延度大幅度增加；降低温度感应性；提高了耐久性，增强了耐老化、耐疲劳性能；具有良好的弹性恢复性能。例如，阜新至朝阳高速公路用的就是 SBS 改性沥青。

三、改性沥青的技术标准

聚合物改性沥青的技术要求见表 7-3-2。该标准根据聚合物类型的不同分为三类，将每一种类型的聚合物改性沥青又分为几个等级，每一个等级适用于不同的气候条件。

表 7-3-2　　　　　　　　　聚合物改性沥青技术要求（JTG F 40—2004）

指标	SBS 类（I 类）				SBR 类（II 类）			EVA、PE 类（III 类）			
	I-A	I-B	I-C	I-D	II-A	II-B	II-C	III-A	III-B	III-C	III-D
针入度（25℃，100g，5s）(0.1mm)	>100	80～100	60～80	30～60	>100	80～100	60～80	>80	60～80	40～60	30～40
针入度指数 PI 不小于	-1.2	-0.8	-0.4	0	-1.0	-0.8	-0.6	-1.0	-0.8	-0.6	-0.4
延度（5℃，5cm/min）不小于（cm）	50	40	30	20	60	50	40				
软化点 $T_{R\&B}$ 不小于(℃)	45	50	55	60	45	48	50	48	52	56	60
运动黏度（135℃）不大于（Pa·s）	3										
闪点不小于（℃）	230				230			230			
溶解度不小于（%）	99				99			—			
储存稳定性离析，48h 软化点差不大于（℃）	2.5							无改性剂明显析出、凝聚			
弹性恢复（25℃）不小于（%）	55	60	65	70	—						
黏韧性 不小于（N·m）					5						
韧性 不小于（N·m）	—				2.5						
TFOF（或 RTFOF）后残留物[4]											
质量变化 不大于（%）	±1.0										
针入度比（25℃）不小于（%）	50	55	60	65	50	55	60	50	55	58	60
延度（5℃）不小于（cm）	30	25	20	15	30	20	10				

第四节 乳 化 沥 青

一、乳化沥青的定义及特点

1. 乳化沥青的定义

乳化沥青是石油沥青与水在乳化剂、稳定剂等的作用下经乳化加工制得的均匀沥青产品，也称沥青乳液。

2. 乳化沥青的特点

（1）冷态施工、节约能源。乳化沥青可以在常温下施工，无需加热，扣除制备所消耗的能源，仍可以节约大量能源。

（2）和易性好、节约沥青。乳化沥青黏度低，混合料的和易性好，施工方便。此外，由于它在集料表面形成的沥青膜较薄，不仅提高了黏附性，而且可以节约沥青用量约10%。

（3）保护环境、保障健康。施工不需加热，故不污染环境，也避免了施工人员受沥青挥发物的毒害。

（4）施工季节较长。乳化沥青可以与潮湿集料黏附，不受阴湿季节影响，能及时进行路面的养护，因此延长了施工季节。

（5）成型期较长。乳化沥青修筑的路面成型期较长。

（6）稳定性差。乳化沥青储存期不宜超过6个月，否则易凝聚和分层。储存温度不宜低于0℃。

二、乳化沥青的组成材料

乳化沥青是由沥青、乳化剂、稳定剂和水组成。

1. 沥青

沥青在乳化沥青中占55%～70%。制备乳化沥青用的基质沥青，对高速公路和一级公路，宜符合道路石油沥青A、B级沥青的要求，其他情况可采用C级沥青。相同油源和工艺的沥青，针入度较大者易于形成乳液。在选择沥青时，首先要考虑它的易乳化性，沥青中活性组分较高者较易乳化，蜡含量较高者较难乳化。

2. 乳化剂

乳化剂在乳化沥青中只占千分之几，但对乳化沥青的形成却起关键作用。它具有使互不相溶的沥青与水形成一相（沥青）均匀分散于另一相（水）中的特殊功能。

乳化剂是一种表面活性剂，为两亲性分子，一端为极性的亲水基团，另一端为非极性的亲油基团。亲油基团一般为长链烷基，结构差别较小，它的长度由沥青性质决定，通常在14烷基至19烷基之间。亲水基团则种类繁多，结构差异较大。乳化剂有天然和人工合成两种，现多采用人工合成的制品。

乳化剂按其亲水基在水中是否电离而分为离子型和非离子型两大类。离子型乳化剂按其离子电性分为阴离子型、阳离子型、两性离子型乳化剂。阳离子乳化剂是当前应用最广泛的乳化剂。

（1）阴离子型乳化剂。在水中溶解时，能电离成离子或离子胶束，且与亲油基相连的亲水基团带有阴（或负）电荷。主要有羧酸盐（如－COONa）、磺酸盐（如－SO_3Na）、硫酸酯盐（如－OSO_3Na）等。

（2）阳离子型乳化剂。在水中溶解时，能电离成离子或离子胶束，且与亲油基相连的亲水基团带有阳（或正）电荷。主要有季胺盐类、烷基胺类、酰胺类等，如图 7-4-1 所示。

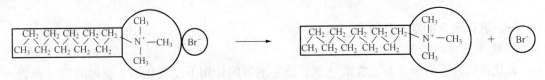

图 7-4-1　阳离子型乳化剂（十六烷基三甲基溴化铵）溶解于水时图解

（3）两性离子型乳化剂。在水中溶解时，能电离成离子或离子胶团，且与亲油基相连的亲水基团，既带有阴电荷又带有阳电荷。主要有氨基酸型（如 $RNHCH_2CH_2COOH$）和甜菜型［如 $RN(CH_3)_2CH_2COOH$］两类。

（4）非离子型乳化剂。在水中溶解时，不能电离成离子或离子胶束，而是靠分子所含有的羟基（—OH）和醚链（—O—）作为亲水基。它可分为醚基类、酯基类、酰胺类、杂环类等。

3. 稳定剂

为使乳化沥青具有良好的储存稳定性和施工稳定性，必要时可加入适量的稳定剂。它可分为两类：

（1）有机稳定剂。它可提高乳液的储存稳定性和施工稳定性。如聚乙烯醇、聚丙烯酰胺、羧甲基纤维素钠、糊精等。

（2）无机稳定剂。它可提高乳液的储存稳定性。常用的有氯化钙、氯化镁、氯化铵和氯化铬等。

4. 水

水是乳化沥青的主要组成部分，水的质量对乳化沥青的性能可产生影响。水中常含有各种矿物质或其他影响乳化沥青形成的物质。生产乳化沥青的水应纯净，不应含其他杂质。

三、乳化沥青的形成机理

沥青微滴能够均匀地分散在有乳化剂-稳定剂的水中而形成稳定的分散系，其形成机理如下：

1. 乳化剂降低界面张力的作用

为了使热沥青分散在 80℃ 的水中，就要对沥青体系做功，使体系的自由表面能增加。沥青体系自由表面能是水与沥青的界面张力和沥青微滴的总表面积的乘积。当界面张力固定时，减少自由表面能的唯一途径就是缩小表面积，所以停止搅拌后，沥青微滴自动聚结。为使沥青微滴分散，只有降低界面张力。加入乳化剂后，乳化剂在沥青-水的界面上定向排列，非极性端朝向沥青，极性端朝向水（见图 7-4-2），可使界面张力大大降低，因而使沥青与水体系形成稳定的分散系。

2. 界面膜的保护作用

乳化剂在沥青微滴的表面形成界面膜（见图 7-4-3），此膜具有一定的强度，对沥青微滴起保护作用，使其在相互碰撞时不易聚结，因而保证沥青-水体系的稳定性。

3. 双电层的稳定作用

乳化剂在沥青-水的界面上定向排列，非极性端朝向沥青，极性端朝向水，使沥青微滴带有电荷。例如阳离子乳化剂使沥青微滴带正电荷（见图7-4-4）。沥青-水界面上电荷层的结构是扩散双电层，第一层为吸附层，基本上固定在界面上，电荷与沥青微滴的电荷相反；第二层为扩散层，由吸附层向外电荷向水中扩散。由于每一沥青微滴都带相同电荷，并有扩散双电层的作用，故沥青-水体系成为稳定体系。

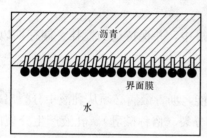

图7-4-2 乳化剂在沥青与
水界面上定向排列

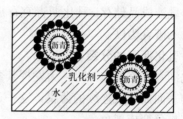

图7-4-3 乳化剂在沥青微滴
表面形成界面膜

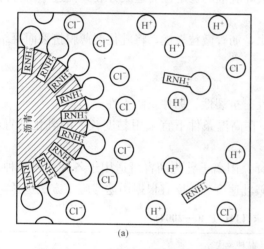

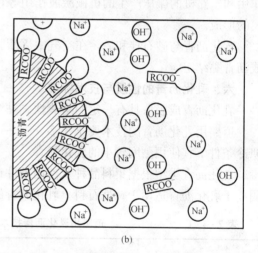

图7-4-4 沥青乳液中沥青-水界面上电荷层
（a）阳离子沥青乳液；（b）阴离子沥青乳液

四、乳化沥青的制备

沥青乳液的制备流程如图7-4-5所示，由下列5个主要部分组成：

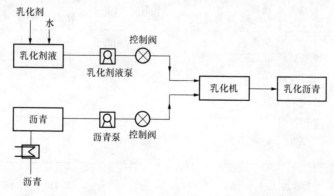

图7-4-5 制备乳化沥青的工艺流程示意图

（1）乳化剂水溶液的调制。在水中加入需要数量的乳化剂和稳定剂。根据乳化剂和稳定剂溶解所需的水温，一般在 60～80℃，使其在水中充分溶解。

（2）沥青加热。一般温度在 120～150℃。

（3）沥青与水比例控制机构。

（4）乳化设备。胶体磨或其他同类设备。

（5）乳液成品储存。乳化沥青宜存放在立式罐中，并保持适当搅拌。储存期以不离析、不冻结、不破乳为度。

五、乳化沥青的分裂

乳化沥青在路面施工时，为发挥其黏结的功能，沥青微滴必须从乳液中分裂出来，聚集在集料的表面而形成连续的薄膜，这一过程称为分裂（俗称破乳）。乳液产生分裂的特征是颜色由棕褐色变成黑色。

分裂的原因是由于水的蒸发作用、集料对乳液水分的吸收作用、乳液与集料物理—化学作用和压路机的碾压产生的机械激波作用等，破坏乳液的稳定性而造成分裂，促进了沥青薄膜的形成。

乳化沥青与砂石拌和后，在空气中逐渐脱水，沥青微粒靠拢，将乳化剂薄膜挤裂而凝结成沥青黏结层。

六、乳化沥青的性质与技术标准

乳化沥青成膜后具有一定的耐热性、黏结性、抗裂性、韧性及防水性。

道路用乳化沥青的技术要求见表 7-4-1。在高温条件下宜采用黏度较大的乳化沥青，寒冷条件下宜使用黏度较小的乳化沥青。

乳化沥青类型根据集料品种及使用条件选择。阳离子乳化沥青可适用于各种集料品种，阴离子乳化沥青适用于碱性石料。乳化沥青的破乳速度、黏度宜根据用途与施工方法选择。

表 7-4-1　　　　　　　道路用乳化沥青技术要求（JTG F 40—2004）

试验项目		单位	品种及代号										试验方法
			阳离子				阴离子				非离子		
			喷洒用			拌和用	喷洒用			拌和用	喷洒用	拌和用	
			PC-1	PC-2	PC-3	BC-1	PA-1	PA-2	PA-3	BA-1	PN-2	BN-1	
破乳速度			快裂	慢裂	快裂或中裂	慢裂或中裂	快裂	慢裂	快裂或中裂	慢裂或中裂	慢裂	慢裂	T 0658
粒子电荷			阳离子（+）				阴离子（-）				非离子		T 0653
筛上残留物（1.18mm 筛）不大于		%	0.1				0.1				0.1		T 0652
黏度	恩格拉黏度计 E_{25}		2～10	1～6	1～6	2～30	2～10	1～6	1～6	2～30	1～6	2～30	T 0622
	道路标准黏度计 $C_{25,3}$	S	10～25	8～20	8～20	10～60	10～25	8～20	8～20	10～60	8～20	10～60	T 0621

续表

试验项目		单位	品种及代号										试验方法
			阳离子				阴离子				非离子		
			喷洒用			拌和用	喷洒用			拌和用	喷洒用	拌和用	
			PC—1	PC—2	PC—3	BC—1	PA—1	PA—2	PA—3	BA—1	PN—2	BN—1	
蒸发残留物	残留分含量,不小于	%	50	50	50	55	50	50	50	55	50	55	T 0651
	溶解度,不小于	%	97.5				97.5				97.5		T 0607
	针入度(25℃)	0.1mm	50～200	50～300	0～150		50～200	50～300	50～150		50～300	60～300	T 0604
	延度(15℃)不小于	cm	40				40				40		T 0605
与粗集料的黏附性,裹附面积,不小于			2/3			—	2/3			—	2/3	—	T 0654
与粗、细粒式集料拌和试验			—			均匀	—			均匀	—		T 0659
水泥拌和试验的筛上剩余不大于		%	—								—	3	T 0657
常温储存稳定性:(1d),不大于(5d),不大于		%	15				15				15		T 0655

注 P为喷洒型,B为拌和型,C、A、N分别表示阳离子、阴离子、非离子乳化沥青。

七、乳化沥青的应用

乳化沥青适用于沥青表面处治路面、沥青贯入式路面、冷拌沥青混合料路面,修补裂缝,喷洒透层、黏层与封层等。乳化沥青的品种和适用范围宜符合表7-4-2的规定。

表 7-4-2　　　　　　　　乳化沥青品种及适用范围

分类	品种及代号	适用范围
阳离子乳化沥青	PC—1	表处、贯入式路面及下封层用
	PC—2	透层油及基层养生用
	PC—3	黏层油用
	BC—1	稀浆封层或冷拌沥青混合料用
阴离子乳化沥青	PA—1	表处、贯入式路面及下封层用
	PA—2	透层油及基层养生用
	PA—3	黏层油用
	BA—1	稀浆封层或冷拌沥青混合料用

续表

分类	品种及代号	适用范围
非离子乳化沥青	PN—2	透层油用
	BN—1	与水泥稳定集料同时使用（基层路拌或再生）

复习思考题

1. 何谓石油沥青？四组分法可将其分离为哪四个组分？各组分对沥青的性质有何影响？国产石油沥青在化学组分上有什么特点？

2. 简述石油沥青的三种胶体结构及其在路用性能上的特点。

3. 黏稠石油沥青三大指标的含义是什么？它们分别表征石油沥青的什么性质？

4. 沥青针入度指数表征沥青的什么性质？如何用针入度指数判定沥青的胶体结构？

5. 何谓沥青的老化？老化后沥青的性质有哪些变化？

6. 何谓改性沥青？改性沥青主要分为哪几类？简述它们的性能特点。

7. 何谓乳化沥青？试述乳化沥青的形成机理。

第八章 高分子聚合物材料

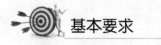

基本要求

熟悉高分子聚合物的基本概念、分类与命名、结构与性能；熟悉土木工程中高分子聚合物主要制品的特性及应用，包括工程塑料和土工布等。

重　点

高分子聚合物的基本概念、性能特点及其主要制品的性能及应用。

第一节　高分子聚合物材料基础

一、高分子聚合物的概念

高分子聚合物（简称高聚物），是组成单元相互多次重复连接而构成的物质，又称高分子化合物。

二、高分子聚合物的分类

（1）按高聚物合成材料分为塑料、合成橡胶和合成纤维三大类，此外还有胶黏剂、涂料等。

（2）按高聚物的分子结构分为线型、支链型和体型。

（3）按高聚物的合成反应类别分为加聚反应和缩聚反应。

三、高分子聚合物的单体、链节、聚合物、聚合度

高分子聚合物是由一种或几种低分子化合物（单体）聚合而成。高聚物分子量很大，但是化学组成都比较简单。例如聚乙烯（$\cdots-CH_2-CH_2-CH_2-CH_2-\cdots$）是由乙烯（$CH_2=CH_2$）聚合而成，若将$-CH_2-CH_2-$看作聚乙烯中的一个重复结构单元，则聚乙烯可写成$-[CH_2-CH_2]-_n$。

（1）单体。可以聚合成高聚物的低分子化合物，如上例中的乙烯（$CH_2=CH_2$）。

（2）链节。指组成高聚物最小的重复结构单元，如上例中$-CH_2-CH_2-$。

（3）聚合物。是指相应组成的大分子，如上例中的$-[CH_2-CH_2]-_n$。

（4）聚合度。是指高聚物中所含链节的数目n；高聚物的聚合度一般为$1\times10^3\sim1\times10^7$，因此其分子量必然很大。

四、聚合物的命名

（1）习惯命名。在单体的名称前加"聚"字而命名，如单体为乙烯，聚合物的习惯名称为聚乙烯，大多数烯类单体聚合物都按此命名；部分缩聚物在原料后附以树脂命名，如单体有苯酚和甲醛两种，聚合物的习惯名称为酚醛树脂；对两种以上单体的共聚物，则从共聚物

单体中各取一字，后附橡胶二字来命名，如丁二烯与苯乙烯共聚物称为丁苯橡胶。

（2）商品名称法。有些聚合物，特别是纤维和橡胶用商品名称来命名，如聚乙内酰胺，聚合物的商品名称为尼龙6。

（3）英文缩写。由于聚合物名称较长，常用英文名称的缩写表示。如聚乙烯（polyethylene）缩写为PE等。

在土木工程材料工业领域常以习惯命名。

五、高分子聚合物的分子结构

高分子聚合物按其链节在空间排列的几何形状，可分为线型高聚物、支链型高聚物和体型高聚物。

1. 线型高聚物

线型高聚物的分子为线状长链分子［见图8-1-1（a）］，呈卷曲状，高分子链之间的范德华力很小，分子容易相互滑动，升温时可以软化，甚至熔融而不分解，成为黏度较大的液体。塑性树脂多属于此类，如聚苯乙烯（PS）。

线型高聚物具有良好的弹性、塑性、柔顺性，有一定的强度，但硬度小。

2. 支链型高聚物

支链型高聚物分子在主链上带有支链［见图8-1-1（b）］。它可以溶解和熔融，但支链的长短不同时，会影响高聚物的性能。如低密度聚乙烯（LDPS）和聚醋酸乙烯酯（PVAC）属于此结构，与线型高密度聚乙烯相比密度小，抗拉强度低，而溶解性增大。

3. 体型高聚物

体型高聚物分子是由线型或支链型高聚物分子以化学键交联形成，呈空间网状结构［见图8-1-1（c）］。它不溶于任何溶剂。加热时不软化，也不流动。如热固性树脂属于此类，如酚醛树脂（PF）、环氧树脂（PE）等。

体型高聚物具有弹性和塑性低，硬度与脆性大，耐热性较好的特点。

合成纤维是线型高聚物，而塑料可以是线型高聚物，也可以是体型高聚物。

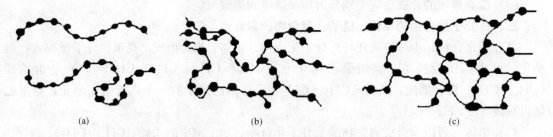

图8-1-1　高分子聚合物结构示意图
(a) 线型结构；(b) 支链型结构；(c) 体型结构

六、高分子聚合物的性能特点

高分子聚合物中的塑料、合成橡胶和合成纤维被称为三大合成材料。由于其具有质轻、强度高、耐腐蚀、耐磨、绝缘性好，同时原料广泛、经济效益高、品种不断增多，不受气候限制，被广泛应用于工程中。

七、高分子聚合物的工程应用

工程高分子聚合物材料在道桥工程中的应用，除了直接作为道路与桥梁结构物构件或配件的材料外，更多的是作为改善水泥混凝土或沥青混合料性能的组分，为此必须掌握高聚物的基本概念和性能，才能正确选择和应用这类材料。

第二节　工　程　塑　料

一、工程塑料的定义、分类

1. 定义

塑料是以合成树脂为主要原料，加入适量的填料和添加剂，在高温高压下塑化成型，且在常温常压下保持制品形状不变的一种合成高分子材料。

2. 分类

（1）按应用范围分类。

1）通用塑料。是指产量大、用途广、价格低的一类塑料，主要包括聚氯乙烯、聚丙烯、聚苯乙烯、酚醛塑料和氨基塑料等。

2）工程塑料。是指力学性能好，能作为工程材料使用或代替金属生产各种设备和零件的塑料，主要品种有聚碳酸酯、聚酰胺脂、聚酰胺（尼龙）和 ABS 等。

3）特种塑料。是指具有特种性能和特种用途的塑料，主要有有机树脂、环氧树脂和有机玻璃等。

（2）按受热形态分类。

1）热塑性塑料。由热塑性树脂组成的塑料，受热后软化，逐渐熔融，冷却后变硬成型，这种软化和硬化过程可重复进行。优点是加工成型简便，力学性能较高；缺点是耐热性、刚性较差。用于塑料的热塑性树脂有聚乙烯、聚氯乙烯、聚苯乙烯、聚四氟乙烯等加聚高聚物。

2）热固性塑料。由热固性树脂组成的塑料，加热时软化，产生化学反应，形成聚合物交联而逐渐硬化成型，再受热则不软化或改变其形状。其耐热性、刚性较高，但力学性能较差。用于塑料的热固性树脂主要有酚醛树脂、脲醛树脂、不饱和聚酯树脂、环氧树脂等缩聚高聚物。

二、工程塑料的基本组成

塑料可分为单组分塑料和多组分塑料。单组分塑料是由聚合物构成，仅含少量染料、润滑剂等。多组分塑料则除聚合物外，还包含大量的添加剂（增塑剂、稳定剂、改性剂、填料等）。大部分塑料是多组分塑料。

1. 合成树脂

凡作为塑料基材的高分子化合物（高聚物）都称为树脂。合成树脂是塑料的基本组成部分，在塑料中起黏结作用，把填充料等胶结成整体。塑料的性质主要取决于合成树脂的种类、性质和数量。合成树脂在塑料中的质量分数约占 30%～60%。

2. 添加剂

（1）填料。填料又称填充剂，它是大多数塑料中不可缺少的原料，掺量为 40%～70%。其作用是提高塑料的强度、硬度及耐热性，减少塑料在常温下的蠕变，减少塑料制品的收缩，降低塑料的成本。

常用的填充料有木屑、滑石粉、石灰石粉、石棉、炭黑、铝粉、和玻璃纤维等。

（2）增塑剂。增塑剂在塑料中的掺量不多，其作用是提高塑料加工时的可塑性及流动性，能降低塑料的硬度和脆性，使塑料制品具有较好的塑性和柔韧性。常用的增塑剂有邻苯二甲酸二辛酯、磷酸三甲酚酯、樟脑、二苯甲酮等。

（3）其他添加剂。根据塑料使用及成型加工中的需要，还有着色剂、固化剂、稳定剂、偶联剂、润滑剂、抗静电剂、发泡剂、阻燃剂、防霉剂等。

三、工程塑料的主要特性

1. 轻质高强

塑料一般都较轻，密度为 $0.9 \sim 2.3 \mathrm{g/cm^3}$，而泡沫塑料仅为 $0.01 \sim 0.5 \mathrm{g/cm^3}$。因此利于高层建筑，如用泡沫塑料做芯材制成的复合材料，既保温又大大降低结构物的自重。

常用建筑塑料的强度值并不高，然而其比强度值（强度与表观密度之比）却远高于混凝土，甚至高于结构钢，因此塑料是一种轻质高强的材料。

2. 电绝缘性好

通常塑料都无导电能力，其电绝缘性能良好，在建筑上常用做建筑电气材料。

3. 耐腐蚀性好

塑料分子是由饱和的化学键构成的，无与介质形成电化学作用的自由电子或离子，因而不会发生电化学腐蚀。塑料对酸、碱、盐及油脂等均有较好的耐腐蚀性。

4. 可加工性好

塑料可采用多种方法加工成型，制成薄膜、板材、管材、门窗等各种形状的产品，还便于切割和焊接。

5. 装饰性优越

塑料在生产中可用着色剂获得鲜艳的色彩；加入不同品种的填料构成不同的质感，或如脂似玉，或坚硬如石，刚柔相宜，润手实用等；也可采用先进的印刷、电镀、压花技术制成具有优异装饰性能的各种塑料制品，其纹理和质感可模仿天然材料（如大理石、木纹等），图像逼真。

6. 保温、抗振和吸声

塑料的导热性很小，是最好的绝热材料，隔热保温，特别是泡沫塑料可减小振动、降低噪声。

四、工程塑料的应用

1. 工程塑料的常用品种

工程塑料的品种很多，主要有聚氯乙烯、聚乙烯、聚丙烯、聚苯乙烯、酚醛树脂、不饱和聚酯、环氧树脂、聚氨酯树脂、有机硅聚合物、玻璃纤维增强塑料等。使用量较多的是聚氯乙烯和酚醛树脂等。

（1）聚氯乙烯塑料（PVC）。聚氯乙烯塑料是由氯乙烯单体聚合而成，是工程上常用的一种塑料。它的化学稳定性高，抗老化性好，但耐热性差，100℃以上会分解、变质而破坏。通常在 $60 \sim 80$℃以下使用。根据增塑剂掺量的不同，可制得硬质或软质聚氯乙烯塑料。

聚氯乙烯硬质塑料耐腐蚀、电绝缘性好，常温强度良好、高温和低温强度不高。主要用途是装饰板建筑零配件、管道等。

聚氯乙烯软质塑料耐腐蚀、电绝缘性好，质地柔软、强度低。主要用途是薄板、薄膜、管道、壁纸、壁布、地毯等。

（2）酚醛树脂（PF）。酚醛树脂是由酚和醛在酸性或碱性催化剂作用下缩聚而成。它的黏结强度高、耐光、耐水、耐热、耐腐蚀、电绝缘性好，但性脆。在酚醛树脂中掺加填料、固化剂等可制成酚醛树脂塑料制品。醛树脂塑料制品表面光洁，坚固耐用，成本低，是最常用的塑料品种之一。主要用于电工器材、黏结剂、涂料等。

2. 工程塑料在建筑工程中的应用

塑料在土木工程中有着广泛的应用，大部分用于非结构材料，小部分用于承受轻荷载的构件，如候车棚、储水罐、充气结构等。主要是与其他材料复合使用，如电线的绝缘材料、泡沫塑料夹芯层的复合外墙板、屋面板等。常用的工程塑料制品有：

（1）塑料门窗。主要采用改性硬质聚氯乙烯经挤出机形成各种型材。型材经过加工，组装成建筑物的门窗。有中空型材拼装而成，有白色、深棕色、双色、仿木纹等品种。塑料门窗具有耐水、耐腐蚀、气密性、水密性、绝缘性、隔声性、耐燃性、尺寸稳定性好等特点，而且不需粉刷，维护保养方便，逐步取代木门窗、金属门窗，显著节能。技术要求详见《建筑用塑料门》（B/T 28886—2012），《建筑用塑料窗》（GB/T 28887—2012）。

（2）塑料管材。塑料管材与金属管材比，具有质轻、不生锈、不易积垢、管壁光滑、对流体阻力小、安装加工方便、节能等特点。近年来，其应用得到了较大的发展，以塑代铁是国际上管道的发展方向。

（3）土工塑料制品。土工塑料制品是一种新型的岩土工程材料。它是由聚合材料制成的一种平面材料，与土壤、岩石或其他土工材料一起使用，成为工程、结构的组成部分。它可以置于土体内部、表面和各层土体之间，起着加强和保护土体的作用。它的品种有土工织物、土工薄膜、土工格栅、土工网等。已在水利、公路、铁路、工业与民用建筑、海港、采矿、军工等各个领域得到广泛的应用。

（4）其他塑料制品。塑料制品还可以用作装饰材料，如塑料壁纸、塑料地板、屋面和顶棚装饰塑料，以及塑料艺术制品等。

第三节　土　工　布

一、土工布的定义、分类

1. 土工布的定义

土工合成材料是以高分子聚合物为原料的新型建筑材料，它的种类很多，其中有一类具有透水性的布状织物，称为土工织物，俗称土工布。

2. 土工布的种类和特点

（1）按照土工布的成分分类。土工布的成分是人造聚合物，常用的聚合物有聚丙烯（丙纶）、聚酯（涤纶）、聚乙烯、聚酰胺（锦纶）、尼龙等。

（2）按供应的形式分类。土工合成材料包括土工织物（透水、布状）、土工网、格、垫（粗格或网状）、土工薄膜（不透水、膜状）和土工复合材料（以上材料的组合）。

（3）按制造工艺分类，土工布可分为有纺、无纺、纺织和复合织物四种。

1）有纺织物。由经线和纬线交织而成的织物，分为平纹织物和斜纹织物。

2）无纺织物。将纤维沿一定方向或随机地以某种方法相互结合而成的织物。原料是聚酯、聚丙烯或由聚丙烯与尼龙纤维混纺制成。其价格较低，具有中低强度和中等至较大的破坏延伸率。被广泛作反滤、隔离和加筋材料。

3）编织织物（又称针织物）。由一股或多股纱线组成的线卷相互连锁而制成。造价低，但工程应用较少。

4）复合织物。将有纺织物、无纺织物、编织织物等重叠在一起，用黏合或针刺等方法使其相互组合加工而制成的织物。用于排水的复合织物由两层薄反滤层中间夹一厚透水层组成。反滤层一般是热黏合无纺织物，透水层是厚型针织物或特种织物。

二、土工布在道路工程中的应用

土工布被广泛应用于公路、铁路、水利、港建和航道等土木工程的各个领域。

（1）道路和铁路路基，填土，边坡防护、运动场、停车场，在工程中的主要作用是分隔作用。在岩土工程中，不同的粒料层间经常发生混杂，使各层失去应有的性能。将织物铺设在不同粒料层之间，可以起分隔作用。织物的分隔作用在公路的软土路基处理中效果很好。

（2）土工布被用于挡土墙、土坝和铺在水泥板下，主要是起排水作用，织物多孔透水，埋在土中可以汇集水分，并将水分排出土体。

（3）土工布可用于沥青混凝土路面、路面底基层、挡土结构、软土地基、填土地基，其主要作用是加筋作用，织物的抗拉强度较高和变形率较大，将其埋在土中，可以增加土体的稳定性。

（4）土工布还可用于沟渠、基层、坡脚排水和堤岸防护，主要作用是反滤作用，即为防止土中细颗粒被渗流潜蚀（管涌现象），传统上使用级配粒料滤层。而有纺和无纺织物都能取代常规的粒料，起反滤层作用。工程中同时利用织物的反滤和排水两种作用。

第四节　高聚物改性水泥混凝土和沥青混合料

一、高聚物改性水泥混凝土

水泥混凝土被广泛应用于高等级路面和大型桥梁工程。但它的主要缺点是抗拉（或抗弯）强度低，相对延伸率小，是一种典型的强而脆的材料。若采用高聚物改性水泥混凝土，则可使水泥混凝土成为强而韧的材料。

1. 聚合物浸渍混凝土（简称 PIC）

（1）定义。聚合物浸渍混凝土是已硬化的混凝土（基材）经干燥（100～105℃）后浸入有机单体，用加热或辐射等方法使混凝土孔隙内的单体聚合而成的一种混凝土。

最常用的浸渍液有甲基丙烯酸甲酯、苯乙烯，此外还需加入引发剂、催化剂及交联剂等。聚合方法多采用掺加引发剂的热聚合法。

（2）技术性能。由于聚合物浸渍填充了混凝土的孔隙，因而使聚合物浸渍混凝土物理—力学性能得到明显改善：抗压强度约提高 3～4 倍，抗拉强度约提高 3 倍，抗弯强度约提高 2～3 倍，弹性模量约提高 1 倍，抗冲击强度约提高 0.7 倍，徐变减少，抗冻性、耐硫酸盐、耐酸和耐碱等性能也都有很大改善。主要缺点是耐热性差，高温时聚合物易分解。

2. 聚合物水泥混凝土（简称 PCC）

（1）定义。聚合物水泥混凝土是以聚合物（或单体）和水泥共同起胶结作用的一种混凝土。

常用的聚合物有橡胶乳液类，如天然胶乳、丁苯胶乳和氯丁胶乳等；热塑性树脂类，如聚丙烯酸酯、聚醋酸乙烯酯等；热固性树脂类，环氧树脂等。聚合物水泥混凝土是在拌和混凝土混合料时掺入聚合物，因此生产工艺简单，便于现场使用。

（2）技术性能。聚合物水泥混凝土抗弯拉强度高，脆性降低，冲击韧性好，路面的耐磨性及抗滑性好，耐久性好，聚合物在混凝土中能起到阻水和填隙的作用，因而可提高混凝土的抗水性、耐冻性。聚合物水泥混凝土可以应用于道路的路面和桥梁工程中。

3. 聚合物胶结混凝土（简称 PC）

（1）定义。聚合物胶结混凝土是完全以聚合物为胶结材的混凝土。

最常用的聚合物为各种树脂或单体，如环氧树脂、酚醛树脂等，单体有苯乙烯等，所以亦称树脂混凝土。集料应选择高强度和耐磨的岩石，有良好的级配，最大粒径不大于 20mm。填料粒径宜为 $1\sim30\mu m$，矿物成分有碱性的 $CaCO_3$ 系和酸性 SiO_2 系，需根据聚合物特征确定。

（2）技术性能。聚合物混凝土的表观密度轻，通常在 $2000\sim2200kg/m^3$，如采用轻集料配制混凝土，更能增大跨度，达到轻质高强的要求。抗压、抗拉或抗折等力学强度高，对减薄路面厚度或减小桥梁结构断面都有显著效果。聚合物与集料的黏附性强，可采用硬质岩石作成混凝土路面抗滑层，提高路面抗滑性。聚合物胶结混凝土结构密实，因为聚合物不仅可填密集料间的空隙，而且可浸填集料的孔隙，提高了混凝土的耐久性。

聚合物混凝土除了应用于有特殊要求的道路与桥梁工程中外，也经常用于路面和桥梁的修补工程。

二、高分子聚合物改性沥青混合料

聚合物改性沥青可改善沥青混合料性能，树脂类改性沥青对提高混合料的热稳定性有明显的效果，橡胶类改性沥青对提高混合料的低温抗裂性有一定的效果，树脂——橡胶高聚物能适当程度地兼顾高温稳定性和低温抗裂性两方面的性能。改性沥青混合料应用于高等级路面，对防止高温车辙和低温裂缝有一定的效果。

复习思考题

1. 什么是高分子聚合物材料？简述其特征。
2. 什么是单体、链节、聚合物、聚合度？
3. 何谓工程塑料？简述工程塑料的主要特性。
4. 什么是土工布？简述土工布在道路工程中的作用。
5. 何谓聚合物浸渍混凝土、聚合物水泥混凝土和聚合物胶结混凝土？

第九章　沥青混合料

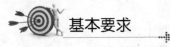

基本要求

熟悉沥青混合料的定义、分类及特点；掌握热拌沥青混合料的组成结构类型、影响抗剪强度的因素、技术性质和技术标准，熟悉组成材料的技术要求和配合比设计方法；掌握 SMA 的定义、特点、技术性质及应用；对其他沥青混合料也有一定了解。

重　点

热拌沥青混合料的组成结构、技术性质、组成材料和设计方法。

第一节　概　述

一、沥青混合料的定义及分类

（一）沥青混合料的定义

沥青混合料是由矿料与沥青结合料拌和而成的混合料的总称。

（二）沥青混合料的分类

1. 按结合料分类

（1）石油沥青混合料。

（2）改性沥青混合料。

（3）煤沥青混合料。

2. 按制造工艺分类

（1）热拌热铺沥青混合料。沥青与矿料在热态下拌和、热态下铺筑的沥青混合料，简称热拌沥青混合料。

（2）常温沥青混合料。以乳化沥青或稀释沥青与矿料在常温状态下拌和、铺筑的沥青混合料。

（3）再生沥青混合料。是由矿料与再生沥青拌和而成的混合料。

（4）温拌沥青混合料。是采用温拌技术生产的混合料，使沥青混合料施工温度介于热拌沥青混合料和常温沥青混合料之间。

3. 按矿料级配分类

（1）连续级配沥青混合料。矿料是按级配原则，从大到小各级粒径都有，按比例相互搭配组成的沥青混合料。

（2）间断级配沥青混合料。矿料级配组成中缺少一个或几个粒径档次（或用量很少）而形成的沥青混合料。

4. 按矿料级配组成及空隙率分类

（1）密级配沥青混合料。按密实级配原理设计组成的各种粒径颗粒的矿料与沥青拌和而成，设计空隙率较小 3%～6% 的密实式沥青混凝土混合料（以 AC 表示）和密实式沥青稳定碎石混合料（以 ATB 表示）。按关键性筛孔通过率的不同又可分为细型、粗型密级配沥青混合料等。粗集料嵌挤作用较好的也称嵌挤密实型沥青混合料。

（2）开级配沥青混合料。矿料级配主要由粗集料嵌挤组成，细集料及填料较少，设计空隙率大于 18% 的混合料。

（3）半开级配沥青碎石混合料。由适当比例的粗集料、细集料及少量填料（或不加填料）与沥青拌和而成，剩余空隙率在 6%～12% 的混合料（以 AM 表示）。

5. 按集料公称最大粒径分类

（1）特粗式沥青混合料。集料公称最大粒径等于或大于 37.5mm 的沥青混合料。

（2）粗粒式沥青混合料。集料公称最大粒径为 26.5mm 或 31.5mm 的沥青混合料。

（3）中粒式沥青混合料。集料公称最大粒径为 16mm 或 19mm 的沥青混合料。

（4）细粒式沥青混合料。集料公称最大粒径为 9.5mm 或 13.2mm 的沥青混合料。

（5）砂粒式沥青混合料。集料公称最大粒径小于 9.5mm 的沥青混合料。

二、沥青混合料的特点

沥青混合料是高等级公路最主要的路面材料。

（一）优点

1. 良好的力学性能

沥青混合料是一种黏弹性材料，采用它修筑的路面，夏季具有一定的高温稳定性，冬季具有一定的低温抗裂性。路面平整无接缝且有弹性，特别是在高速公路上可使客运快捷、舒适，货运损坏率低。

2. 良好的抗滑性

沥青混合料路面既平整又具有一定的粗糙度，有利于高速行车的安全。在潮湿状态下，路面仍具有较高的抗滑性。

3. 施工方便

采用沥青混合料修筑的路面，施工操作方便。采用机械化施工，进度快，养护期短，能及时开放交通。

4. 经济耐久

采用沥青混合料修筑的路面，造价比水泥混凝土路面低得多。高速公路和机场道面可以保证 15 年无大修，使用期可达 20 余年。

5. 便于维修养护、分期改建和再生利用

当沥青混合料路面出现坑槽可以补修。随着道路交通量的增加可分期改建，在旧路面上拓宽和加厚。对旧有的沥青混合料还可再生利用，节约能源、节约投资，社会和经济效益较高。此外，路面的噪声小，晴天无尘，雨天不泞，易于清洁，黑色无强烈反光，便于汽车高速行驶。

（二）缺点

1. 易老化

由于沥青材料的老化，使沥青混合料脆性加大，路面易产生裂缝，引起路面破坏。因而使用年限较水泥混凝土路面短，经常需要进行养护修补。

2. 感温性大

高塑性的沥青混合料，在夏季高温时易软化，使路面易发生车辙、纵向波浪、横向推移等现象。而低塑性的沥青混合料，在冬季低温时又易变得硬而脆，在车辆冲击、重复荷载作用下易发生裂缝。

第二节　热拌沥青混合料

热拌沥青混合料（HMA）是沥青混合料中最典型的品种，凡不冠以特加说明的沥青混合料均指热拌沥青混合料。其他各种沥青混合料均为由其发展而来的亚种。热拌沥青混合料适用于各种等级公路的沥青路面。其种类按集料公称最大粒径、矿料级配、空隙率划分，分类见表 9-2-1。

表 9-2-1　　　　　　　　　　　　**热拌沥青混合料种类**

混合料类型	密级配			开级配		半开级配	公称最大粒径 (mm)	最大粒径 (mm)
	连续级配		间断级配	间断级配		沥青碎石		
	沥青混凝土	沥青稳定碎石	沥青玛蹄脂碎石	排水式沥青磨耗层	排水式沥青碎石基层			
特粗式	—	ATB～40	—	—	ATPB～40	—	37.5	53.0
粗粒式	—	ATB～30	—	—	ATPB～30	—	31.5	37.5
	AC～25	ATB～25	—	—	ATPB～25	—	26.5	31.5
中粒式	AC～20	—	SMA～20	—	—	AM～20	19.0	26.5
	AC～16	—	SMA～16	OGFC～16	—	AM～16	16.0	19.0
细粒式	AC～13	—	SMA～13	OGFC～13	—	AM～13	13.2	16.0
	AC～10	—	SMA～10	OGFC～10	—	AM～10	9.5	13.2
砂粒式	AC～5	—	—	—	—	AM～5	4.75	9.5
设计空隙率（%）	3～5	3～6	3～4	>18	>18	6～12	—	—

一、沥青混合料的组成结构和强度理论

（一）沥青混合料的组成结构

1. 结构理论

对沥青混合料的组成结构有下列两种理论。

（1）表面理论。认为沥青混合料是一种由粗集料、细集料和矿粉按一定的比例组成密实的矿质骨架，沥青分布在其表面，而将它们胶结成为具有一定强度的整体。

（2）胶浆理论。认为沥青混合料是一种具有多级空间网状结构的分散系。主要有下列三级：①粗分散系，它是以粗集料为分散相，而分散在沥青砂浆介质中；②细分散系，它是以细集料为分散相，而分散在沥青胶浆介质中；③微分散系，它是以填料为分散相，而分散在沥青介质中。

$$沥青混合料\begin{cases}分散相—粗集料\\分散介质—沥青砂浆\end{cases}\begin{cases}分散相—细集料\\分散介质—沥青胶结物\end{cases}\begin{cases}分散相—填料\\分散介质—沥青\end{cases}$$

（粗分散系）　　　　　　　　　　（细分散系）　　　　　　（微分散系）

在这 3 级分散系中以沥青胶浆最为重要，它的组成结构决定沥青混合料的高温稳定性和低温变形能力。

两种理论的区别是：表面理论较突出矿料的骨架作用，强度的关键是矿料的强度和密实度。胶浆理论重视沥青胶浆在混合料的作用，突出沥青与填料（矿粉）之间的关系。

2. 沥青混合料的组成结构类型

通常沥青混合料组成结构可分为三种类型：

（1）悬浮-密实结构。当采用连续型密级配矿质混合料时（级配曲线见图 9-2-1a），因粗集料较少，不能形成骨架，犹如悬浮于次级集料及沥青胶浆之中［见图 9-2-2 (a)］。该结构的沥青混合料黏聚力 c 较大，但内摩阻角 φ 较小，优点是密实度和强度较大，低温抗裂性、水稳定性和耐久性较好。缺点是高温稳定性较差。目前在我国应用最为普遍的 AC 型沥青混合料是典型的悬浮—密实结构。

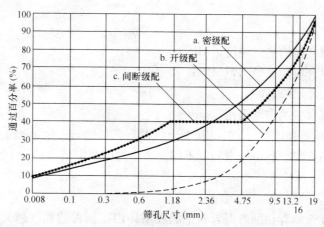

图 9-2-1 三种类型矿质混合料级配曲线

a—连续型密级配 b—连续型开级配 c—间断型密级配

（2）骨架-空隙结构。当采用连续型开级配矿质混合料时（级配曲线见图 9-2-1b），混合料中粗集料较多，可形成骨架，但细集料较少，不足以填满粗集料的空隙［见图 9-2-2 (b)］。此结构的沥青混合料，内摩阻角 φ 较大，但黏聚力 c 较小，混合料的强度主要取决于内摩阻角，受沥青的性质影响较小。特点是高温稳定性较好；但因空隙率较大，耐久性、抗水损害、抗疲劳性和低温抗裂性较差。沥青碎石混合料 AM 和开级配磨耗层沥青混合料 OGFC 是典型的骨架-空隙结构。

（3）密实-骨架结构。当采用间断型密级配矿料时（级配曲线见图 9-2-1c），既有一定数量的粗集料形成骨架，又有足够的细集料填充粗集料的空隙［见图 9-2-2 (c)］。这种结构的沥青混合料，密实度、黏聚力 c 和内摩阻角 φ 均较大，兼具以上两种结构的优点，路面的热稳定性和耐久性都较好，是理想的结构类型。但混合料易离析。沥青玛蹄脂碎石混合料 SMA 是典型的密实-骨架结构。

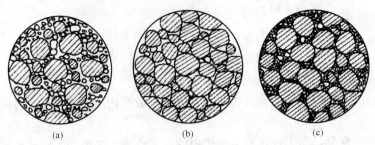

图 9-2-2　沥青混合料的典型组成结构

(a) 悬浮-密实结构；(b) 骨架-空隙结构；(c) 密实-骨架结构

（二）沥青混合料的强度理论

1. 强度理论

沥青路面破坏的原因，主要是在夏季高温时由于抗剪强度不足或塑性变形能力过剩而产生推挤、波浪、拥包等现象，以及在冬季低温时抗拉强度不足或塑性变形能力较差而产生裂缝的现象。强度理论主要是要求沥青混合料在高温时必须具有一定的抗剪强度和抵抗变形的能力。沥青混合料的抗剪强度，可通过三轴剪切试验应用莫尔—库仑包络线方程按式（9-2-1）求得：

$$\tau = c + \sigma \tan\varphi \tag{9-2-1}$$

式中　τ——沥青混合料的抗剪强度，MPa；

　　　c——沥青混合料的黏聚力，MPa；

　　　σ——正应力，MPa；

　　　φ——沥青混合料的内摩阻角，rad。

沥青混合料的抗剪强度（τ）主要取决于沥青与矿料物理-化学交互作用而产生的黏聚力（c）和矿料在沥青混合料中分散程度不同而产生的内摩阻角（φ）两个参数。

2. 影响沥青混合料抗剪强度的因素

（1）影响黏聚力的因素。

1）沥青的黏度。沥青在沥青混合料中起胶结作用。沥青的黏度越大，沥青混合料抵抗剪切变形的能力越强，混合料的黏聚力就越大，因而沥青混合料具有较高的抗剪强度。

2）沥青与矿料之间的吸附作用对黏聚力的影响。矿粉对其周围的沥青具有吸附作用，使沥青在矿粉表面产生组分的重新排列，形成厚度为 δ_0 的扩散结构膜［见图 9-2-3（a）］。结构膜内的沥青称为结构沥青，结构膜外的沥青称为自由沥青。结构沥青与矿粉之间发生了相互作用，距矿粉表面越近组分重排程度越大，沥青质和胶质的含量越高，沥青的黏度越大。而自由沥青与矿粉距离较远，没有与矿粉发生相互作用，保持沥青原有的性质。如矿粉颗粒之间以结构沥青相联结时［见图 9-2-3（b）］，沥青混合料的黏聚力较大。反之，如矿粉颗粒之间以自由沥青相联结时［见图 9-2-3（c）］，则黏聚力较小。

沥青在碱性矿粉（如石灰石粉）表面形成发育的吸附溶化膜，而在酸性矿粉（如石英石粉）表面则形成发育较差的吸附溶化膜。所以在沥青混合料中，当采用碱性矿粉时，矿粉之间更可能以结构沥青来联结，因而具有较高的黏聚力。

3）矿料比面。单位质量集料的总表面积称为比表面积（简称比面）。在沥青用量相同的条件下，矿粉越细，比面越大，则形成的沥青膜越薄，结构沥青在沥青中所占的比例越大，

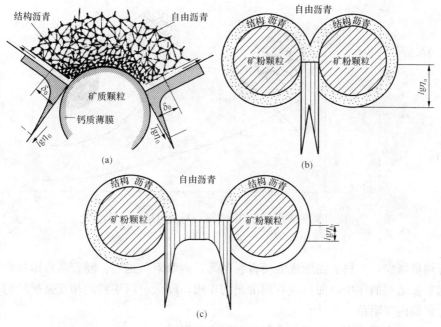

图 9 - 2 - 3　沥青与矿粉交互作用示意图

因而沥青混合料的黏聚力也越大。粗集料的比面约为 $0.5 \sim 3m^2/kg$，而矿粉的比面可达 $300 \sim 2000m^2/kg$。在沥青混凝土混合料中矿粉的用量虽然只占 7％ 左右，但其表面积却占矿料总表面积的 80％ 以上，所以矿粉的性质与用量对沥青混合料的抗剪强度影响很大。为提高沥青混合料的黏聚力，在配料时一般含有适量的矿粉。提高矿粉的细度可增加其比面，但不宜过细，否则沥青混合料易结团，不利于施工。

　　4）沥青用量。由图 9 - 2 - 4 可见，沥青用量过少，不足以形成结构沥青的薄膜来包裹矿料颗粒，因而沥青混合料的黏聚力较差。随着沥青用量的增加，结构沥青逐渐增多，混合料的黏聚力也逐渐增加。当沥青用量为最适宜时，结构沥青数量最多，黏聚力最大。随着沥青用量的继续增加，沥青逐渐将矿料颗粒推开，则黏聚力逐渐降低。当沥青用量增至某一用量后，混合料的黏聚力主要取决于自由沥青，所以抗剪强度几乎不变。

　　（2）影响内摩阻角的因素。

　　1）矿质集料。集料的形状、粗糙度和粗度对内摩阻角具有明显的影响。在其他条件相同的情况下，近似正立方体，表面粗糙多棱角的碎石较之表面光滑的卵石具有较大的内摩阻角。因为碎石在碾压后颗粒间接触的面积较大，颗粒相互嵌挤锁结而具有较大的内摩阻角，混合料具有较高的抗剪强度。集料越粗，混合料的内摩阻角越大。因此，在选料时，宜采用粗大均匀的碎石。

　　矿料的级配类型也是影响内摩阻角的因素之一。矿质混合料有密级配、开级配和间断级配等类型，连续型密级配的矿质混合料，由于粗集料较少不能形成骨架，呈悬浮密实结构，因而内摩阻角较小；连续型开级配的矿质混合料，粗集料较多可形成骨架，是骨架空隙结构，因而内摩阻角较大；而间断型密级配的矿质混合料是密实骨架结构，内摩阻角更大。

　　2）沥青用量。由图 9 - 2 - 4 可见，随着沥青用量的增加，沥青混合料的内摩阻角逐渐降

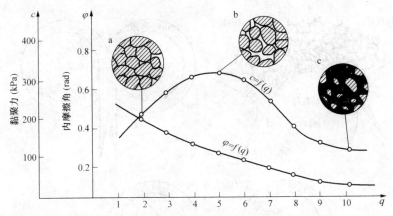

图 9-2-4　不同沥青用量时的沥青混合料结构和 c、φ 值变化示意图

a—沥青用量不足；b—沥青用量适中；c—沥青用量过度

低。沥青用量越少，矿料表面形成的沥青膜越薄，内摩阻角越大。随着沥青用量的增加，沥青不仅起着黏结剂的作用，而且起着润滑剂的作用，降低了粗集料的相互密排结构，因而降低了混合料的内摩阻角。

（3）温度和变形速率对沥青混合料抗剪强度的影响。

沥青混合料的抗剪强度（τ）随着温度（T）的升高而降低，黏聚力 c 值随温度的升高而显著降低，而内摩阻角 φ 值受温度的影响很小。黏聚力 c 值随变形速率的增大而显著提高，而 φ 值受变形速率的影响很小。

二、沥青混合料的技术性质和技术标准

（一）沥青混合料的技术性质

1. 高温稳定性

高温稳定性是指沥青混合料在夏季高温（通常为 60℃）的条件下，能抵抗车辆反复作用，不产生显著永久变形，保证路面平整的特性。采用马歇尔稳定度试验的稳定度和流值来评价。对用于高速公路和一级公路的公称最大粒径等于或小于 19mm 的密级配沥青混合料（AC）及 SMA、OGFC 混合料，必须进行车辙试验，检验其抗车辙能力，动稳定度应符合要求。

（1）马歇尔试验。如图 9-2-5 所示，试验方法是将沥青混合料按比例拌匀，采用标准的击实方法制成标准试件，再将试件置于 60±1℃ 的恒温水槽中保温 30～40min（黏稠石油沥青），然后置于马歇尔试验仪上，以 50±5mm/min 的速度加荷，直至荷载达到最大值。

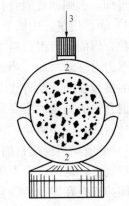

图 9-2-5　马歇尔试验示意图

1—试件；2—上下压头；3—荷载

马歇尔稳定度（MS）是指沥青混合料在马歇尔试验时所能承受的最大荷载，以 kN 计。值越大，沥青混合料的承载力越大。流值（FL）是沥青混合料在马歇尔试验时相应于最大荷载时试件的竖向变形，以 mm 计。它是评价沥青混合料抗塑性变形能力的指标，值太小，变形能力较差，低温抗裂性较差；值太大，变形能力过剩，热稳定性较差。

（2）车辙试验。试验方法是用一块碾压成型的板块试件（300mm×300mm×50mm），在60℃的条件下，以一个轮压为0.7MPa的实心橡胶轮胎在其上反复行走，试件变形进入稳定期后，每产生1mm轮辙变形试验轮所行走的次数，即为动稳定度（DS），以次/mm计。

影响沥青混合料高温稳定性的主要因素有沥青的黏度和用量、矿料的级配、尺寸和形状等。提高沥青路面的高温稳定性，可适当提高沥青的黏度，控制沥青与矿料的比值，均能提高黏聚力。增加粗集料含量，采用表面粗糙粗大的碎石可以提高内摩阻力。

2. 低温抗裂性

沥青混合料随着温度的下降变形能力降低，以致路面的柔性逐渐消失而发脆，在冬季低温和车辆荷载的反复作用下路面产生裂缝。低温抗裂性是指混合料在冬季低温时不产生裂缝的性能。即要求混合料具有较高的低温强度和较大的低温变形能力。

对用于高速公路和一级公路的公称最大粒径等于或小于19mm的密级配沥青混合料（AC），及SMA、OGFC混合料，采用低温弯曲试验的破坏应变指标来评价。

3. 耐久性

沥青混合料的耐久性是指其在各种因素（如日光、空气、水、车辆荷载等）的长期作用下，仍能基本保持原有的性能。采用沥青混合料试件的空隙率、饱和度、残留稳定度和残留强度比等指标来评价。

影响耐久性的主要因素有沥青混合料的组成结构、沥青与集料的性质等。

空隙率越小，对沥青混合料的耐久性和低温抗裂性越有利，但对其热稳定性和抗滑性越不利。因为空隙率越小，可以防止渗水和日光紫外线对沥青的老化作用，但一般沥青混合料中均留有一定的空隙，以供夏季沥青体积的膨胀。空隙率的大小与矿料级配、沥青的用量以及压实度等有关。

沥青饱和度过小，沥青难以裹覆矿料，降低混合料的黏聚性和变形能力，且空隙率较大，沥青膜暴露较多，加速了老化作用。同时增加了渗水率，饱水后矿料与沥青的黏附力降低，易发生剥落，路面易发生早期破坏，从而降低耐久性。当沥青用量较最佳沥青用量少0.5%时，能使路面使用寿命减少一半以上。饱和度过大，减少了空隙率，夏季沥青体积膨胀易引起路面泛油，降低路面的高温稳定性和抗滑性。因此，饱和度要适当。

残留稳定度和残留强度比是评价沥青混合料水稳定性的指标，它在很大程度上表征了耐久性。残留稳定度是标准试件在规定温度下，浸水48h后的稳定度与标准马歇尔稳定度的百分比，反映沥青混合料受水损害时抵抗剥落的能力。值越大，水稳定性越好。残留强度比是指在规定条件下对沥青混合料进行冻融循环，测定试件在受到水损害前后劈裂破坏的强度比。

从材料的性质来看，优质的沥青，不易老化；坚硬的骨料，不易风化、破碎，骨料中碱性成分含量多，与沥青的黏附性好，沥青混合料的寿命则较长。

4. 抗滑性

沥青混合料的抗滑性是指车辆在路面上行驶中不产生滑移，保证行车安全的性能。评定指标有路面摩擦系数和构造深度。二者越大，路面的抗滑性越好。

影响因素主要有矿料的表面性质和级配、沥青用量以及沥青的含蜡量等。为了提高路面的抗滑性，抗滑表层用粗集料应选坚硬、耐磨、抗冲击性好、有棱角表面粗糙的碎石或破碎砾石，不得使用筛选砾石、矿渣及软质集料。选用开级配或半开级配的沥青混合料，可使路面形成较大的宏观构造深度。

沥青用量超过最佳用量的 0.5%，即可使路面的抗滑系数明显降低。

含蜡沥青会降低路面的抗滑性，应选含蜡量低的沥青。

5. 施工和易性

施工和易性是指沥青混合料在施工过程中是否容易拌和、摊铺和压实的性能等。它是一种工艺性能，尚没有定量的评价指标，只能凭经验来目估。

影响施工和易性的主要因素是矿料的级配、沥青的品种与用量，气温、施工条件等。连续级配比间断级配的混合料和易性好，不易产生离析，故经常采用。间断级配的混合料粗细集料粒径相差过大，混合料容易分层、离析，和易性较差。在混合料中如细集料太少，沥青层就不容易均匀地分布在粗集料的表面；太多，则使拌和困难。当沥青用量过少或矿粉用量过多时，容易使混合料疏松，不易压实；反之，则容易使混合料结团，不易摊铺。

（二）热拌沥青混合料的技术标准

密级配沥青混凝土混合料和沥青稳定碎石混合料马歇尔试验技术标准见表 9-2-2 和表 9-2-3。

表 9-2-2　　密级配沥青混凝土混合料马歇尔试验技术标准（JTG F 40—2004）

试验指标		单位	高速公路、一级公路				其他等级公路	行人道路
			夏炎热区 (1—1、1—2、1—3、1—4)		夏热区及夏凉区 (2—1、2—2、2—3、2—4、3—2)			
			中轻交通	重载交通	中轻交通	重载交通		
击实次数（双面）		次	75				50	50
试件尺寸		mm	$\phi101.6mm\times63.5mm$					
空隙率	深约 90mm 以内	%	3～5	4～6	2～4	3～5	3～6	2～4
	深约 90mm 以下	%	3～6		2～4	3～6	3～6	—
稳定度不小于		kN	8				5	3
流值		mm	2～4	1.5～4	2～4.5	2～4	2～4.5	2～5
矿料间隙率（%）不小于	设计空隙率（%）		相应于以下公称最大粒径（mm）的最小 VMA 及 VFA 技术要求（%）					
			26.5	19	16	13.2	9.5	4.75
	2		10	11	11.5	12	13	15
	3		11	12	12.5	13	14	16
	4		12	13	13.5	14	15	17
	5		13	14	14.5	15	16	18
	6		14	15	15.5	16	17	19
沥青饱和度 VFA（%）			55～70		65～75		70～85	

注　重载交通是指设计交通量在 1000 万辆以上的路段，长大坡度的路段按重载交通路段考虑。

表 9 - 2 - 3   沥青稳定碎石混合料马歇尔试验配合比设计技术标准（JTG F 40—2004）

试验指标	单位	密级配基层 （ATB）		半开级配 面层（AM）	排水式开级配 磨耗层（OGFC）	排水式开级 配基层（ATPB）
公称最大粒径	mm	26.5	≥31.5	≤26.5	≤26.5	所有尺寸
马歇尔试件尺寸	mm	101.6mm ×63.5mm	152.4mm ×95.3mm	101.6mm ×63.5mm	101.6mm ×63.5mm	152.4mm ×95.3mm
击实次数（双面）	次	75	112	50	50	75
空隙率	%	3～6		6～10	不小于 18	不小于 18
稳定度，不小于	kN	7.5	15	3.5	3.5	
流值	mm	1.5～4	实测	—	—	—
沥青饱和度	%	55～70		40～70		
密级配基层 ATB 的 矿料间隙率， 不小于（%）		设计空隙率（%）	ATB—40	ATB—30	ATB—25	
		4	11	11.5	12	
		5	12	12.5	13	
		6	13	13.5	14	

表 9 - 2 - 4   沥青路面使用性能气候分区

气候区名		最热月平均最高气温（℃）	年极端最低气温（℃）	备注
1—1	夏炎热冬严寒	>30	<−37	≥
1—2	夏炎热冬寒		−37.0～−21.5	
1—3	夏炎热冬冷		−21.5～−9.0	
1—4	夏炎热冬温		>−9.0	
2—1	夏热冬严寒	20～30	<−37.0	
2—2	夏热冬寒		−37.0～−21.5	
2—3	夏热冬冷		−21.5～−9.0	
2—4	夏热冬温		>−9.0	
3—1	夏凉冬严寒	<20	<−37.0	不存在
3—2	夏凉冬寒		−37.0～−21.5	
3—3	夏凉冬冷		−21.5～−9.0	不存在
3—4	夏凉冬温		>−9.0	不存在

　　对用于高速公路和一级公路的公称最大粒径等于或小于 19mm 的密级配沥青混合料（AC），及 SMA、OGFC 混合料，需在配合比设计的基础上进行各种使用性能检验。不符合要求的沥青混合料，必须更换材料或重新进行配合比设计。二级公路参照此要求执行。

　　（1）必须在规定的试验条件下进行车辙试验，并符合表 9 - 2 - 5 的要求。

表 9 - 2 - 5　　　　　　　　　沥青混合料车辙试验动稳定度技术要求

气候条件与技术指标	相应于下列气候分区所要求的动稳定度（次/mm）									试验方法
七月平均最高气温（℃）及气候分区	>30				20～30				<20	
	1. 夏炎热区				2. 夏热区				3. 夏凉区	
	1-1	1-2	1-3	1-4	2-1	2-2	2-3	2-4	3-2	
普通沥青混合料，不小于	800		1000		600		800		600	T0719
改性沥青混合料，不小于	2400		2800		2000		2400		1800	
SMA混合料	非改性，不小于				1500					
	改性，不小于				30000					
OGFC混合料	1500（一般交通路段）、3000（重交通量路段）									

（2）必须在规定的试验条件下进行浸水马歇尔试验和冻融劈裂试验，检验沥青混合料的水稳定性，并同时符合表 9 - 2 - 6 中的两个要求。达不到要求时必须按规定采取抗剥落措施，调整最佳沥青用量后再次试验。

表 9 - 2 - 6　　　　　　　　　沥青混合料水稳定性检验技术要求

气候条件与技术指标	相应于下列气候分区的技术要求（%）				试验方法
年降雨量（mm）及气候分区	>1000	500～1000	250～500	<250	
	1. 潮湿区	2. 湿润区	3. 半干区	4. 干旱区	
浸水马歇尔试验残留稳定度（%），不小于					
普通沥青混合料	80		75		
改性沥青混合料	85		80		T0790
SMA混合料	普通沥青	75			
	改性沥青	80			
冻融劈裂试验的残留强度比（%），不小于					
普通沥青混合料	75		70		
改性沥青混合料	80		75		T0729
SMA混合料	普通沥青	75			
	改性沥青	80			

（3）宜对密级配沥青混合料在−10℃、加载速率 50mm/min 的条件下进行弯曲试验，测定破坏强度、破坏应变、破坏劲度模量，并根据应力应变曲线的形状，综合评价低温抗裂性能。其中破坏应变宜不小于表 9 - 2 - 7 的要求。

（4）宜利用轮碾机成型的车辙试验试件，进行渗水试验，并符合表 9 - 2 - 8 的要求。

（5）对使用钢渣作为集料的沥青混合料，应按现行试验规程（T 0363）进行活性和膨胀性试验，钢渣沥青混凝土的膨胀量不得超过 1.5%。

（6）对改性沥青混合料的性能检验，应针对改性目的进行。以提高高温抗车辙性能为主要目的时，低温性能可按普通沥青混合料的要求执行；以提高低温抗裂性能为主要目的时，高温稳定性可按普通沥青混合料的要求执行。

表9-2-7 **沥青混合料低温弯曲试验破坏应变（$\mu\varepsilon$）技术要求**

气候条件与技术指标	相应于下列气候分区所要求的破坏应变（$\mu\varepsilon$）									试验方法
年极端最低气温（℃）及气候分区	<-37.0		$-21.5\sim-37.0$			$-9.0\sim-21.5$		>-9.0		
	1. 冬严寒区		2. 冬寒区			3. 冬冷区		4. 冬温区		
	1-1	2-1	1-2	2-2	3-2	1-3	2-3	1-4	2-4	
普通沥青混合料，不小于	2600		2300			2000				
改性沥青混合料，不小于	3000		2800			2500				T 0728

表9-2-8 **沥青混合料试件渗水系数（ml/min）技术要求**

级配类型	渗水系数要求（ml/min）	试验方法
密级配沥青混凝土，不大于	120	
SMA混合料，不大于	80	T 0730
OGFC混合料，不小于	实测	

三、沥青混合料组成材料的技术要求

沥青混合料的技术性质决定于组成材料的性质、配合比和混合料的制备工艺等因素。为保证沥青混合料的技术性质，首先应正确选择符合质量要求的组成材料。

（一）沥青

（1）对热拌沥青混合料路面用的沥青，应采用道路石油沥青和改性沥青，道路用煤沥青严禁用于热拌热铺的沥青混合料。

（2）道路石油沥青的质量应符合表7-2-5的要求。各个沥青等级的适用范围应符合表9-2-9的规定。经建设单位同意，沥青的 PI 值、60℃动力黏度，10℃延度可作为选择性指标。

表9-2-9 **道路石油沥青的适用范围**

沥青等级	适用范围
A级沥青	各个等级的公路，适用于任何场合和层次
B级沥青	1. 高速公路、一级公路沥青下面层及以下的层次，二级及二级以下公路的各个层次； 2. 用做改性沥青、乳化沥青、改性乳化沥青、稀释沥青的基质沥青
C级沥青	三级及三级以下公路的各个层次

（3）对高速公路、一级公路，夏季温度高、高温持续时间长、重载交通、山区及丘陵区上坡路段、服务区、停车场等行车速度慢的路段，尤其是汽车荷载剪应力大的层次，宜采用稠度大，60℃黏度大的沥青，也可用提高高温气候分区的温度水平来选用沥青等级；对冬季寒冷的地区或交通量小的公路、旅游公路宜选用稠度小、低温延度大的沥青；对温度日温差、年温差大的地区宜注意选用针入度指数大的沥青。当高温要求与低温要求发生矛盾时应优先考虑满足高温性能的要求。当缺乏所需标号的沥青时，可采用不同标号掺配的调和沥

青，其掺配比例由试验决定。掺配后的沥青质量应符合表 7-2-5 的要求。各类聚合物改性沥青的质量应符合表 7-3-2 的技术要求，其中 PI 值可作为选择性指标。

（二）粗集料

（1）沥青层用粗集料包括碎石、破碎砾石、筛选砾石、钢渣、矿渣等，但高速公路和一级公路不得使用筛选砾石和矿渣。

（2）粗集料应该洁净、干燥、表面粗糙，质量应符合表 9-2-10 的规定。当单一规格集料的质量指标达不到要求，而按集料配合比计算的质量指标符合要求时，工程上允许使用。

表 9-2-10　　　　　　　　　　沥青混合料用粗集料质量技术要求

指　　标	单位	高速公路及一级公路		其他等级公路	试验方法
		表面层	其他层次		
石料压碎值，不大于	%	26	28	30	T 0316
洛杉矶磨耗损失，不大于	%	28	30	35	T 0317
表观相对密度，不小于	—	2.60	2.50	2.45	T 0304
吸水率，不大于	%	2.0	3.0	3.0	T 0304
坚固性，不大于	%	12	12	—	T 0314
针片状颗粒含量（混合料），不大于 其中粒径大于 9.5mm，不大于 其中粒径小于 9.5mm，不大于	% % %	15 12 18	18 15 20	20	T 0312
水洗法＜0.075mm 颗粒含量，不大于	%	1	1	1	T 0310
软石含量，不大于	%	3	5	5	T 0320

（3）粗集料的粒径规格应按表 9-2-11 规定生产和使用。

表 9-2-11　　　　　　　　　　沥青混合料用粗集料规格

规格 名称	公称粒径 （mm）	通过下列筛孔（mm）的质量百分率（%）								
		37.5	31.5	26.5	19.0	13.2	9.5	4.75	2.36	0.6
S5	20～40	90～100	—	—	0～15		0～5			
S6	15～30	100	90～100			0～15		0～5		
S7	10～30	100	90～100				0～15		0～5	
S8	10～25		100	90～100		0～15		0～5		
S9	10～20			100	90～100	—	0～15		0～5	
S10	10～15				100	90～100	0～15		0～5	
S11	5～15				100	90～100	40～70	0～15	0～5	
S12	5～10					100	90～100	0～15	0～5	
S13	3～10					100	90～100	40～70	0～20	0～5
S14	3～5						100	90～100	0～15	0～3

（4）高速公路、一级公路沥青路面的表面层（或磨耗层）的粗集料的磨光值应符合表 9-2-12的要求。除 SMA、OGPC 路面外，允许在硬质粗集料中掺加部分较小粒径的磨光值达不到要求的粗集料，其最大掺加比例由磨光值试验确定。

（5）粗集料与沥青的黏附性应符合表 9-2-12 的要求，当使用不符合要求的粗集料时，宜掺加消石灰、水泥或用饱和石灰水处理后使用，必要时可在沥青中掺加耐热、耐水、长期性能好的抗剥落剂，也可采用改性沥青，使沥青混合料的水稳定性检验达到要求。

（6）破碎砾石应采用粒径大于 50mm、含泥量不大于 1% 的砾石轧制，破碎砾石的破碎面应符合表 9-2-13 的要求。

（7）筛选砾石仅适用于三级及三级以下公路的沥青表面处治路面。

（8）经过破碎且存放期超过 6 个月以上的钢渣可作为粗集料使用。除吸水率允许适当放宽外，各项质量指标应符合表 9-2-10 的要求。钢渣在使用前应进行活性检验，要求钢渣中的游离氧化钙含量不大于 3%，浸水膨胀率不大于 2%。

表 9-2-12　　　　粗集料与沥青的黏附性、磨光值的技术要求

雨量气候区	1（潮湿区）	2（湿润区）	3（半干区）	4（干旱区）	试验方法
年降雨量（mm）	>1000	1000~500	500~250	<250	
粗集料的磨光值 PSV，不小于 高速公路、一级公路表面层	42	40	38	36	T 0321
粗集料与沥青的黏附性，不小于 高速公路、一级公路表面层	5	4	4	3	T 0616
高速公路、一级公路的其他层次及其他等级公路的各个层次	4	4	3	3	T 0663

表 9-2-13　　　　　　　　粗集料对破碎面的要求

路面部位或混合料类型	具有一定数量破碎面颗粒的含量（%）		试验方法
	1 个破碎面	2 个或 2 个以上破碎面	
沥青路面表面层 高速公路、一级公路 其他等级公路	100 80	90 60	
沥青路面中下面层、基层 高速公路、一级公路 其他等级公路	90 70	80 50	T 0361
SMA 混合料	100	90	
贯入式路面	80	60	

（三）细集料

（1）沥青路面的细集料包括天然砂、机制砂、石屑。

（2）细集料应洁净、干燥、无风化、无杂质，并有适当的颗粒级配，其质量应符合表 9-2-14的规定。细集料的洁净程度，天然砂以小于 0.075mm 含量的百分数表示，石屑和机制砂以砂当量（适用于 0～4.75mm）或亚甲蓝值（适用于 0～2.36mm 或 0～0.15mm）表示。

表 9 - 2 - 14   沥青混合料用细集料质量要求

项　目	单位	高速公路、一级公路	其他等级公路	试验方法
表观相对密度，不小于	—	2.50	2.45	T 0328
坚固性（大于 0.3mm 部分），不小于	%	12	—	T 0340
含泥量（小于 0.075mm 的含量），不大于	%	3	5	T 0333
砂当量，不小于	%	60	50	T 0334
亚甲蓝值，不大于	G/kg	25	—	T 0346
棱角性（流动时间），不小于	s	30		T 0345

（3）天然砂可采用河砂或海砂，通常宜采用粗、中砂，其规格应符合表 9 - 2 - 15 的规定。砂的含泥量超过规定时应水洗后使用，海砂中的贝壳类材料必须筛除。热拌密级配沥青混合料中天然砂的用量通常不宜超过集料总量的 20%，SMA 和 OGFC 混合料不宜使用天然砂。

表 9 - 2 - 15   沥青混合料用天然砂规格

筛孔尺寸（mm）	通过各孔筛的质量百分率（%）		
	粗砂	中砂	细砂
9.5	100	100	100
4.75	90～100	90～100	90～100
2.36	65～95	75～90	85～100
1.18	35～65	50～90	75～100
0.6	15～30	30～60	60～84
0.3	5～20	8～30	15～45
0.15	0～10	0～10	0～10
0.075	0～5	0～5	0～5

（4）石屑是采石场破碎石料时通过 4.75mm 或 2.36mm 的筛下部分，其规格应符合表 9 - 2 - 16 的要求。高速公路和一级公路的沥青混合料，宜将 S14 与 S16 组合使用，S15 可在沥青稳定碎石基层或其他等级公路中使用。

表 9 - 2 - 16   沥青混合料用机制砂或石屑规格

规格	公称粒径（mm）	水洗法通过各筛孔的质量百分率（%）							
		9.5	4.75	2.36	1.18	0.6	0.3	0.15	0.075
S15	0～5	100	90～100	60～90	40～75	20～55	7～40	2～20	0～10
S16	0～3	—	100	80～100	50～80	25～60	8～45	0～25	0～15

（5）机制砂的级配应符合 S16 的要求。

（四）填料

（1）沥青混合料的矿粉必须采用石灰岩或岩浆岩中的强基性岩石等憎水性石料经磨细得到的矿粉。矿粉应干燥、洁净，其质量应符合表 9 - 2 - 17 的要求。

表 9 - 2 - 17　　　　　　　　沥青混合料用矿粉质量要求

项　　目		单位	高速公路、一级公路	其他等级公路	试验方法
表观密度，不小于		t/m³	2.50	2.45	T 0352
含水量，不大于		%	1	1	T 0103 烘干法
粒度范围	<0.6mm	%	100	100	T 0351
	<0.15mm	%	90～100	90～100	
	<0.075mm	%	75～100	70～100	
外观		—	无团粒结块		
亲水系数		—	<1		T 0353
塑性指数		—	<4		T 0354
加热安定性		—	实测记录		T 0355

（2）粉煤灰作为填料使用时，用量不得超过填料总量的 50％，烧失量应小于 12％，与矿粉混合后的塑性指数应小于 4％，其余质量要求与矿粉相同。高速公路、一级公路的沥青面层不宜采用粉煤灰做填料。

四、沥青混合料配合比设计方法

沥青混合料的配合比设计按《公路沥青路面施工技术规范》（JTG F 40—2004），是采用马歇尔试验配合比设计方法。

热拌沥青混合料的配合比设计应通过目标配合比设计、生产配合比设计及生产配合比验证三个阶段，确定沥青混合料的材料品种及配合比、矿料级配、最佳沥青用量。

（1）目标配合比设计。是在试验室进行，分矿质混合料组成设计和沥青最佳用量确定两部分。此阶段用工程实际使用的材料，按现行的配合比设计方法，优选矿料级配、确定最佳沥青用量，使设计的沥青混合料符合配合比设计技术标准和检验要求，供拌和机确定各冷料仓的供料比例、进料速度及试拌使用。

（2）生产配合比设计。是热料比例与最佳沥青用量输入控制室计算机生产沥青混合料。对间歇式拌和机，应按规定方法取样测试各热料仓的材料级配，确定各热料仓的配合比，供拌和机控制室使用。选择适宜的筛孔尺寸，使各热料仓的供料平衡。取目标配合比设计的最佳沥青用量、OAC±0.3％等 3 个沥青用量进行马歇尔试验和试拌，通过室内试验及从拌和机取样试验综合确定生产配合比的最佳沥青用量，由此确定的最佳沥青用量与目标配合比设计的结果的差值不宜大于±0.2％。

（3）生产配合比确定后，需铺筑试验路段，并用拌和的沥青混合料进行马歇尔试验，同时从路上钻取芯样，以检验生产配合比，如符合标准要求，则整个配合比设计完成，由此确定生产用的标准配合比。否则，还需要进行调整。

标准配合比即作为生产的控制依据和质量检验的标准。标准配合比的矿料合成级配中，

0.075mm、2.36mm、4.75mm 及公称最大粒径筛孔的通过率，应接近要求级配的中值，并避免在 0.3mm～0.6mm 处出现驼峰。

生产配合比设计及生产配合比验证是在目标配合比的基础上进行的，借助于施工单位的拌和、摊铺和碾压设备，在试拌试铺的基础上，完成对沥青混合料的调整。

下面仅介绍目标配合比设计方法。本方法适用于密级配沥青混凝土及沥青稳定碎石混合料。高速公路、一级公路沥青混合料的配合比设计应在调查以往同类材料的配合比设计经验和使用效果的基础上，按以下步骤进行。

热拌沥青混合料的目标配合比设计宜按图 9-2-6 的步骤进行。目标配合比设计可分为矿料配合比设计和确定最佳沥青用量（或油石比）两部分。

（一）矿料配合比设计

矿料配合比设计的目的是选配一个具有足够密实度和较高内摩阻力的矿质混合料，设计流程见图 9-2-6。

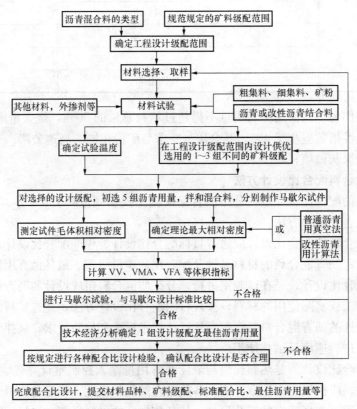

图 9-2-6 密级配沥青混合料目标配合比设计流程图

1. 确定工程设计级配范围

（1）沥青路面工程的混合料设计级配范围由工程设计文件或招标文件规定，密级配沥青混合料的设计级配宜在表 9-2-18、表 9-2-19 规定的范围内，根据公路等级、工程性质、气候条件、交通条件、材料品种等因素，通过对条件大体相当的工程使用情况进行调查研究后调整确定。经确定的工程设计级配范围是配合比设计的依据，不得随意变更。

表 9-2-18　　　　　　　　　　　密级配沥青混凝土混合料矿料级配范围

级配类型		通过下列筛孔（mm）的质量百分率（%）												
		31.5	26.5	19	16	13.2	9.5	4.75	2.36	1.18	0.6	0.3	0.15	0.075
粗粒式	AC-25	100	90~100	75~90	65~83	57~76	45~65	24~52	16~42	12~33	8~24	5~17	4~13	3~7
中粒式	AC-20		100	90~100	78~92	62~80	50~72	26~56	16~44	12~33	8~24	5~17	4~13	3~7
	AC-16				100	90~100	76~92	60~80	34~62	20~48	13~36	9~26	7~18	5~14	4~8
细粒式	AC-13					100	90~100	68~85	38~68	24~50	15~38	10~28	7~20	5~15	4~8
	AC-10						100	90~100	45~75	30~58	20~44	13~32	9~23	6~16	4~8
砂粒式	AC-5							100	90~100	55~75	35~55	20~40	12~28	7~18	5~10

表 9-2-19　　　　　　　　　　　密级配沥青碎石混合料矿料级配范围

级配类型		通过下列筛孔（mm）的质量百分率（%）														
		53	37.5	31.5	26.5	19	16	13.2	9.5	4.75	2.36	1.18	0.6	0.3	0.15	0.075
特粗式	ATB-40	100	90~100	75~92	65~85	49~71	43~57	37~50	30~50	20~40	15~32	10~25	8~18	5~14	3~10	2~6
	ATB-30		100	90~100	70~90	44~72	39~66	31~60	20~51	15~40	10~32	8~25	5~18	3~14	2~6	
粗粒式	ATB-25			100	90~100	60~80	48~68	42~62	32~52	20~40	15~32	10~25	8~18	5~14	3~10	2~6

（2）调整工程设计级配范围的原则：

1）按表 9-2-20 确定采用粗型（C 型）或细型（F 型）的混合料。对夏季温度高、高温持续时间长，重载交通多的路段，宜选用粗型密级配沥青混合料（AC-C 型），并取较高的设计空隙率。对冬季温度低、低温持续时间长的地区，或者重载交通较少的路段，宜选用细型密级配沥青混合料（AC-F 型），并取较低的设计空隙率。

表 9-2-20　　　　　　　粗型和细型密级配沥青混凝土的关键性筛孔通过率

混合料类型	公称最大粒径（mm）	用以分类的关键性筛孔（mm）	粗型密级配		细型密级配	
			名称	关键性筛孔通过率（%）	名称	关键性筛孔通过率（%）
AC-25	26.5	4.75	AC~25C	<40	AC-25F	>40
AC-20	19	4.75	AC~20C	<45	AC-20F	>45
AC-16	16	2.36	AC~16C	<38	AC-16F	>38
AC-13	13.2	2.36	AC~13C	<40	AC-13F	>40
AC-10	9.5	2.36	AC~10C	<45	AC-10F	>45

2）为确保高温抗车辙能力，同时兼顾低温抗裂性能，配合比设计时宜适当减少公称最大粒径附近的粗集料用量，减少 0.6mm 以下细粉的用量，使中等粒径集料较多，形成 S 型

级配曲线，并取中等或偏高水平的设计空隙率。

3）确定各层的工程设计级配范围时应考虑不同层位的功能需要，经组合设计的沥青路面应能满足耐久、稳定、密水、抗滑等要求。

4）根据公路等级和施工设备的控制水平，确定的工程设计级配范围应比规范级配范围窄，其中 4.75mm 和 2.36mm 通过率的上下限差值宜小于 12%。

5）应充分考虑施工性能，使沥青混合料容易摊铺和压实，避免造成严重的离析。

2. 材料选择与准备

(1) 配合比设计的各种矿料必须按规定的方法，从工程使用的材料中取代表性样品。

(2) 各种材料必须符合气候和交通条件的需要，其质量应符合规定的技术要求。当单一规格的集料某项指标不合格，但不同粒径规格的材料按级配组成的混合料指标能符合规范要求时，允许使用。

3. 矿料配合比设计

(1) 对粗集料、细集料、矿粉进行筛分试验，分别绘出筛分曲线。测定各组成材料的相对密度，供计算物理常数备用。

(2) 高速公路和一级公路沥青路面矿料配合比设计宜借助电子计算机的电子表格用试配法进行。其他等级公路可参照进行。宜在工程设计级配范围内计算 1～3 组粗细不同的配合比，绘制设计级配曲线，分别位于工程设计级配范围的上方、中值及下方。合成级配不得有太多的锯齿形交错，且在 0.3～0.6mm 范围内不出现"驼峰"。当反复调整不能满意时，宜更换材料设计。

(3) 矿料级配曲线按《公路工程沥青及沥青混合料试验规程》T0725 的方法绘制（见图 9-2-7）。以原点与通过集料最大粒径 100% 的点的连线作为沥青混合料的最大密度线，曲线的横坐标见表 9-2-21。

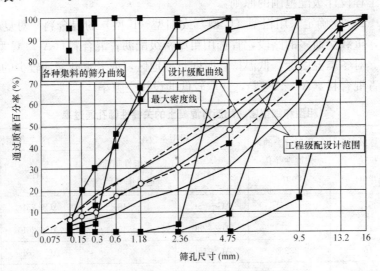

图 9-2-7　矿料级配曲线示例

(4) 根据当地的实践经验选择适宜的沥青用量，分别制作几组级配的马歇尔试件，测定 VMA，初选一组满足或接近设计要求的级配作为设计级配。

表 9-2-21				泰勒曲线的横坐标				
d_i	0.075	0.15	0.3	0.6	1.18	2.36	4.75	9.5
$x = d_i^{0.45}$	0.312	0.426	0.582	0.795	1.077	1.472	2.016	2.754
d_i	13.2	16	19	26.5	31.5	37.5	53	63
$x = d_i^{0.45}$	3.193	3.482	3.762	4.370	4.723	5.109	5.969	6.452

（二）确定最佳沥青用量（或油石比）

油石比（P_{ai}）是指沥青混合料中沥青与矿料总量的质量比，％。沥青用量也称沥青含量（P_b）是沥青质量与沥青混合料总质量的比值，％。二者的关系是

$$P_{bi} = P_{ai}/(1 + P_{ai}) \qquad (9-2-2)$$

1. 马歇尔试验

热拌普通沥青混合料试件的制作温度见表 9-2-22，改性沥青混合料的成型温度在此基础上再提高 10～20℃。

表 9-2-22	热拌普通沥青混合料试件的制作温度（℃）				
施工工序	石油沥青的标号				
	50 号	70 号	90 号	110 号	130 号
沥青加热温度	160～170	155～165	150～160	145～155	140～150
矿料加热温度	集料加热温度比沥青温度高 10～30（填料不加热）				
沥青混合料拌和温度	150～170	145～165	140～160	135～155	130～150
试件击实成型温度	140～160	135～155	130～150	125～145	120～140

（1）计算矿料混合料的合成毛体积相对密度 γ_{sb}。

$$\gamma_{sb} = \frac{100}{\dfrac{P_1}{\gamma_1} + \dfrac{P_2}{\gamma_2} + \cdots + \dfrac{P_n}{\gamma_n}} \qquad (9-2-3)$$

式中　P_1、P_2、…、P_n——各种矿料成分的配合比，其和为 100；

　　　γ_1、γ_2、…、γ_n——各种矿料相应的毛体积相对密度，矿粉（含消石灰、水泥）以
　　　　　表观相对密度代替。

（2）计算矿料混合料的合成表观相对密度 γ_{sa}。

$$\gamma_{sa} = \frac{100}{\dfrac{P_1}{\gamma_1'} + \dfrac{P_2}{\gamma_2'} + \cdots + \dfrac{P_n}{\gamma_n'}} \qquad (9-2-4)$$

式中　P_1、P_2、…、P_n——各种矿料成分的配合比，其和为 100；

　　　γ_1'、γ_2'、…、γ_n'——各种矿料相应的表观相对密度。

（3）预估沥青混合料的适宜油石比或沥青用量。

$$P_a = \frac{P_{a1} \times \gamma_{sb}}{\gamma_{sb}} \qquad (9-2-5)$$

$$P_b = \frac{P_a}{100 + \gamma_{sb}} \times 100 \qquad (9-2-6)$$

式中　P_a——预估的最佳油石比,%;

　　　P_b——预估的最佳沥青用量,%;

　　　γ_{a1}——已建类似工程沥青混合料的标准油石比,%;

　　　γ_{sb}——集料的合成毛体积相对密度;

　　　γ_{sb1}——已建类似工程集料的合成毛体积相对密度。

　　注:作为预估最佳油石比的集料密度,原工程和新工程也可均采用有效相对密度。

　　(4) 确定矿料的有效相对密度。

　　1) 对非改性沥青混合料,宜以预估的最佳油石比拌和2组混合料,采用真空法实测最大相对密度,取平均值。由式 (9-2-7) 反算合成矿料的有效相对密度。

$$\gamma_{se} = \frac{100 - P_b}{\dfrac{100}{\gamma_t} - \dfrac{P_b}{\gamma_b}} \tag{9-2-7}$$

式中　γ_{se}——合成矿料的有效相对密度;

　　　P_b——试验采用的沥青用量 (占混合料总量的百分数),%;

　　　γ_t——试验沥青用量条件下实测得到的最大相对密度,无量纲;

　　　γ_b——沥青的相对密度 (25℃/25℃),无量纲。

　　2) 对改性沥青及 SMA 等难以分散的混合料,有效相对密度宜直接由矿料的合成毛体积相对密度与合成表观相对密度按式 (9-2-8) 计算确定,其中沥青吸收系数 C 值根据材料的吸水率由式 (9-2-9) 求得,材料的合成吸水率按式 (9-2-10) 计算:

$$\gamma_{se} = C \times \gamma_{sa} + (1 - C) \times \gamma_{sb} \tag{9-2-8}$$

$$C = 0.033 w_X^2 - 0.2936 w_X + 0.9339 \tag{9-2-9}$$

$$w_X = \left(\frac{1}{\gamma_{sb}} - \frac{1}{\gamma_{sa}} \right) \times 100 \tag{9-2-10}$$

式中　γ_{se}——合成矿料的有效相对密度;

　　　C——合成矿料的沥青吸收系数;

　　　w_X——合成矿料的吸水率,%;

　　　γ_{sb}——材料的合成毛体积相对密度,无量纲;

　　　γ_{sa}——材料的合成表观相对密度,无量纲。

　　(5) 以预估的油石比为中值,按一定间隔(对密级配沥青混合料通常为 0.5%,对沥青碎石混合料为 0.3%～0.4%),取5个或5个以上的油石比分别成型马歇尔试件。每一组试件的试样数按试验规程的要求确定,对粒径较大的沥青混合料,宜增加试件数量。

　　(6) 测定压实沥青混合料试件的毛体积相对密度 γ_f 和吸水率。

　　1) 通常采用表干法测定毛体积相对密度;

　　2) 对吸水率大于 2% 的试件,宜改用蜡封法测定的毛体积相对密度。

　　(7) 确定沥青混合料的最大理论相对密度。

　　1) 对非改性沥青混合料,在成型马歇尔试件的同时,用真空法实测各组沥青混合料的最大理论相对密度。当只对其中一组油石比测定最大理论相对密度时,也可按式 (9-2-11) 或式 (9-2-12) 计算其他油石比的最大理论相对密度。

　　2) 对改性沥青或 SMA 混合料宜按式 (9-2-11) 或式 (9-2-12) 计算各个不同沥青

用量混合料的最大理论相对密度。

$$\gamma_{ti} = \frac{100 + P_{ai}}{\dfrac{100}{\gamma_{se}} + \dfrac{P_{ai}}{\gamma_b}} \tag{9-2-11}$$

$$\gamma_{ti} = \frac{100}{\dfrac{P_{si}}{\gamma_{se}} + \dfrac{P_{bi}}{\gamma_b}} \tag{9-2-12}$$

式中　γ_{ti}——相对于计算沥青用量 P_{bi} 时沥青混合料的最大理论相对密度，无量纲；

　　　P_{ai}——所计算的沥青混合料中的油石比，%；

　　　P_{bi}——所计算的沥青混合料的沥青用量，$P_{bi} = P_{ai}/(1 + P_{ai})$，%；

　　　P_{si}——所计算的沥青混合料的矿料含量，$P_{si} = 100 - P_{bi}$，%；

　　　γ_{se}——矿料的有效相对密度，无量纲；

　　　γ_b——沥青的相对密度（25℃/25℃），无量纲。

（8）计算沥青混合料试件的空隙率、矿料间隙率、有效沥青的饱和度等体积指标。

压实沥青混合料的空隙率，即矿料及沥青以外的空隙（不包括矿料自身内部的孔隙）的体积占试件总体积的百分率。

压实沥青混合料的矿料间隙率，即试件全部矿料部分以外的体积占试件总体积的百分率。

压实沥青混合料中的沥青饱和度，即试件矿料间隙中扣除被集料吸收的沥青以外的有效沥青部分的体积在 VMA 中所占的百分率。

$$VV = \left(1 - \frac{\gamma_f}{\gamma_t}\right) \times 100 \tag{9-2-13}$$

$$VMA = \left(1 - \frac{\gamma_f}{\gamma_{sb}} \times P_s\right) \times 100 \tag{9-2-14}$$

$$VFA = \left(\frac{VMA - VV}{VMA}\right) \times 100 \tag{9-2-15}$$

式中　VV——试件的空隙率，%；

　　　VMA——试件的矿料间隙率，%；

　　　VFA——试件的有效沥青饱和度（有效沥青含量占 VMA 的体积比例），%；

　　　γ_f——测定的试件毛体积相对密度，无量纲；

　　　γ_t——沥青混合料的最大理论相对密度，按上述（7）的方法计算或实测得到，无量纲；

　　　P_s——各种矿料占沥青混合料总质量的百分率之和，即 $P_s = 100 - P_b$，%；

　　　γ_{sb}——矿料混合料的合成毛体积相对密度。

（9）进行马歇尔试验，测定马歇尔稳定度及流值。

2. 确定最佳沥青用量（或油石比）

（1）以油石比或沥青用量为横坐标，以马歇尔试验的各项指标为纵坐标，将试验结果点入图中，连成曲线，如图 9-2-8 所示。确定均符合沥青混合料技术标准的沥青用量范围 $OAC_{min} \sim OAC_{max}$。选择的沥青用量范围必须涵盖设计空隙率的全部范围，并尽可能涵盖沥青饱和度的要求范围，并使密度及稳定度曲线出现峰值。如果没有涵盖设计空隙率的全部范围，试验必须扩大沥青用量范围重新进行。

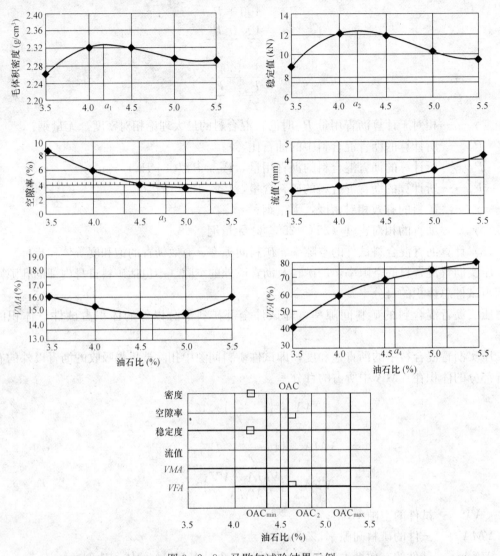

图 9-2-8 马歇尔试验结果示例

注：绘制曲线时含 VMA 指标，且应为下凹型曲线，但确定 $OAC_{min} \sim OAC_{max}$ 时不包括 VMA。

注：图中 $a_1 = 4.2\%$，$a_2 = 4.25\%$，$a_3 = 4.8\%$，$a_4 = 4.7\%$，$OAC_1 = 4.49\%$（由 4 个平均值确定），$OAC_{min} = 4.3\%$，$OAC_{max} = 5.3\%$，$OAC_2 = 4.8\%$，$OAC = 4.64\%$。此例中相对于空隙率 4% 的油石比为 4.6%。

（2）确定最佳沥青用量 OAC_1。

1）在图 9-2-8 上求取相应于密度最大值、稳定度最大值、目标空隙率（或中值）、沥青饱和度范围的中值的沥青用量 a_1、a_2、a_3、a_4，取平均值作为 OAC_1。

$$OAC_1 = (a_1 + a_2 + a_3 + a_4)/4 \qquad (9-2-16)$$

2）如果在所选择的沥青用量范围未能涵盖沥青饱和度的要求范围，按式（9-2-17）求取 3 者的平均值作为 OAC_1。

$$OAC_1 = (a_1 + a_2 + a_3)/3 \qquad (9-2-17)$$

3）对所选择试验的沥青用量范围，密度或稳定度没有出现峰值（最大值经常在曲线的两端）时，可直接以目标空隙率所对应的沥青用量 a_3 作为 OAC_1，但 OAC_1 必须介于 $OAC_{min} \sim OAC_{max}$ 的范围内，否则应重新进行配合比设计。

（3）确定最佳沥青用量 OAC_2。

以各项指标均符合技术标准（不含 VMA）的沥青用量范围 $OAC_{min} \sim OAC_{max}$ 的中值作为 OAC_2。

$$OAC_2 = (OAC_{min} + OAC_{max}) / 2 \tag{9-2-18}$$

（4）通常情况下取 OAC_1 及 OAC_2 的中值作为计算的最佳沥青用量 OAC。

$$OAC = (OAC_l + OAC_2) / 2 \tag{9-2-19}$$

（5）按计算 OAC，从图 9-2-8 中得出所对应的空隙率和 VMA 值，检验是否能满足表 9-2-2 或表 9-2-3 关于最小 VMA 值的要求。OAC 宜位于 VMA 凹形曲线最小值的贫油一侧。当空隙率不是整数时，最小 VMA 按内插法确定，并将其画入图 9-2-8 中。

（6）检查图 9-2-8 中相应于此 OAC 的各项指标是否均符合马歇尔试验技术标准。

（7）根据实践经验和公路等级、气候条件、交通情况，调整确定最佳沥青用量 OAC。

1）调查当地各项条件相接近的工程的沥青用量及使用效果，论证适宜的最佳沥青用量。检查计算得到的最佳沥青用量是否相近，如相差甚远，应查明原因，必要时重新调整级配，进行配合比设计。

2）对炎热地区公路以及高速公路、一级公路的重载交通路段，山区公路的长大坡度路段，预计有可能产生较大车辙时，宜在空隙率符合要求的范围内将计算的 OAC 减小 $0.1\% \sim 0.5\%$ 作为设计沥青用量。

3）对寒区公路、旅游公路、交通量很少的公路，最佳沥青用量可以在 OAC 的基础上增加 $0.1\% \sim 0.3\%$，以适当减小设计空隙率，但不得降低压实度要求。

（8）计算沥青被集料吸收的比例及有效沥青含量。

$$P_{ba} = \frac{\gamma_{se} - \gamma_b}{\gamma_{se} \times \gamma_{sb}} \times \gamma_b \times 100 \tag{9-2-20}$$

$$P_{be} = P_b - \frac{P_{ba}}{100} \times P_s \tag{9-2-21}$$

式中 P_{ba}——沥青混合料中被集料吸收的沥青结合料比例，%；

P_{be}——沥青混合料中的有效沥青用量，%；

γ_{se}——集料的有效相对密度，无量纲；

γ_{sb}——材料的合成毛体积相对密度，无量纲；

γ_b——沥青的相对密度（25℃/25℃），无量纲；

P_b——沥青含量，%；

P_s——各种矿料占沥青混合料总质量的百分率之和，即 $P_s = 100 - P_b$，%。

如果需要，可计算有效沥青的体积百分率 V_b 及矿料的体积百分率 V_g。

$$V_b = \frac{\gamma_f \times P_{be}}{\gamma_b} \tag{9-2-22}$$

$$V_g = 100 - (V_b + VV) \tag{9-2-23}$$

（9）检验最佳沥青用量时的粉胶比和有效沥青膜厚度。

①计算沥青混合料的粉胶比，宜符合 $0.6\sim1.6$ 的要求。对常用的公称最大粒径为 $13.2\sim19\text{mm}$ 的密级配沥青混合料，粉胶比宜控制在 $0.8\sim1.2$ 范围内。

$$FB = \frac{P_{0.075}}{P_{\text{be}}} \qquad (9-2-24)$$

式中　FB——粉胶比，无量纲；

　　　$P_{0.075}$——矿料级配中 0.075mm 的通过率（水洗法），%；

　　　P_{be}——有效沥青含量，%。

②计算集料的比表面，按式 $(9-2-26)$ 估算沥青混合料的沥青膜有效厚度。各种集料粒径的表面积系数按表 9-2-24 采用。

$$SA = \sum(P_i \times FA_i) \qquad (9-2-25)$$

$$DA = \frac{P_{\text{be}}}{\gamma_{\text{b}} \times SA} \times 10 \qquad (9-2-26)$$

式中　SA——集料的比表面积，m^2/kg；

　　　P_i——各种粒径的通过百分率，%；

　　　FA_i——相应于各种粒径的集料的表面积系数，见表 9-2-23 所列；

　　　DA——沥青膜有效厚度，μm；

　　　P_{be}——有效沥青含量，%；

　　　γ_{b}——沥青的相对密度（25℃/25℃），无量纲。

注：各种公称最大粒径混合料中大于 4.75mm 尺寸集料的表面积系数 FA 均取 0.0041，且只计算一次，4.75mm 以下部分的 FA_i 见表 9-2-23。该例的 $SA = 6.60\text{m}^2/\text{kg}$。若混合料的有效沥青含量为 4.65%，沥青的相对密度 1.03，则沥青膜厚度为 $DA = 4.65/(1.03\times6.60)\times10 = 6.83\mu\text{m}$。

表 9-2-23　　　　　　　　　　集料的表面积系数计算示例

筛孔尺寸（mm）	19	4.75	2.36	1.18	0.6	0.3	0.15	0.075	集料比表面总和 SA（m^2/kg）
表面积系数 FA_i	0.0041	0.0041	0.0082	0.0164	0.0287	0.0614	0.1229	0.3277	
通过百分率 P_i（%）	100	60	42	32	23	16	12	6	
比表面 $FA_i \times P_i$（m^2/kg）	0.41	0.25	0.34	0.52	0.66	0.98	1.47	1.97	6.60

3. 配合比设计检验

(1) 对用于高速公路和一级公路的公称最大粒径等于或小于 19mm 的密级配沥青混合料（AC），及 SMA、OGFC 混合料，需在配合比设计的基础上按要求进行各种使用性能的检验，不符合要求的沥青混合料，必须更换材料或重新进行配合比设计。

(2) 高温稳定性检验。按规定方法进行车辙试验，动稳定度应符合表 9-2-5 的要求。

(3) 水稳定性检验。按规定方法进行浸水马歇尔试验和冻融劈裂试验，残留稳定度及残留强度比均必须符合表 9-2-6 的规定。

(4) 低温抗裂性能检验。按规定方法进行低温弯曲试验，破坏应变宜符合表 9-2-7 要求。

(5) 渗水系数检验。利用轮碾机成型的车辙试件进行渗水试验，检验的渗水系数宜符合表 9-2-8 要求。

五、沥青混合料目标配合比设计实例

- **【题目】** 试设计辽宁省某高速公路沥青混凝土路面用沥青混合料的配合比组成设计。
- **【原始资料】**

1. 道路等级：高速公路；
2. 路面类型：沥青混凝土；
3. 结构层位：三层式沥青混凝土的中面层；
4. 气候条件：最热月平均最高气温 27℃；年极端最低气温－26℃；
5. 材料性能：

（1）沥青材料：供应 SBS 改性沥青，相对密度为 1.008，经检验技术性能均符合要求。

（2）矿质材料：

1）碎石、机制砂和石屑由石灰石轧制，其饱水抗压强度 120MPa，洛杉矶磨耗率 12%，黏附性（水煮法）Ⅴ级。其他技术指标均符合要求。

2）矿粉：石灰石粉，粒度范围符合技术要求，无团粒结块。

3）矿质材料试验结果，见表 9 - 2 - 24、表 9 - 2 - 25。

表 9 - 2 - 24　　　　　　　　　　矿质材料密度、吸水率试验结果

材料名称	碎石 9.5～19mm	碎石 4.75～9.5mm	机制砂 2.36～4.75mm	机制砂 0～2.36mm	矿粉	沥青
表观相对密度	2.71	2.712	2.713	2.713	2.674	1.008
毛体积相对密度	2.682	2.683	2.686	2.686	—	—
吸水率	0.38	0.4	0.66	0.66	—	—

表 9 - 2 - 25　　　　　　　　　　矿质材料筛分试验结果

材料 \ 筛孔	通过下列筛孔（mm）的质量百分率（%）											
	26.5	19.0	16.0	13.2	9.5	4.75	2.36	1.18	0.6	0.3	0.15	0.075
碎石 9.5～19mm	100	90.8	60.5	22.8	2.6	0.2	0	0	0	0	0	0
碎石 4.75～9.5mm	100	100	100	100	97.8	30.1	3.4	0.9	0	0	0	0
机制砂 2.36～4.75mm	100	100	100	100	100	99	9.1	8.8	0	0	0	0
石屑 0～2.36mm	100	100	100	100	100	89.6	69.6	51	32.3	21.6	10.6
矿粉	100	100	100	100	100	100	100	100	100	100	100	95.4

【设计要求】

1. 根据道路等级、路面类型和结构层位确定沥青混凝土的矿质混合料的级配范围。根据各种矿质材料的筛分结果，用电算法确定各种矿质材料的配合比。

2. 根据选定的矿质混合料设计方案，及相应的沥青用量预估值，通过马歇尔试验，确定最佳沥青用量。

【解】

矿质混合料配合组成设计。

（1）确定矿质混合料的级配范围

由题给道路等级为高速公路，路面类型为沥青混凝土，路面结构为三层式沥青混凝土中面层，按设计文件要求选择中粒式（LAC－20）沥青混凝土混合料，级配范围见表9-2-26。

表9-2-26　　　　　　　　　　　　矿质混合料要求级配范围

设计级配	筛孔尺寸（方孔筛）（mm）											
	26.5	19.0	16.0	13.2	9.5	4.75	2.36	1.18	0.6	0.3	0.15	0.075
下限	100	95	75	62	52	33	22	14	10	7	5	3
上限	100	100	87	75	65	45	34	24	18	13	10	7

（2）沥青混合料矿料级配设计计算

采用配合比设计电算程序或电子表格进行试算，见表9-2-27和图9-2-9。

表9-2-27　　　　　　　　　　　沥青混合料矿料级配设计表

沥青混合料类型：LAC－20Ⅰ

矿质材料	筛孔孔径	通过下列筛孔（mm）的质量百分率（%）											
		26.5	19.0	16.0	13.2	9.5	4.75	2.36	1.18	0.6	0.3	0.15	0.075
沥青混合料矿质组成材料	碎石（9.5～19mm）	100	90.8	60.5	22.8	2.6	0.2	0	0	0	0	0	0
	碎石（4.75～9.5mm）	100	100	100	100	97.8	30.1	3.4	0.9	0	0	0	0
	机制砂（2.36～4.75mm）	100	100	100	100	100	99	9.1	88	0	0	0	0
	石屑（2.36～0mm）	100	100	100	100	100	89.6	69.6	51	32.3	21.6	10.6	
	矿粉	100	100	100	100	100	100	100	100	100	100	100	95.4
各矿质组成材料所占比例	碎石（9.5～19mm）	38.0	38.0	34.5	23.0	8.7	1.0	0.1	0.0	0.0	0.0	0.0	0.0
	碎石（47.5～9.5mm）	27.0	27.0	27.0	27.0	27.0	26.4	8.1	0.9	0.2	0.0	0.0	0.0
	机制砂（2.36～47.5mm）	11.0	11.0	11.0	11.0	11.0	11.0	10.9	1.0	1.0	0.0	0.0	0.0
	石屑（2.36～0mm）	20.0	20.0	20.0	20.0	20.0	20.0	20.0	17.9	13.9	10.2	6.4	4.3	2.1
	矿粉	4.0	4.0	4.0	4.0	4.0	4.0	4.0	4.0	4.0	4.0	4.0	3.8
混合料矿料合成级配		100.0	96.5	85.0	70.7	62.4	43.1	23.8	19.1	14.2	10.5	8.3	5.9
工程设计级配范围	级配中值	100.0	97.5	81.0	68.5	58.5	39.0	28.0	19.0	14.0	10.0	7.5	5.0
	下限	100.0	95.0	75.0	62.0	52.0	33.0	22.0	14.0	10.0	7.0	5.0	3.0
	上限	100.0	100.0	87.0	75.0	65.0	45.0	34.0	24.0	18.0	13.0	10.0	7.0

（3）通过马歇尔试验，确定最佳沥青用量

油石比按0.5%间隔，从3.5%、4.0%、4.5%、5.0%、5.5%分别进行马歇尔试验，其结果见表9-2-28和表9-2-29。沥青混合料中沥青用量选定见图9-2-10。

结论：最佳油石比采用4.42%。

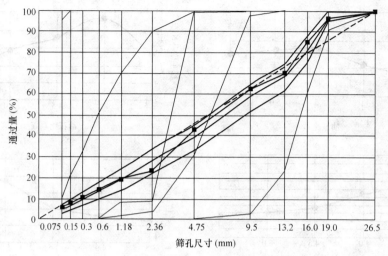

图 9-2-9 矿料级配曲线图

表 9-2-28   **LAC20I 沥青混合料马歇尔试验结果汇总表**

油石比 （%）	实测毛体积 相对密度	空隙率 （VV）（%）	矿料间隙率 （VMA）（%）	饱和度 （VFA）（%）	稳定度 （MS）kN	流值 （FL）mm
3.5	2.390	6.60	13.90	52.30	10.60	2.28
4.0	2.405	5.30	13.80	61.50	12.70	2.61
4.5	2.428	3.70	13.40	72.10	11.65	3.14
5.0	2.426	3.10	13.90	77.50	10.89	4.72
5.5	2.421	2.70	14.50	81.60	9.67	5.54

表 9-2-29   **LAC20I 最大理论相对密度计算表**

材料名称	碎石 9.5～19mm	碎石 4.75～9.5mm	机制砂 2.36～4.75mm	机制砂 0～2.36mm	矿粉	沥青
比例	38	27	11	20	4	
表观相对密度	2.71	2.712	2.713	2.713	2.674	1.008
毛体积相对密度	2.682	2.683	2.686	2.686	—	—
吸水率	0.38	0.4	0.66	0.66	—	—
合成毛体积相对密度	2.683					
合成表观相对密度	2.710					
合成有效相对密度	2.705					
合成级配吸水率	0.369					
系数 C	0.830					
油石比	3.5	4.0	4.5	5	5.5	
最大理论相对密度	2.5597	2.5409	2.5225	2.5046	2.4871	

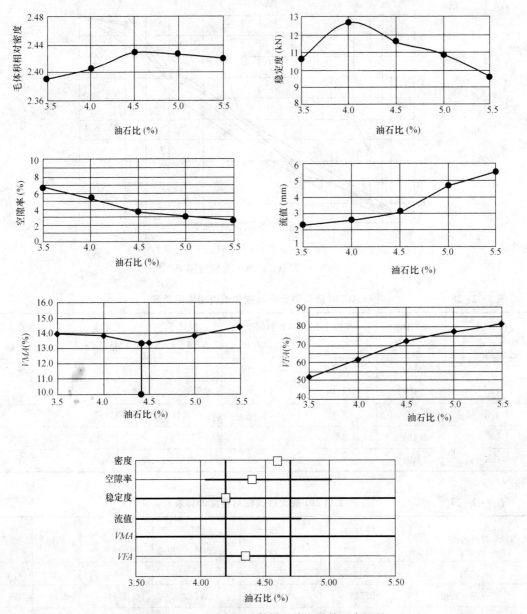

图 9 - 2 - 10 马歇尔试验结果（确定最佳沥青用量）

注：图中 $a_1=4.6\%$，$a_2=4.4\%$，$a_3=4.2\%$，$a_4=4.35\%$，$OAC_{min}=4.2\%$，$OAC_{max}=4.7\%$。

$OAC_1=(a_1+a_2+a_3+a_4)/4=4.39$ $OAC_2=(OAC_{min}+OAC_{max})/2=4.45$ $OAC=(OAC_1+OAC_2)=4.42$

第三节 其 他 沥 青 混 合 料

一、沥青玛蹄脂碎石混合料（SMA）

1. SMA 的定义

沥青玛蹄脂碎石混合料，简称 SMA，是由沥青玛蹄脂填充碎石骨架组成的混合料。即由沥青与少量的纤维稳定剂、细集料以及较多量的填料（矿粉）组成的沥青玛蹄脂填充于间断级配的粗集料骨架的空隙组成的沥青混合料。

2. SMA的特点

SMA的特点可以归纳为是三多一少：粗集料多、矿粉多、沥青多，细集料少。

3. SMA的技术性质

SMA与热拌沥青混合料相比，具有高温稳定性好，抗车辙能力强，抗疲劳性能好，低温抗裂性、耐久性和抗滑性均较好，容易摊铺和压实，能见度好，噪声低等优良的路用性能。

4. SMA的组成材料

（1）沥青。SMA的沥青要选用针入度小（较黏稠）、软化点高、温度稳定性好的道路石油沥青或改性沥青。SMA的沥青用量比热拌沥青混合料要多，这是由于SMA中加入了大量的矿粉及少许纤维所致。聚合物改性沥青在SMA中的用量范围为5.0%～6.5%，当有机物或矿质纤维作为稳定剂时，沥青用量可达5.5%～7.0%。

（2）集料。SMA粗集料应是高质量的轧制碎石，要求坚硬、耐磨、不吸水，尽量选择碱性集料，形状接近立方体，表面粗糙，针片状颗粒含量少，以便在交通荷载作用下，集料间能保持锁结紧密。

SMA中的细集料要求坚硬、清洁、表面粗糙，且只能含有少量的软料或有害物质。最好选用机制砂。当采用石屑时，宜采用石灰石石屑，且不得含有泥土类杂物。当与天然砂混用时，天然砂的含量不宜超过机制砂或石屑的比例。棱角性最好大于45%。

SMA中的矿粉较多，其质量及级配对混合料的性能起重要的作用，要求粉料干净、疏松，一般选用碱性石灰石粉。矿粉质量应满足热拌沥青混合料的要求。粉煤灰不得作为填料。回收粉尘的比例不得超过填料总质量的25%。

SMA的集料是间断级配，粗集料主要是4.75～13mm，比例达70%～80%，矿粉用量达8%～12%；粗集料占大多数的SMA完全不同于传统的密级配混合料；又由于通过0.075mm的粉料很多，使SMA的空隙率较低，也完全不同于开级配混合料（OGFC）。

（3）纤维稳定剂。添加纤维的目的：一是增加砂浆稳定性，避免运输和摊铺过程中产生流淌离析现象；二是提高路面的抗拉强度、抗滑能力和耐久性。纤维稳定剂分为有机纤维（木质素纤维）和无机纤维（矿物纤维）。德国习惯加入木质素，用量占骨料重的0.3%～0.5%。但木质素会吸收少许沥青，其受潮后会影响沥青与拌和料的结合强度，因此，有些国家则采用矿物纤维。如美国采用迈阿密的斐伯兰德（Fiberand）公司生产的道路纤维，它是在高温下将玄武岩熔化后抽丝，然后将其表面特殊处理，增加了纤维与沥青间结合力，使得纤维与集料、沥青拌和更加均匀，用量在0.3%～0.4%之间。

5. SMA的应用

SMA具有优良的路用性能，广泛地应用于世界各地。欧洲已使用20多年，20世纪80年代初，德国公路部门将SMA作为一种标准材料，现已推广到瑞典、丹麦、法国、日本和美国等。1996年美国佐治亚州SMA路面被联邦公路管理局评为连续四年全美最好的干线公路洲。佐治亚州运输部对SMA路面分析中发现，SMA成本比热拌沥青混合料高20%～25%，但寿命却显著提高，采用传统密级配混合料铺筑的路面寿命约为7.5年，而SMA路面可使用12～15年。

我国20世纪90年代初引入SMA后，已在首都机场高速、八达岭高速、上海、深圳世纪大道、广佛高速，辽宁阜朝高速等多省份应用。但随着我国经济的不断发展，以前所修建的许多高速公路已经不堪重负，亟待修复，国外成功的经验表明，用 SMA 在原有路面上进行加铺是非常经济有效的一种方法。

SMA 成为我国高速公路面层的首选材料，已被广泛地用于高速公路、城市快速路、干线道路的抗滑表层、公路重交通路段、重载及超载车辆多的路段、城市道路的公交汽车专用道、城市道路交叉口、公交汽车站、停车场、城镇地区需要降低噪声路段的铺装，特别是钢桥面的铺装。

二、冷拌沥青混合料

1. 定义

冷拌沥青混合料也称常温沥青混合料，是指矿料与乳化沥青或液体沥青在常温状态下拌和、铺装的沥青混合料。

2. 组成材料

沥青可采用液体石油沥青、乳化沥青。我国普遍采用乳化沥青，其用量应根据实践经验、交通量、气候、石料情况、沥青标号和施工机械等确定，一般较热拌沥青碎石混合料用量减少 15%～20%。矿料的要求与热拌沥青混合料大致相同。

3. 技术性质

(1) 混合料压实前的性质。冷拌沥青混合料在道路铺装前，应保持松散，易于施工，不宜结团。它不能在道路修筑时达到完全固结压实，而是在开放交通后，在车辆的作用下逐渐使路面固结起来，达到要求的密实度。

(2) 混合料压实后的性质。抗压强度是以标准试件（$h=50\text{mm}$，$d=50\text{mm}$）在 20℃ 的极限抗压强度值表示。水稳定性则以标准试件在常温下，经真空抽气 1h 后的饱水率表示。其值为 3%～6%。

4. 应用

冷拌沥青混合料适用于三级及三级以下的公路的沥青面层、二级公路的罩面层，以及各级公路沥青的基层、联结层或整平层。这种混合料一般比较松散，存放时间达 3 个月以上，可随时取料施工。冷拌改性沥青混合料可用于沥青路面的坑槽冷补。

三、乳化沥青稀浆封层混合料

1. 定义

乳化沥青稀浆封层混合料是用适当级配的石屑或砂、填料（水泥、石灰、粉煤灰、石粉等）与乳化沥青、外加剂和水，按照一定比例拌和而成的流动状态的沥青混合料，将其均匀的摊铺在路面上形成的沥青封层。

2. 组成材料

(1) 集料。混合料是级配石屑组成的。集料必须是坚硬、耐磨、无风化、洁净的碱性矿料。若采用酸性矿料时，需掺加消石灰或抗剥离剂。细集料可采用机制砂或石屑，不得使用天然砂。

(2) 乳化沥青。常用阳离子慢凝乳液。可采用慢裂或中裂的拌和型乳化沥青。

(3) 填料。为提高集料的密实度，需掺加石灰或粉煤灰和石粉等小于 0.075mm 的粉料。

(4) 水。为使稀浆混合料具有要求的流动度需掺加适量的水。

（5）外加剂。为调节稀浆混合料的和易性和凝结时间而添加各种助剂，如氯化铵、氯化钠、硫酸铝等。

3. 配合比设计

乳化沥青稀浆封层混合料的配合比设计由实验室确定，应满足稀浆封层厚度、抗磨耗、抗滑、龟网裂处治、稠度、易拌和摊铺、初凝时间等性能的要求，若不符合要求则需调整配合比。

4. 应用

由于稀浆封层具有防水、防滑、耐磨、平整及恢复路面表面功能的作用，因此，它主要用作新建、改建路面的表面磨耗层，维修旧路面病害的加铺层，以及处理路面早期病害如磨损、老化、细小裂缝、光滑、松散等，延长路面使用寿命。

四、再生沥青混合料

1. 定义及分类

再生沥青混合料由再生沥青和集料组成，是利用旧沥青路面材料，通过添加再生剂、新沥青和新集料，合理设计配合比，重新铺筑的沥青路面。它有表面处治型再生混合料、再生沥青碎石及再生沥青混凝土三种；按集料最大粒径，可分粗粒式、中粒式和细粒式三种；按施工温度分成热拌再生混合料和冷拌再生混合料，热拌由于旧油和新沥青处于熔融状态，经过机械搅拌，能够充分地混合，再生效果更好。而冷拌再生效果较差，成型期较长，通常限于低交通量的公路上。

2. 组成材料

（1）再生沥青。沥青再生由旧沥青、再生剂及新沥青组成。沥青再生是老化的逆过程，沥青老化就是沥青中组分比值失去平衡，胶体结构产生变化。采用再生剂可以调节旧沥青组分使其达到平衡。再生剂的作用是使旧沥青油的黏度降低，使脆硬的旧沥青软化；使旧沥青的沥青质重新分布，调节旧沥青的胶体结构，从而达到改善沥青流变性质的目的。

（2）集料。包括旧集料和新集料组成。

3. 技术性质

再生沥青混合料必须具有足够高的强度和热稳定性；具有良好的低温抗裂性；路面有足够的抗滑性和防渗性；尽可能地使用旧路面材料，最大限度节约沥青和砂石材料。

4. 配合比设计

（1）确定旧路面材料掺配比例；

（2）确定再生剂和新沥青并确定其用量；

（3）确定新旧集料的配合比例；

（4）检验再生沥青性质，确定再生混合料的最佳油石比；

（5）检验再生混合料的物理力学性质。

复习思考题

1. 何谓沥青混合料和密级配沥青混合料？简述沥青混合料的分类。

2. 沥青混合料按其组成结构可分为哪几种类型？各种结构类型的沥青混合料有什么特点？

3. 试述影响沥青混合料抗剪强度的因素。

4. 试述矿粉在沥青混合料中的作用。

5. 沥青混合料应具备哪些技术性质？用什么指标评价沥青混合料高温稳定性和耐久性。

6. 试述热拌沥青混合料配合组成的设计方法。矿质混合料的组成和沥青最佳用量是如何确定的？何谓油石比和沥青用量？

7. 何谓沥青玛蹄脂碎石混合料（SMA）？简述它的特点和技术性质。

第十章　建筑功能材料

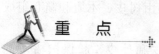 **基本要求**

熟悉建筑木材的概念、分类、特点、构造，掌握木材的技术性质，熟悉木材产品的种类和应用；了解防水材料、装饰材料、绝热材料和吸声与隔声材料等具有特殊功能的土木工程材料。

重　点

建筑木材、防水材料、装饰材料、绝热材料、吸声与隔声材料的基本概念、特性与应用。

第一节　建筑木材

我国古代木材就广泛应用于房屋建筑、桥梁工程。公元 14 世纪北京的故宫，历经明清两代，就是世界上现存最大、最完整的木结构宫殿建筑群。木材过去是重要的建筑结构用材，现在主要用于室内装饰和装修。

一、木材的定义、分类和特点

1. 木材的定义

树木是由树根、树干和树冠组成的，木材是由天然树木的树干加工形成的。

2. 木材的分类

天然树种多，制成木材后结构和性能各异。木材按其树叶的外观进行分类可分为针叶树材和阔叶树材。

（1）针叶树材。针叶树多为常绿树，树叶形状主要为针状（如松），还有鳞片状（如侧柏）或宫扇形（如银杏）等，树干通直高大，枝杈较小，分布较密，易得大材，木质较软，易于加工，又称软材。常用树种有陆均松、红松、红豆杉、云杉和冷杉等。针叶树材具有强度较高、胀缩变形较小、耐腐蚀性强、纹理顺直、材质均匀等特点，广泛用作承重构件和装饰材料。

（2）阔叶树材。阔叶树多为落叶树，其树叶宽大、叶脉成网状。树干的通直部位较短，枝杈较大，数量较少。材质较硬而较难加工，又称硬材。常用树种有水曲柳、栎木、樟木、黄菠萝、榆木、核桃木、酸枣木、桦木、楠木、椴木、柞木、榉木、梓木和檫木等。阔叶树材具有强度高、胀缩变形较大、易翘曲开裂等特点，一般用于制作尺寸较小的构件。阔叶树材的纹理较美观，具有很好的装饰性，适宜制作家具或室内装修材料等。

3. 木材的特点

木材的主要优点是：轻质高强，弹性和韧性好；易于加工；具有良好的功能特性和装饰性，如导热性低，保温隔热性能较好，绝缘性好；无毒性，纹理美观，色调温和；在适当的保养条件下，耐久性较好。

木材的主要缺点是：构造不均匀；各向异性；天然缺陷较多，影响材质和利用率；吸湿变形；易燃和易腐；木材生长期长；有疵病，如节子、裂纹、夹皮、斜纹、弯曲、伤疤、腐朽和蛀蚀等。这些缺陷不仅降低了木材的力学性能，而且还影响了木材的外观质量。

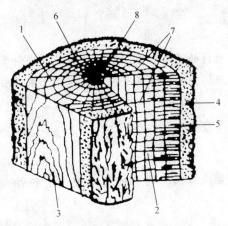

图 10 - 1 - 1　树干的三个切面

1—横切面；2—径切面；3—弦切面；4—树皮
5—木质；6—年轮；7—髓线；8—髓心

二、木材的宏观构造

木材的宏观构造通常从树干的横切面（即垂直于数轴的切面）、径切面（即通过数轴的纵切面）和弦切面（即平行于数轴的切面）3 个主要切面来剖析，如图 10 - 1 - 1 所示。

由横切面可见木材是由树皮、木质和髓心组成的。木材的宏观构造：

（1）树皮。分为内皮和外皮，起保护树木的作用。

（2）木质。位于树皮和髓心之间，是木材利用的主要部分。一般木质的外层颜色较浅，称为边材，而内层颜色较深称为心材。心材含水率较低，耐久性好；边材含水率较高，容易弯曲，因此，心材较边材的利用价值大。

（3）髓心也称树心。髓心位于横截面年轮的中心，是树干中心的松软部分。髓心是疏松而脆弱的组织，它是木材的缺陷，影响木材的力学强度。

（4）年轮。在横切面上围绕髓心的同心圆，它们就是一年中形成的春材和夏季材构成的，称为年轮。在同一生长年中，春季生长的部分称为早材，细胞腔大且壁薄，木质较疏松，颜色较浅；夏秋季生长的部分称为晚材，细胞腔小且壁厚，木质较致密，颜色较深。晚材较之早材结实、坚强。相同的树种，径向单位长度的年轮越多，分布越均匀，则材质越好；径向单位长度内的晚材含量越高，则强度也越大。

（5）髓线。在横切面上，髓线以髓心为中心，呈放射状分布；从径切面上看，髓线为横向的带条。它是由横向的薄壁细胞组成的，功能为横向传递和储存养分。

三、木材的物理性质和力学性质

1. 木材的含水率

木材的含水率是指木材所含水的质量占木材干燥质量的百分率。新伐木材含水率大于35%。气干木材的含水率为 15%～20%。经干燥窑处理过的木材含水率为 4%～12%。

（1）木材中的水分。木材中所含水分可分为化学结合水、吸附水和自由水 3 类。

1）化学结合水是指木材化学组织中的结构水。它对木材的性质无影响。

2）吸附水是指被吸附在细胞壁内细小纤维间的水分。水分进入木材后首先被吸入细胞壁，吸附水是影响木材强度和胀缩的主要因素。

3）自由水是指存在于木材细胞腔和细胞间隙中的水分。它影响木材的表观密度、保存性、抗腐蚀性和燃烧性。

（2）纤维饱和点含水率。在干燥环境下，木材首先蒸发的是自由水，这种水的蒸发迅速，但不影响木材的尺寸及其力学性能。然后吸附水开始蒸发，这种水的蒸发甚为迟缓，且影响木材的尺寸及力学性能。湿木材在空气中干燥，当自由水蒸发完毕而吸附水尚处于饱和时的状态，称为纤维饱和点。此时的木材含水率称为纤维饱和点含水率。它等于吸附水达到最大量时的含水率，其值为 23%～33%，是木材性质发生变化的转折点。在纤维饱和点之上，含水率变化是自由水含量的变化，它对木材强度和体积的变化甚微；在纤维饱和点之下，含水率变化是吸附水含量的变化，将对木材强度和体积等产生较大的影响。

（3）木材的平衡含水率。木材长时间处于一定温度和相对湿度的空气中时，其水分的蒸发和吸收达到平衡状态，此时的含水率称为平衡含水率。它随着空气的温度和相对湿度的变化而变化。木材使用时，应将其干燥至使用环境的常年平衡含水率，再进行加工，以免由于含水率的变化而引起变形和开裂。各地区、各季节木材的平衡含水率不相同，同一地区，不同树种木材的平衡含水率也有差异。

2. 湿涨与干缩

当木材的含水率小于纤维饱和点含水率时，其体积和尺寸会因含水率的变化而显著变化（即发生湿涨与干缩变形）。木材在纤维饱和点以下干燥时，随着含水率的降低，吸附水减少，细胞壁的厚度减小，因而细胞外表尺寸缩减，这种现象称为干缩。反之，干燥木材吸湿时将发生体积膨胀，直到含水量达到纤维饱和点时为止。木材的细胞壁越厚，则胀缩变形就越大。所以表观密度大、夏材含量多的木材胀缩变形较大。

在相同条件下，同一木材中不同方向、不同部位的胀缩不同，边材的胀缩大于心材。一般新伐木材干燥后，弦向收缩率为 6%～12%，径向收缩率为 3%～6%，纵向收缩率为 0.1%～0.3%，体积收缩率为 9%～14%。

由于木材复杂的构造，干燥时其横截面的不同部位也会发生不同的变形，所以不均匀干缩会使板材发生翘曲（包括顺弯、横弯、翘弯）和扭弯等变形。

干缩会使木材翘曲干裂，拼缝不严，湿涨则造成凸起，强度降低。这些变形将影响结构的性能。因此，在木材加工前必须进行干燥处理，使木材的含水率达到与其使用环境温湿度相适应的平衡含水率，通常比使用地区平衡含水率低 2%～3%。

3. 木材的强度

木材常用的强度有：抗压、抗拉、抗剪和抗弯强度。由于木材的构造各向异性，所以其强度也具有明显的各向异性，因此木材强度有顺纹和横纹之分，顺纹抗压、抗拉强度均比横纹强度大得多。木材的强度与外力性质、受力方向以及纤维排列的方向（顺纹和横纹）有关。

（1）抗压强度。木材的抗压强度分为顺纹抗压强度和横纹抗压强度。

木材的顺纹抗压强度是顺纹受压达破坏极限时的强度，也是确定木材强度等级的依据。它是管状细胞受压失稳，而不是纤维产生断裂，所以它的强度较高。

横纹受压是细胞腔受压缩，起初变形与压力成正比，超过比例极限后，细胞壁破裂，细胞腔被压扁。所以，木材的横纹抗压强度以使用中所限定的变形量来决定。通常取其比例极限作为横纹抗压强度极限的指标。木材的横纹抗压强度比其顺纹抗压强度低得多，通常只有其顺纹抗压强度的 10%～20%。工程中常见的桩、柱、斜撑等均是顺纹受压，而枕木、垫板是横纹受压。

（2）抗剪强度。木材的剪切可分为顺纹剪切、横纹剪切和横纹切断。顺纹受剪时，绝大部分纤维并不发生破坏，而是纤维间联结受到撕裂产生纵向位移和受横向拉力作用导致破坏，所以顺纹剪切强度很小，仅为顺纹抗压强度的 15%～30%。横纹受剪时，剪切面中纤维的横向联结受破坏，横纹剪切强度低于顺纹剪切强度。横纹切断则是将木材纤维横向切断，所以这种剪切强度最高，是顺纹剪切强度的 4～5 倍。

（3）抗弯强度（静曲极限强度）。木材受弯曲时会产生压、拉、剪等复杂的应力。在试件的上部产生顺纹压力，下部为顺纹拉力，而在水平面和垂直面上则产生剪切力。木材受弯曲时，上部首先达到强度极限，出现细小皱纹但不马上破坏，当外力增大，下部达到极限时，纤维本身及纤维间联结断裂，最后破坏。

木材的抗弯强度仅次于顺纹抗拉强度，为顺纹抗压强度的 1.5～2.0 倍。工程中常用作为桁架、梁、板等易于弯曲的部件。

（4）抗拉强度。木材的抗拉强度可分为顺纹和横纹两种。顺纹抗拉强度是木材所有强度中最大的，一般为顺纹抗压强度的 2～3 倍。顺纹受拉破坏时，往往是木纤维未被拉断而纤维间先被拉断。因木材纤维之间横向连接薄弱，所以横纹抗拉强度很低，一般为顺纹抗拉强度的 2.5%～10%。

因为构件受拉时两端点只能通过横纹受压或顺纹受剪的方式传递拉力，而木材横纹受压和顺纹受剪的强度均较低，此外，木材的疵病和缺陷会严重降低其顺纹抗拉强度，所以木材在实际使用中很少用作受拉构件。

以木材的顺纹抗压强度为 1，木材各强度之间的比例关系见表 10-1-1。

表 10-1-1   木材各强度之间的比例关系

抗压强度		抗拉强度		抗弯强度	抗剪强度	
顺纹	横纹	顺纹	横纹		顺纹	横纹
1	1/10～1/3	2～3	1/20～1/3	1.5～2.0	1/7～1/3	1/2～1

（5）木材的强度等级。按无疵标准试件的弦向静曲强度来评定木材的强度等级（见表 10-1-2）。木材强度等级代号中的数值为木结构设计时的强度设计值。因为木材实际强度会受到各种因素的影响，所以设计值要比试件的实际强度值低数倍。

表 10-1-2   木材强度等级评定标准

木材种类	针叶树材				阔叶树材				
强度等级	TC11	TC13	TC15	TC17	TB11	TB13	TB15	TB17	TB20
静曲强度最低值（MPa）	18	54	60	74	58	68	81	92	104

（6）影响木材强度的主要因素。

1）含水率。

在纤维饱和点以下时，木材的强度随含水率的减小而增加，其中抗弯和顺纹抗压强度较明显，而顺纹抗拉强度的变化最小。在纤维饱和点以上，强度基本为一恒定值。为了正确评定木材的强度，应根据木材实测含水率将强度换算成标准含水率（12%）时的强度值：

$$\sigma_{12} = \sigma_w[1 + \alpha(\omega - 12)] \qquad (10-1-1)$$

式中　　σ_{12}——含水率为 12% 时的木材强度，MPa；

　　　　σ_w——含水率为 ω% 时的木材强度，MPa；

ω——试验时的木材含水率，%；

α——含水率校正系数，当木材含水率在9%～15%范围内时，按表10-1-3取值。

表10-1-3 α 取 值

强度类型	抗压强度		顺纹抗压强度		抗弯强度	顺纹抗剪强度
	顺纹	横纹	针叶树材	阔叶树材		
α 取值	0.05	0.045	0	0.015	0.04	0.03

2）荷载作用时间。

木材极限强度表示抵抗短时间外力破坏的能力。木材在长期荷载作用下所能承受的最大应力称为持久强度。木材的强度随荷载作用时间的增长而降低，木材的持久强度仅为极限强度的50%～60%。在木结构设计时，一般以持久强度作为设计依据。

3）环境温度。

木材的强度会随环境温度的升高而降低。从25℃升至50℃时，木材抗压强度降低20%～40%，抗拉和抗剪强度下降12%～20%。当木材长期处于60～100℃时，会引起水分的蒸发，呈暗褐色，使强度下降，变形增大。超过140℃时，木材中的纤维素发生热裂解，逐渐变黑，强度明显下降。因此，高温环境下的建筑物不宜采用木结构。

4）缺陷。

木材在生长、采伐、加工和使用过程中会产生缺陷（如木节、裂纹和虫蛀等），从而使木材的强度降低。

此外，树木的种类、生长环境、树龄以及树干的不同部位均会影响木材的强度。

四、木材的应用

1.木材的初级产品及其应用

木材初级产品可分为圆材和锯材（见表10-1-4）。由伐倒木所截制的长度不一的圆形断面木料，称为圆材。用原木进行加工，经过纵横向锯解所得到的产品称为锯材。

表10-1-4 木材的初级产品应用

分类		说 明	用 途
圆材	原条	树木伐倒后，截去根、梢、枝，不在锯段的整个树干	房屋桁条、脚手干架、船舶、车辆、建筑结构料，支柱，支架，或进一步加工
	原木	伐倒的树干、原条或粗枝，按照材种规格要求所截成的木段	高级建筑装修、装饰；直接作支柱，如坑木；支架，如房屋建筑檩条用料
锯材	板材（宽度≥3倍厚度）	薄板：厚度12～21mm	门芯板、隔断、木装修等
		中板：厚度25～30mm	屋面板、装修、地板等
		厚板：厚度40～60mm	门窗
	方材（宽度<3倍厚度）	小方：截面积54cm² 以下	椽条、隔断木筋、吊顶搁栅
		中方：截面积55～100cm²	支撑、隔栅、扶手、檩条
		大方：截面积101～225cm²	屋架、檩条
		特大方：截面积226cm² 以上	木或钢木屋架

承重结构用的木材按缺陷状况分为 3 等，各等级木材的应用范围见表 10 - 1 - 5。

表 10 - 1 - 5   各等级木材的用途

等级	I	II	III
用途	受拉或拉弯构件	受弯或弯压构件	受压构件或次要受弯构件

2. 人造板材

（1）单片板。单片板是将木材蒸煮软化，经旋切、刨切或锯割成厚度均匀的薄木片，用以制造胶合板、装饰贴面或复合板贴面等。由于很薄，一般不能单独使用。

（2）细木工板。细木工板（又称大芯板）是中间为木条拼接，两个表面胶粘一层或两层单片板经热压粘合而成。由于中间为木条拼接有缝隙，因此可降低木材变形。细木工板具有硬度和强度较高，质轻、耐久、易加工，适用于家具制造、建筑装饰、装修工程中，如用于门板、壁板等，是一种极有发展前景的新型木型材。

（3）胶合板。胶合板是由一组单片板按相邻层木纹方向互相垂直叠放组坯，用胶黏剂胶合后经热压而成的板材。如三夹板、五夹板和七夹板等。胶合板多数为平板，也可经弯曲处理制成曲形。胶合板的特点是：提高了木材的利用率，可消除木材的天然疵点、变形、开裂等缺陷，各向异性小，材质均匀，强度较高；纹理美观的优质材可做面板，普通材做芯板，增加了装饰木材的出产率；它能制成较大幅宽的板材，产品规格化，使用方便。胶合板广泛用于室内门面板、隔墙板、护壁板、顶棚板、墙裙及各种家具、室内装修等。

胶合板按成品面板的材质缺陷、加工缺陷以及拼接情况分为 4 个等级（见表 10 - 1 - 6）：

1）特等。适用于高级建筑装修，做高级家具。

2）一等。适用于较高级建筑装修，做高中级家具。

3）二等。适用于普通级建筑装修，做家具。

4）三等。适用于低级建筑装修。

表 10 - 1 - 6   胶合板的分类、性能及应用

类别	名称	性 能	应用
I 类（NQF）	耐气候胶合板	耐久、耐沸煮或蒸气处理、抗菌	室外
II 类（NS）	耐水胶合板	能在冷水中浸渍，能经受短时间热水浸渍，抗菌	室内
III 类（NC）	耐潮胶合板	耐短期冷水浸渍	室内
IV 类（BNC）	不耐潮胶合板	具有一定的胶合强度	室内

（4）纤维板。纤维板是用木材废料制成木浆，经施胶、热压成型、干燥等工序制成。纤维板具有构造均匀、无木材缺陷、胀缩性小、不开裂和不翘曲等特性。若在浆料里施加或在湿板坯表面喷涂耐火剂或防腐剂，具有耐燃性和耐腐性。纤维板能使木材的利用率达到90％以上。按其密度大小分为硬质纤维板、中密度纤维板和软质纤维板。硬质纤维板密度大、强度高，主要用于壁板、门板、地板、家具和室内装修等。中密度纤维板主要用于家具制造和室内装修。软质纤维板密度小、吸声绝热性能好，可作为吸声或绝热材料使用。

（5）刨花板、木丝板和木屑板。刨花板、木丝板和木屑板是利用刨花碎片或短小废料刨制的木丝和木屑，经干燥、拌和胶料、热压成型等工序制成。胶料可为有机材料（如动物胶、合成树脂等）或无机材料（如水泥、石膏和菱苦土等）。采用无机胶料时，板材的耐火

性明显提高。

这类板材表观密度较小、强度较低，主要作为绝热和吸声材料，表面喷以彩色涂料后，可以用于天花板等。其中热压树脂刨花板和木丝板，在其表面可粘贴装饰单板或胶合板做饰面层，使其表观密度和强度提高，且具有装饰性，可用于制作隔墙、吊顶、家具等。

（6）重组装饰材。重组装饰材（俗称科技木）是以人工林速成材或普通木材为原料，在不改变木材天然特性和物理结构的前提下，采用仿生学原理和计算机设计技术，对木材进行调色、配色、胶压层积、整修、模压成型后制成的性能更加优越的全木质的新型装饰材料。科技木可仿真天然珍贵树种的纹理，隔热、绝缘、调湿、调温，取材广泛，只要木质易于加工，材色较浅即可，可以多种木材搭配使用。与天然木材相比，科技木具有以下特点：

1）色彩丰富，纹理多样。产品经电脑设计，可产生天然木材不具备的颜色及纹理，色泽鲜亮，纹理立体性更强，图案更具动感及活力。

2）产品性能更优越。科技木的物理性能优于原天然木材，且防腐、防蛀、耐潮、易于加工。可以加工成不同的幅面尺寸。

3）成品利用率高，装修更节约。科技木没有虫孔、节疤、色变等缺陷，其纹理与色泽具有一定的规律性，在装饰中避免了天然木材因纹理、色差而产生的难以拼接的烦恼，可使材料得到充分利用。

科技木是对森林资源的绝佳代替，同时又满足了人们对不同树种装饰效果及用量的需求。它产生过程中使用 E1 环保胶，是真正的绿色环保材料。科技木主要有胶合板、贴面板、实木复合地板、科技木锯材和科技木切片等产品，可用于室内装饰和家具制造。

3. 木材装饰制品

（1）木质地板。木质地板具有纹理美观，导热系数小、弹性好、耐磨、脚感舒适、易于清洁和保养，主要用于室内地面及门窗格芯装饰。

（2）木线条。木线条用机械加工而成，它光滑挺直，通过棱线和弧面的变化产生各种装饰效果。在室内装饰中，它主要用于室内空间的立体勾勒装饰和各种交接面的封边藏拙。

（3）木雕。木雕用作建筑装饰在我国已有数千年的历史，通常在门外檐下、门窗、屏罩、吊顶等的非承重构件施以雕饰。对一些木构件的端部如梁头和枋尾进行雕饰处理。木雕有几何图形、文字、花卉、飞禽走兽、传说、情景和人物等。

4. 木材的防腐和防火处理

（1）木材的腐朽与防腐。木材的腐朽是由霉菌、变色菌和木腐菌等真菌侵蚀引起的。霉菌只寄生在木材表面，并不破坏细胞壁，变色菌多寄生于边材，它们对木材力学性质的影响不大，只会使木材变色。木腐菌侵入木材，分泌酶把木材细胞壁物质分解成可以吸收的、供自身生长发育的养料。侵蚀初期，木材仅变色，随着真菌深入内部，强度开始下降；在侵蚀后期，木材呈海绵状、蜂窝状或龟裂状等，颜色变化很大，材质松软，甚至可用手捏碎，木材完全腐朽。

木材还会遭受昆虫的侵蚀，如白蚁、天牛和蠹虫，往往木材内部已被蛀蚀一空，而外表完整，危害极大。白蚁喜温湿，在南方地区种类多、数量大，可对建筑物造成毁灭性的破坏。天牛、蠹虫等甲壳虫则在气候干燥时猖獗。木材遭受昆虫的侵蚀后，不仅力学性质降低，而且会成为真菌侵入内部的通道，使其在蛀蚀和真菌侵蚀的共同作用下更快的腐朽。

（2）防腐措施。真菌只有在适当的水分、氧气和温度才能在木材中生存，最适宜的生长条件是木材含水率为 35%～50%，24～30℃，并含有一定量空气。含水率小于 20%或浸没水中，或深埋地下，真菌就会无法生存，因而木材不易腐朽。通常的木材防腐措施主要有：

1）物理处理。方法有干燥处理和涂料覆盖处理。干燥处理是采用气干法或窑干法将木材干燥至较低的含水率，并在施工中采取防潮和通风措施，使木材经常处于通风干燥状态。覆盖处理是将涂料涂刷在木材表面，形成保护膜，从而隔绝空气和水分，并阻止真菌和昆虫的侵入。

2）化学处理。是将化学防腐剂或防虫剂注入木材中，使真菌、昆虫无法寄生。室外应采用耐水性好的防腐剂。

（3）防火。木材具有可燃性。木材的防火是采用具有阻燃性的化学物质处理后，使其遇小火能自熄，遇大火时能延缓或阻滞燃烧蔓延。木材防火处理有以下方法：①表面处理法。将防火涂料覆盖在木材表面，构成防火保护层。常用的材料有金属、水泥砂浆、石膏和防火涂料等。②溶液浸注法。用防火浸剂对木材进行浸注处理，使木材不燃或难燃。

第二节　防　水　材　料

防水材料是使建筑物防止各种水分渗透的建筑材料。防水材料应具有良好的抗渗性、耐酸碱性和耐候性。防水材料的分类见图 10-2-1。本节主要介绍防水卷材和防水涂料。

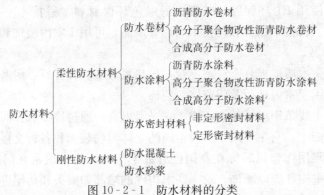

图 10-2-1　防水材料的分类

一、防水卷材

防水卷材是以沥青、橡胶、合成树脂或它们的共混体为基料，加入适当的化学助剂和填料制成的可卷曲片状防水材料。根据卷材的均质性，可分为两类：一类是经压延法或挤出法生产的均质卷（片）材；另一类是带有芯材增强层的复合卷（片）材。常用的芯材为纸胎、玻璃纤维布和合成纤维毡。

1. 沥青防水卷材

沥青防水卷材包括有胎基油毡和无胎基油毡，是较为低级的防水卷材，常用于临时性建筑防水、一般工程的屋面和地下防水。

2. 高分子聚合物改性沥青防水卷材

高分子聚合物改性沥青防水卷材是以高分子聚合物改性沥青为涂盖层，纤维织物或纤维毡为胎体，粉状、粒状、片状或薄膜材料为覆面材料制成的可卷曲片状防水材料。它克服了普通沥青防水卷材温度稳定性差、延伸率小的不足，具有高温不流淌、低温不脆裂、拉伸强度高、延伸率大的特点。常用的有属于弹性体的 SBS 改性沥青防水卷材和属于塑料体的 APP（无规聚丙烯）改性沥青防水卷材，SBS 改性沥青防水卷材适用于各种建筑物的防水、防潮工程，尤其适用于寒冷地区和结构变形频繁的建筑物防水。APP 改性沥青防水卷材适用于各种建筑物的防水、防潮工程，尤其适用于高温或有强烈太阳辐照地区的建筑物防水。

3. 合成高分子防水卷材

合成高分子防水卷材是以合成橡胶、合成树脂或它们的共混体为基料，加入适当的化学助剂和填料等，经混炼、压延或挤出等工艺制成的可卷曲片状防水材料。可分为加筋增强型与非加筋增强型。具有拉伸强度和抗撕裂强度高、断裂伸长率大、耐热性和低温柔性好、耐腐蚀、耐老化等特点，是新型高级防水材料。三元乙丙橡胶防水卷材的耐老化性能特别优异，对基层变形的适应性好，适用于防水要求高，使用年限长的工业与民用建筑的防水；聚氯乙烯防水卷材的尺寸稳定性、耐热性、耐腐蚀性和耐细菌性均较好，适用于屋面防水工程和水池、堤坝等抗渗工程；氯化聚乙烯－橡胶共混防水卷材是以氯化聚乙烯树脂和橡胶共混的方式制成，具有氯化聚乙烯特有的高强度和优异的耐候性，还具有橡胶的高弹性、高延伸率及良好的低温性能，适用于寒冷地区或变性较大的防水工程。

二、防水涂料

防水涂料是流态或半流态物质，涂布在基层表面，经溶剂或水分挥发或各组分间的化学反应，形成具有一定弹性和厚度的薄膜，起到防水防潮作用。

按成膜物质的主要成分分为沥青类、高分子聚合物改性沥青类和合成高分子类；按液态类型分为溶剂型、水乳性和反应型。沥青基防水涂料是以沥青为基料配制的溶剂型或水乳性防水涂料。如石灰乳化沥青、膨润土沥青乳液和水性石棉沥青防水涂料等。高分子聚合物改性沥青基防水涂料是以沥青为基料，用合成高分子聚合物进行改性，所制成的溶剂型或水乳性防水涂料。在柔韧性、抗裂性、拉伸强度、耐高低温性能、使用寿命等方面比沥青基防水涂料有很大提高，品种有氯丁橡胶沥青防水涂料、SBS 橡胶改性沥青防水涂料等。合成高分子基防水涂料是以合成橡胶或合成树脂配制的单组分或多组分防水涂料。具有高弹性、高耐久性及优良的耐高低温性，品种有聚氨酯防水涂料、丙烯酸酯防水涂料和有机硅防水涂料等。

第三节 装 饰 材 料

建筑装饰材料是指铺设、粘贴或涂刷在建筑物地面、墙面和顶棚起装饰效果的材料。一般不承重，但对建筑物的美观效果、保护建筑物、延长使用期、改善使用功能起着很大作用。

不同功能、不同时代、不同文化背景和不同发展阶段的建筑，装饰效果的要求是不同的；同一类建筑物，对装饰效果的要求也不相同。从建筑艺术角度出发，装饰材料的透明性、颜色、光泽、表面构造，尺寸和形状等外观性质尤为重要。装饰材料的颜色应与建筑物的内外空间和自然环境相协调，色调柔和美观。装饰材料的光泽是光线在材料表面有方向性反射的性质，它对形成于材料表面上的物体形象的清晰程度起着决定性作用。表面构造指装饰材料表面的花纹、图案、颗粒的粗细以及平整凸凹等特征。材料的表面构造和尺寸，形状造型并结合具体的做法，形成对装饰材料的质感和线形。在装饰工程中，按照不同的装饰要求，正确合理地选用装饰材料，从色彩、质感和线形追求最佳的装饰效果。

建筑装饰材料的种类繁多，下面仅介绍建筑玻璃、建筑陶瓷和其他装饰材料。

一、建筑玻璃

玻璃是一种透明的、经高温熔制的无定形硅酸盐固体物质。生产玻璃的主要原料是二氧化硅、纯碱、长石及石灰石等，彩色玻璃还需要加入一些金属氧化物着色剂。

玻璃是一种常用的建筑材料，具有透光性、耐腐蚀性、隔声绝热和艺术装饰作用等特点。现代建筑中，越来越多地采用玻璃门窗、玻璃外墙、玻璃制品及玻璃物件，以达到控光、控温、防辐射、防噪声以及美化环境的目的。

1. 平板玻璃

(1) 普通平板玻璃。指由浮法或引拉法熔制的、经热处理消除或减小其内部应力至允许值的钠钙玻璃类平板玻璃。普通平板玻璃具有良好的透光性、较高的化学稳定性和耐久性，在建筑玻璃中用量最大，广泛用于建筑物的门窗采光、采光屋面。其厚度为 2～12mm，长度为 500～1800mm，宽度为 300～1200mm，长宽比不得大于 2.5，其中以 2～3mm 厚的使用量最大。

(2) 磨光玻璃（又称镜面玻璃）。是将普通平板玻璃经过机械磨光、抛光制成表面光滑的透明玻璃。磨光后，消除了普通平板玻璃不平引起的筋缕或波纹缺陷，从而使通过玻璃的物像不变形。主要用于高级建筑物的门窗采光，商店橱窗及制镜。

(3) 磨砂玻璃。是把普通平板玻璃经过人工研磨、机械喷砂或氢氟酸溶蚀等方法处理成表面均匀粗糙的平面玻璃。由于表面粗糙，造成透光不透视，使室内光线不炫目、光线柔和。适用于卫生间、浴室、办公室等的门窗及隔断处，也可用作灯罩。

(4) 花纹玻璃。按加工方法可分为压花玻璃和喷花玻璃。压花玻璃又称滚花玻璃，它是用带图案花纹的滚筒压制在红热状态的玻璃料坯而制成。其具有透光不透视，光线柔和的装饰效果。喷花玻璃又称胶花玻璃，是在平板玻璃表面贴上花纹图案，并经喷砂处理而成。适用于卫生间、浴室、办公室的门窗及隔断处。

(5) 彩色玻璃（又称有色玻璃）。可分为透明和不透明两种。透明的彩色玻璃是在玻璃原料中加入一定的金属氧化物，按平板玻璃的生产工艺进行加工生产而成，颜色有红、黄、蓝、黑、绿、乳白等十余种。不透明的彩色玻璃是在平板玻璃的一面喷上各种釉，经烘烤退火而制成。彩色玻璃主要用于建筑物的内外墙、门窗装饰及有特殊采光要求的部位。

2. 安全玻璃

安全玻璃的主要功能是力学强度高，抗冲击性能较好，韧性好，即便碎裂也不会飞溅伤人，并兼有防火功能和装饰效果，常用的品种有：

(1) 钢化玻璃。是将平板玻璃经物理强化（淬火）或化学强化处理所制成的玻璃。经强化处理可使玻璃表面产生一个预压的应力，使玻璃的机械强度和抗击性、热稳定性大幅提高。主要用于高层建筑物的门、窗、幕墙、隔墙、屏蔽及商店橱窗、汽车的玻璃。技术要求详见《建筑用安全玻璃　第2部分：钢化玻璃》（GB 15763.2—2005）。

(2) 夹丝玻璃。是把预先编织的钢丝网压入以软化红热状态的平板玻璃中制成。其抗折强度高、抗冲击韧性及弹性好。其在破碎时碎粒大都粘在钢丝网上，不易伤人。适用于公共建筑的走廊、防火门、楼梯间、厂房天窗和各种采光屋顶。

(3) 夹层玻璃。是把聚乙烯酸缩丁醛透明塑料等薄衬片数片嵌夹于平板玻璃或其他玻璃之间，经热压黏合而制成。其冲击性和抗穿透性好，破碎时产生辐射状的裂纹和少量玻璃碎屑，碎粒仍粘贴在膜片上，不致伤人。夹层玻璃主要用于飞机、汽车的挡风玻璃、防弹玻璃以及有特殊要求的建筑门窗。

3. 绝热玻璃

绝热玻璃具有特殊的保温绝热功能，常用于门窗和幕墙玻璃。绝热玻璃包括以下几种：

(1) 吸热玻璃。是把有吸热性能的金属氧化物着色剂加入到平板玻璃的原料中或喷涂在玻璃表面，使玻璃着色并具有吸收大量红外线辐射，又能保持良好的光透过率的平板玻璃。吸热玻璃可呈灰色、茶色、蓝色、绿色等，广泛应用于门窗、幕墙，车船的挡风玻璃等，起到采光、隔热、防眩作用。

(2) 热反射玻璃（又称镀膜玻璃或镜面玻璃）。是在玻璃表面用热解、蒸发、化学处理等方法喷涂金、银、铜、镍、铬、铁等金属或金属氧化物薄膜而成。具有较高的热反射能力，良好透光性能，迎光面有镜子的效果，背光面有透视性。适用于高层建筑的幕墙。

(3) 光致变色玻璃。是在玻璃中加入卤化银或在玻璃与有机夹层中加入钼或钨的感光化合物而制成。该玻璃随光线的增强而逐渐变暗，停止照射又能恢复原来颜色，能自动调节光线。广泛应用于汽车、轮船及建筑物挡风玻璃，光学仪器透视材料和变色眼镜。

(4) 中空玻璃。是由两片或多片平板玻璃构成的，中间用边框隔开，边缘用密封胶密封，玻璃层间充有干燥气体。具有保温隔声性能及节能效果，主要用于需要采暖、空调、防止噪声等的建筑。

4. 玻璃制品

(1) 异形玻璃。是用硅酸盐玻璃制成的形状各异的大型长条构件。有槽形、波形、箱形、肋形、三角形、Z形和V形等品种，表面带花纹和不带花纹，夹丝和不夹丝等。其具有强度高、透光、隔热、隔声、使用安全、装饰效果好等特点，适用于建筑物围护结构、内隔墙、天窗、透光屋面、走廊等。

(2) 玻璃空心砖。是由两块压铸成凹形的玻璃经熔接或胶接成整块的空心砖，砖面可为光滑平面或花纹，砖内可充空气或填充玻璃棉。该玻璃具有绝热、隔声、光线柔和等特点，可用于砌筑透光墙壁、隔断、门厅和通道等。

二、建筑陶瓷

陶瓷制品是由黏土、长石、石英为原料，经配料、制坯、干燥、焙烧而制得的成品。凡是用于建筑工程的陶瓷制品称建筑陶瓷，它具有强度高、性能稳定、耐腐蚀性好、耐磨、防水、防火、易清洗及装饰性好等优点。在建筑工程及装饰工程中应用较多的制品有釉面砖、外墙面砖、墙地面砖、陶瓷锦砖、卫生陶瓷等。

1. 釉面砖

釉面砖是由多孔坯体和表面釉层组成。釉是由石英、长石、高岭土等为主要原料，配以其他成分，研制成浆体，喷涂于陶瓷坯体的表面，经高温焙烧后，在坯体表面形成的一层淡玻璃质层。施釉后陶瓷表面平滑、光亮、不吸湿、不透气，美化了坯体表面，改善坯体的表面性能并提高机械强度。釉层又有结晶釉、花釉、有光釉、斑点釉和浮雕釉等不同种类，釉面颜色可分为单色、花色、彩色和图案色等。釉面砖的规格常用的有 108mm×108mm×5mm、152mm×152mm×5mm 等规格。

釉面砖主要用于厨房、卫生间、浴室、实验室、医院等室内墙面和台面的装饰。由于釉面砖吸水率大，其多孔坯体和釉面的膨胀率相差较大，在室外受到日晒雨淋及温度变化时，易开裂或剥落，故不宜用于外墙装饰和地面材料。

釉面砖的主要种类及特点见表 10-3-1。

表 10-3-1 釉面砖的主要种类及特点

种类		代号	特　点
白色釉面砖		F，J	色纯白，釉面光亮，镶于墙面，清洁大方
彩色釉面砖	有光彩色釉面砖	YG	釉面光亮晶莹，色彩丰富雅致
	石光彩色釉面砖	SHG	釉面半无光，不晃眼，色泽一致，色调柔和
装饰釉面砖	花釉砖	HY	在同一砖上施以多种彩釉，经高温烧成，色釉互相渗透，花纹千姿百态，装饰效果良好
	结晶釉砖	JJ	晶花辉映，纹理多姿
	大理石釉砖	LSH	具有天然大理石花纹，颜色丰富，美观大方
图案砖	白地图案砖	BT	在白色釉面砖上装饰各种彩色图案，经高温烧成，纹样清晰，色彩明朗，清洁优美
	色地图案砖	YGT D—YGTS HGT	在有光（YG）或石光（SHG）彩色釉面砖上，装饰各种图案，经高温烧成，产生浮雕、缎光、绒毛、彩漆等效果，作内墙饰面，别具风格
瓷砖画及白色釉陶瓷字	瓷砖画	—	以各种釉面砖拼成各种瓷砖画，或根据已有画稿烧成釉面砖拼成各种瓷砖画，清洁优美，永不褪色
	色釉陶瓷字	—	以各种色釉、瓷土烧制而成，色彩丰富，光亮美观，永不褪色

2. 外墙面砖

外墙面砖是采用品质均匀而耐火度较高的黏土经压制成型后焙烧而成。它可分为表面不施釉的单色砖和表面施釉的彩釉砖。外墙面砖具有强度高、防潮、抗冻、耐久、不易污染和装饰效果好的优点，广泛用于建筑物外墙面上起保护和装饰效果。

常见的外墙面砖的种类、规格和用途见表 10-3-2。

3. 墙地砖

墙地砖包括外墙用贴面砖和室内外地面铺贴用砖，是以优质陶土为主要原料，经成型在 1100℃ 烧结而成。它可分为有釉和无釉两种。常用有以下三种。

（1）劈离砖。是由黏土、页岩、耐火土等按一定配比混合后，经湿化、练泥、成型、干燥、施釉、焙烧、劈离（将一块双联砖分为两块砖）等制成。它具有密度大、强度高、弯曲强度大、吸水率小的特点，颜色各异，品种较多，外形美观；个性古朴高雅，适用于室内外地面、台面、踏步、广场及游泳池、浴池等处，起装饰和防滑作用。

（2）彩胎砖（又称彩色釉面陶瓷地砖）。制作原料与釉面砖基本相同，但生产工艺为二次烧制，并加磨光、抛光工序加工而成。其具有吸水率小、强度高、耐磨、抗冻性好、化学稳定性好、耐久性好的特点，主要用于柱面及室内，外墙面及地面铺贴。

表 10 - 3 - 2 外墙面砖的种类、规格和用途

种类		一般规格	性能	用途
名称	说明	(mm×mm×mm)		
表面无釉外墙贴面砖（又名单色）	有白、浅黄、深黄、红、绿等色	200×100×12 150×75×12 75×75×8	质地坚固，吸水率不大于 8%，色调柔和，耐水抗冻，经久耐用，防火，易清洗等	用于建筑物外墙，作装饰及保护墙面之用
表面有釉外墙贴面砖（又名彩釉砖）	有粉红、蓝、绿、金砂釉、黄、白等色	108×108×8 150×30×8		
立体彩釉砖（线砖）	表面有凸起线纹、有釉，并有黄、绿等色	200×60×8 200×80×8		
仿花岗岩釉面砖	表面有花岗岩花纹，表面施釉	195×45 95×95 108×60 227×60		

（3）麻面砖。是采用仿天然岩石的色彩配料，压制成表面凹凸不平的麻面坯体后经焙烧而成。它具有抗折强度大、吸水率小、防滑耐磨、天然纹理，色调柔和的特点。其薄型砖适用于外墙饰面，厚形砖适用于广场、停车场、人行道等地面铺设。

4. 陶瓷锦砖

陶瓷锦砖又称马赛克，是以瓷土为主要原料，以半干法压制成型，经 1250℃ 高温烧制而成的边长小于 40mm 的瓷片，以多种颜色（或单色）、多种图案反贴在牛皮纸上的陶瓷制品。它具有耐磨、耐火、耐腐蚀、吸水率小，抗压强度高，易清洗，施工方便等优点，常用于卫生间、厨房、浴室、化验室内地面的装修。

三、其他装饰材料

1. 建筑装饰用板材

墙面装饰板材按材质不同可分为石材类、陶瓷类、木材类、塑料类、石膏类、玻璃钢、金属类及复合装饰板类。常用于装饰的板材有以下几种。

（1）人造石饰面板。人造石板是以玻璃纤维增强水泥为基材，以树脂型人造大理石为装饰面层，采用特定工艺复合而成的建筑装饰板材。用于室内墙面、柱面的装饰。

（2）不锈钢和彩色不锈钢饰板。不锈钢是一种特种用途钢材，彩色不锈钢是在不锈钢板上进行技术和艺术加工，使其成为各种色彩的不锈钢。其具有优异的耐腐蚀性、成型性，耐磨、耐高温。主要用于建筑物内外墙装饰，防腐设备、厨房、广告壁面。

（3）彩色钢板。彩色钢板在热轧钢板和镀锌钢板上喷涂 0.2～0.4mm 软质或半硬质聚氯乙烯塑料薄膜或其他树脂而成。其具有耐磨、耐酸碱、耐油、耐侵蚀的特点，可用于外墙板、壁板、屋面板。

2. 轻钢吊顶龙骨

轻钢吊顶龙骨是采用镀锌板或薄钢板、经剪裁、冷弯、辊轧、冲压而成，作为顶棚吊顶的骨架材料。它具有轻质、刚度大、防火、抗震性好，安装加工方便的特点，适用于室内顶

棚吊顶装饰工程。

3. 无纺贴墙布

无纺贴墙布是以棉、麻等天然纤维或涤纶腈纶合成纤维为原料，经无纺成型，上树脂、印制图案等工序制成。具有弹性，不易折断，纤维不老化，透气防潮，可擦不褪色的特点。适用于高级宾馆的内墙装饰。

第四节 绝 热 材 料

一、绝热材料的定义、分类

在建筑工程中，用于控制室内热量外流的材料称保温材料，而防止室外热量进入室内的材料称隔热材料。保温材料和隔热材料统称为绝热材料。

绝热材料按其成分可分为无机绝热材料和有机绝热材料两大类。无机绝热材料是用矿物质为原料制成的呈纤维状、松散状或多孔状材料，制成板、管套或通过发泡工艺制成多孔制品。有机绝热材料是用有机原料制成，如树脂、木丝板、软木等。

二、绝热材料的性能

1. 导热系数

导热系数是指材料传导热量能力的指标，它是绝热材料重要的性能指标。导热系数越小，通过材料传送的热量越少，其绝热性能越好。影响导热系数的主要因素有材料的分子结构及化学成分、孔隙率、强度、环境的温度、湿度和热流方向等。

金属材料导热系数最大，无机非金属材料次之，有机材料导热系数最小。相同化学组成的出来，晶体结构的导热系数最大，微晶结构次之，玻璃体结构最小。

材料的孔隙率越大，导热系数越小。孔隙率相同时，孔隙尺寸越大，导热系数越大，孔隙相互连通比封闭不连通的导热系数大。

固体导热最好，液体次之，气体最差。因此，材料受潮会使导热系数增大。如空隙中的水结冰，导热系数将更大。

材料的导热系数随温度提高而增大，但这种影响在 $0\sim50{}^{\circ}\!C$ 时并不大，只有在高温或低温下的材料，才考虑温度的影响。

对于各向异性材料，如木材等纤维材料，当热流与纤维延伸方向平行时，热流受到阻力小，其导热系数值大，而热流垂直于纤维延伸方向时，受到的阻力大，其导热系数相对较小。

2. 热稳定性

热稳定性是指材料能经受温度的剧烈变化而不生成裂缝、裂纹和碎块的性能。绝热材料的热稳定性，随材料的抗压或抗折强度的提高而提高，并随热膨胀系数、弹性模数的增加而降低，还与导热系数成正比。

3. 吸水性与吸湿性

绝热材料的吸水性与吸湿性要小。因为水的热传导能力是空气的 24 倍，绝热材料的吸水后将使导热系数大大增加。

4. 机械强度

绝热材料要具有一定的强度，因为其在运输和使用中，可能受到拉伸、压缩、弯曲、扭曲等负荷的作用,如果所受的负荷大于材料允许承受的极限,材料就会发生变形甚至破坏。

三、绝热材料的作用原理

在任何介质中,当两处存在温差时,就会产生热传导现象,热将从温度较高处转移到较低处。热量的传递有导热、对流和热辐射三种方式。

为了能保持室内有适宜于人们生活的气温,房屋的外围结构所用的材料必须具有一定的保温隔热性能。材料的保温性能的好坏是由导热系数大小来决定的。导热系数越小,保温性能越好。通常称的保温材料是指导热系数小于 $0.23W/(m \cdot K)$ 的材料,其特点是孔隙小而多,容重轻,保温效果好。

由于保温材料常是多孔的,孔隙内有空气,起着辐射和对流作用。当热量通过材料时,并不单靠导热方式,但因辐射和对流所占比例很小,所以在建筑热工计算中不予考虑。

四、常用的绝热材料

1. 无机绝热材料

(1) 无机纤维状绝热材料。

1) 玻璃棉及其制品。玻璃棉是用碎玻璃经熔融后制成的连续纤维状材料。堆积密度为 $40 \sim 150kg/m^3$,导热系数为 $0.035 \sim 0.041W/(m \cdot K)$,最高使用温度 $400℃$。玻璃纤维可制成沥青玻璃棉毡、板和酚醛玻璃棉毡。其产品适用于屋面和墙体的保温层及管道保温。

2) 矿棉及其制品。矿棉一般包括矿渣棉和岩石棉。

①矿渣棉是以工业废料高炉矿渣为主要原料,经融化加工成棉丝状的保温、绝热材料。其表观密度为 $110 \sim 130kg/m^3$,导热系数为 $0.042 \sim 0.052 W/(m \cdot K)$,最高使用温度为 $600℃$。它具有质轻、热导率低、不燃、耐腐蚀等特点,可制成矿渣棉毡或沥青矿渣棉板,可用做保温墙板填充料,墙壁、屋顶和顶棚等处的保温隔热和吸声材料。

②岩石棉是以天然岩石为原料经熔化吹制成短纤维材料。其表观密度为 $80 \sim 160kg/m^3$,导热系数为 $0.024 \sim 0.052 W/(m \cdot K)$,最高使用温度为 $600℃$,常制成岩石棉板、岩石棉毡。适用于锅炉、管道的保温隔热,建筑物屋顶、墙体的保温。

(2) 无机散粒状绝热材料。

1) 膨胀蛭石及其制品。膨胀蛭石是由天然蛭石经高温煅烧而制成的单个颗粒状绝热材料。其堆积密度为 $80 \sim 200kg/m^3$,导热系数 $0.046 \sim 0.070 W/(m \cdot K)$,最高使用温度 $1100℃$。具有不蛀、抗腐、吸水性大的特点。膨胀蛭石加水泥、水玻璃、硅藻土、膨胀土等,可制成多品种、多规格、多用途的板材及管壳制品。它可用于填充材料、工业及民用建筑的维护结构、管道等的保温绝热和吸声材料。

2) 膨胀珍珠岩及其制品。膨胀珍珠岩是由天然珍珠岩煅烧而成的呈蜂窝泡沫状白色或白色颗粒的绝热材料。其堆积密度为 $40 \sim 300kg/m^3$,导热系数为 $0.025 \sim 0.048W/(m \cdot K)$ 使用温度在 $-200 \sim 800℃$ 之间。具有吸湿小、无毒、不燃、抗菌、耐腐、施工方便的特点。膨胀珍珠岩配合适量的水泥、水玻璃、沥青,经加工成型后可制成具有一定形状的板、砖、管壳制品。其可用于围护结构、低温及超低温保冷设备、热工设备、管道等处的保温绝热材料。

(3) 无机多孔类绝热材料。多孔类材料含有大量均匀分布的气孔,是由固相和孔隙良好的分散的材料所组成。主要有泡沫类和发气类产品。

1) 泡沫混凝土。由水泥、水、松香泡沫剂混合后,经搅拌、成型、养护而成的一种多孔、轻质、保温绝热材料。其表观密度为 $300\sim500kg/m^3$，强度 $f_c\geqslant0.4MPa$，导热系数为 $0.082\sim0.186W/（m\cdot K）$，适用于围护结构的保温绝热。

2）加气混凝土。加气混凝土是由水泥、石灰、粉煤灰和发气剂（铝粉）配制而成的一种轻质、保温绝热材料。表观密度为 $400\sim700kg/m^3$，强度 $f_c\geqslant0.4MPa$，导热系数 $0.093\sim0.164W/（m\cdot K）$，适用于围护结构的保温绝热。

3）泡沫玻璃。由玻璃粉和发泡剂等配料，经煅烧而制成。其表观密度为 $150\sim600kg/m^3$，导热系数 $0.058\sim0.128W/（m\cdot K）$，抗压强度为 $0.8\sim15MPa$，气孔率达 $80\%\sim90\%$。采用普通玻璃粉制成的泡沫玻璃最高使用温度为 $300\sim400℃$，若用无碱玻璃粉生产的，最高使用温度可达 $800\sim1000℃$。泡沫玻璃耐久性好，可用于砌筑墙体和冷藏库绝热。

4）微孔硅酸钙。微孔硅酸钙是以硅藻土或硅石与石灰为原料，经配料、拌和、成型及水热处理制成的绝热材料，其表观密度约为 $250kg/m^3$，导热系数为 $0.041W/（m\cdot K）$，最高使用温度为 $650℃$。适用于围护结构和管道保温。

2. 有机绝热材料

（1）泡沫塑料。泡沫塑料是以各种树脂为基料，加入一定量的发泡剂、催化剂、稳定剂等辅助材料，经加热发泡制成。具有轻质、保温、绝热、吸声和防震的性能。常见的品种如下：①聚氨酯泡沫塑料。其表观密度为 $30\sim65kg/m^3$，导热系数为 $0.035\sim0.048W/（m\cdot K）$，最高适应温度为 $120℃$。最低使用温度为 $-60℃$，用于屋面、墙头保温、冷藏库隔热。②聚苯乙烯泡沫塑料。其表观密度为 $20\sim1200kg/m^3$，导热系数为 $0.038\sim0.047W/（m\cdot K）$，最高使用温度为 $120℃$。常用于屋面和墙体保温隔热，也可以和其他材料制成夹心板。

（2）植物纤维绝热材料。植物纤维绝热材料以植物纤维为原料，经轧碎、压型、加工而成板材，如芦苇板、水泥木丝板、软木板等。其表观密度为 $200\sim1200kg/m^3$，导热系数为 $0.058\sim0.307W/（m\cdot K）$，一般用于表面较光洁的顶棚、隔墙板、护墙板的绝热。

在建筑工程中，合理选用绝热材料，能提高建筑物的使用效能。例如，房屋围护结构及屋面所用的建筑材料具有一定的绝热性能，能保持室内温度的稳定。在采暖、空调及冷藏等建筑物中采用绝热材料，能减少热损失，节约能源消耗。

第五节 吸 声 与 隔 声 材 料

声音起源于物体的振动，而把发出声音的发声体叫声源。声音传播的声源可分为空气声（由于空气的振动）和固体声（由于固体撞击和振动）两种。声音发出后一部分在空气中随着距离的增大而扩散；另一部分因空气分子的吸收而减弱。当声波遇到建筑物时，一部分被反射，一部分穿透材料，相当一部分转化为热能而被吸收。被材料吸收的声能与原来传递给材料的全部声能之比，称为吸声系数，它是评定材料吸声好坏的指标。

一、吸声材料

吸声材料是指吸声系数大于 0.2 的材料。吸声性能主要与材料本身的组成、厚度及表面状况、开口孔隙及材料声波的入射角和频率有关。一般材料的开口孔隙越多，吸声系数越大，吸声效果越好。

要确定一种材料的吸声效果，规定取同一种材料的六个频率 125Hz、250Hz、500Hz、1000Hz、2000Hz、4000Hz 吸声系数的平均值，来衡量该种材料吸声的好坏。

一般在礼堂、剧院等，必须采用吸声材料，来提高音质效果。

二、隔声材料

可以较大程度减弱声波传播的材料，称为隔声材料。隔声性能以隔声量来表示，隔声量是指一种材料入射声能与透过声能之差，其值越大，隔声性能越好。

对于空气声传播的隔声材料，一般可采用密度较大的混凝土、实心砖、钢板等，效果较好。对于固体声传播的隔声材料，一般可采用加夹层的软木、橡胶、毛毡、设置空气隔离层等方法，以阻止或减弱固体声的传播。

复习思考题

1. 何谓木材的含水率、纤维饱和点和平衡含水率？影响木材强度的主要因素有哪些？
2. 人造板材主要有哪些品种？它们有何特点？
3. 高分子聚合物改性沥青防水卷材和合成高分子防水卷材各有什么特点？
4. 何谓平板玻璃、中空玻璃、钢化玻璃？各有什么特点？
5. 简述外墙面陶瓷砖的分类和特点。
6. 何谓绝热材料？绝热材料有哪些类型？
7. 何谓吸声材料？影响吸声性能的因素有哪些？

土木工程材料试验

基本要求

明确常用土木工程材料的试验目的，熟悉试验仪器，重点掌握试验方法，注重试验结果的整理与分析。

重 点

试验目的、试验方法和试验结果的整理分析，侧重技能训练。

试验一 水泥标准稠度用水量（标准法）、凝结时间、安定性检验方法

一、试验目的、适用范围

（1）水泥标准稠度用水量的试验目的是为了在进行水泥凝结时间和安定性试验时，对水泥净浆在标准稠度的条件下进行测定，使不同水泥具有可比性；凝结时间的试验目的是检验水泥的初凝时间和终凝时间是否符合技术要求，并为水泥混凝土的施工提供水泥的初凝时间和终凝时间；体积安定性的试验目的是通过测定水泥标准稠度净浆在雷氏夹中沸煮后的膨胀值来检验水泥的安定性是否合格。

（2）本方法适用于硅酸盐水泥、普通水泥、矿渣水泥、火山灰水泥、粉煤灰水泥、复合水泥以及指定采用本方法的其他品种水泥。

（3）本试验执行标准为（GB/T 1346—2011）。

二、试验仪器、材料、试验条件

（1）水泥净浆搅拌机。符合 JC/T 729 的要求。如试图 1-1 所示。

试图 1-1 水泥净浆搅拌机

（2）标准法维卡仪。维卡仪由标准稠度测定用试杆、凝结时间测定用初凝针和终凝针、试模等组成，如试图 1-2（a）所示。

标准稠度试杆［见试图 1-2（b）］由有效长度为 50mm±1mm，直径为 $\phi10mm\pm0.05mm$ 的圆柱形耐腐蚀金属制成。试针由钢制成，其有效长度初凝针［见试图 1-2（c）］为 50mm±1mm，终凝针［见试图 1-2（d）］为 30mm±1mm，直径为 $\phi1.13mm\pm0.05mm$。为了准确观测试针沉入的状况，在终凝针上安装了一个环形附件。与试杆、试针联结的滑动杆表面应光滑，能靠重力自由下落，不得有紧涩和旷动现象，滑动部分的总质量为 300g±1g。

盛水泥净浆的试模由金属制成。试模为深 40mm±0.2mm、顶内径 φ65±0.5mm、底内径 φ75±0.5mm 的截顶圆锥体。每个试模应配备一个边长或直径约 100mm、厚度 4～5mm 的平板玻璃底板，小刀。

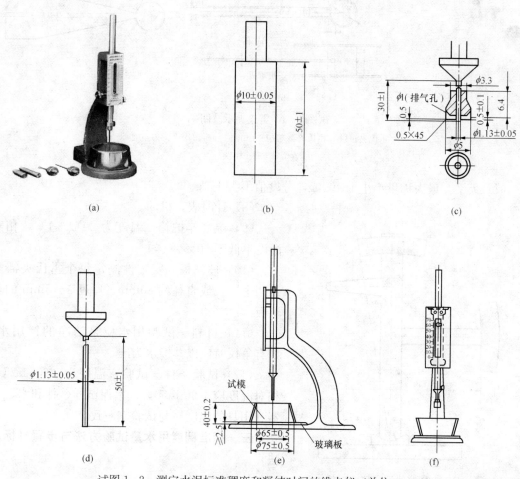

试图 1-2　测定水泥标准稠度和凝结时间的维卡仪（单位：mm）

(a) 标准法维卡仪；(b) 标准稠度试杆；(c) 初凝针；(d) 终凝针

(e) 初凝时间测定用立式试模的侧视图；(f) 终凝时间测定用反转试模的前视图

（3）雷氏夹。由铜质材料制成如试图 1-3（a）所示，由两根指针和环模组成。两根指针尖端≈10mm，指针长 150mm，环模有切口＜1mm 如试图 1-3（b）所示。当一根指针的根部先悬挂在一根金属丝或尼龙丝上，另一根指针的根部再挂上 300g 的砝码时，两根指针针尖的距离增加应在 17.5mm±2.5mm 范围内，即 $2x=17.5mm±2.5mm$〔见试图 1-3（c）〕，当去掉砝码后针尖的距离能恢复至挂砝码前的状态。

（4）雷氏夹膨胀值测定仪。雷氏夹膨胀值测定仪由底座、模子座、测弹性标尺、立柱、测膨胀值标尺和悬臂组成。如试图 1-4 所示，标尺最小刻度为 0.5mm。

（5）沸煮箱。容积约为 410mm×240mm×310mm，箅板与加热器之间的距离大于 50mm。能保证在 30min±5min 内升至沸腾并可保持 3h 以上，不需中途添补试验用水。

（6）量筒或滴定管精度±0.5ml。

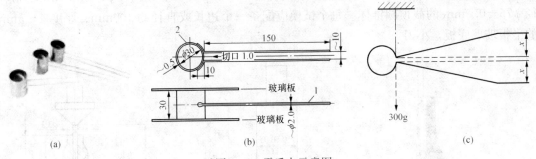

试图 1-3　雷氏夹示意图

(a) 雷氏夹；(b) 雷氏夹（单位：mm）；(c) 雷氏夹受力示意图

1—指针；2—环模

（7）天平。最大称量不小于 1000g，分度值不大于 1g。

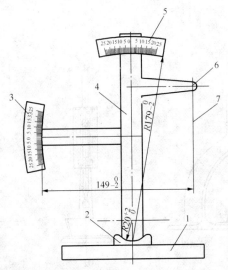

试图 1-4　雷氏夹膨胀值测定仪（单位：mm）

1—底座；2—模子座；3—测弹性标尺；4—立柱

5—测膨胀值标尺；6—悬臂；7—悬丝

（8）计时表，机油。

（9）湿气养护箱。温度为 20℃±1℃，相对湿度不低于 90%。

（10）玻璃板。安定性测定每个雷氏夹需配备两个边长或直径约 80mm、厚度 4~5mm 的玻璃板。

（11）材料。试验用水应是洁净的饮用水，如有争议时应以蒸馏水为准。

（12）试验条件。试验室温度为 20℃±2℃，相对湿度应不低于 50%；水泥试样、拌和水、仪器和用具的温度应与试验室一致。

三、标准稠度用水量试验方法与步骤（标准法）

1. 准备工作

（1）调零点。试模和玻璃板用湿布擦拭，将试模放在底板上。调整试杆接触玻璃板时指针对准零点。

（2）称试样。500g 水泥。湿布擦搅拌锅和叶片，将水倒入锅中，将水泥加入水中；锅升至搅拌位置，搅拌。

2. 拌制净浆

（1）擦锅。用湿布擦水泥净浆搅拌机的搅拌锅和搅拌叶片。

（2）加料。将水倒入搅拌锅内，在 5~10s 将 500g 水泥小心加入水中，防止水和水泥溅出。

（3）搅拌。将锅放在搅拌机的锅座上，升至搅拌位置，启动搅拌机，低速搅拌 120s，停止 15s，同时将叶片和锅壁上的净浆刮入锅中间，高速搅拌 120s 停机。

3. 标准稠度用水量的测定

（1）装模、刮平。立即将净浆一次性装入试模中，浆体超过试模，用宽约 25mm 直边刀轻轻拍打超出试模的浆体 5 次以排除孔隙，在试模上表面约 1/3 处，略倾斜于试模分别向外锯掉多余净浆，再从试模边沿轻抹一次，使表面光滑平。

（2）测定。将试模和底板移到维卡仪上，将其中心定在试杆下，降低试杆与净浆表面接触，拧紧螺丝 1～2s 后放松，使试杆自由地沉入净浆中。观察试杆停止下沉或释放试杆 30s 时指针的读数。整个操作应在搅拌后 1.5min 内完成。以试杆沉入净浆并距底板 6±1mm 的水泥净浆为标准稠度净浆。其拌和水量为该水泥的标准稠度用水量（P），按水泥质量的百分比计。

（3）调整：当试杆距底板小于 5mm 时，应适当减水，重复水泥浆的拌制和上述过程；若距底板大于 7mm 时，则应适当加水，并重复水泥浆的拌制和上述过程。

4. 试验注意事项

（1）用湿布擦拭搅拌锅和搅拌叶片时，不能有水存留。

（2）将水和水泥加入搅拌锅内时，要注意加料顺序。

（3）要控制好操作时间。

5. 计算

$$P = \frac{V \times \rho_w}{500} \times 100\% \qquad （试 1 - 1）$$

式中　P——标准稠度用水量，%；

　　　V——用水量的毫升数；

　　　ρ_w——水的密度，g /cm³；

　　　500——水泥试样的质量，g。

四、凝结时间测定方法与步骤

1. 准备工作

调整凝结时间测定仪的试针接触玻璃板时指针对准零点。

2. 试件的制备

按标准稠度用水量的测定方法装模和刮平，立即放入湿气养护箱中。记录水泥全部加入水中的时间为凝结时间的起始时间。

3. 初凝时间的测定

试件在加水后 30min 时进行第一次测定。试模放到试针下，降低试针与净浆表面接触。拧紧螺丝 1～2s 后放松，试针垂直自由地沉入净浆中，观察试针停止下沉或释放试针 30s 时指针的读数。临近初凝时，每隔 5min（或更短时间）测定一次。当试针沉至距底板 4±1mm 时，为水泥达到初凝状态；达到初凝时应立即重复测一次，两次结论相同时才定为初凝状态。

由水泥全部加入水中至初凝状态的时间为水泥的初凝时间，用 min 表示。

4. 终凝时间的测定

测完初凝时间后，立即将试模连同浆体以平移的方式从玻璃板取下，翻转 180，小端向下放在玻璃板上，在养护箱中继续养护。临近终凝时每隔 15min（或更短时间）测定一次，当试针沉入试体 0.5mm 时，即环形附件开始不能在试体上留下痕迹时，为水泥达到终凝状态。达到终凝时，需在试体另两个不同点测试，结论相同时才能定为达到终凝状态。

由水泥全部加入水中至终凝状态的时间为水泥的终凝时间，用 min 表示。

5. 注意事项

（1）在最初测定时，应轻轻扶持金属柱，使其徐徐下降，以防试针撞弯，但结果以自由下落为准。

（2）在整个测试过程中试针沉入的位置至少要距试模内壁 10mm。每次测定不能让试针落入原针孔。

（3）每次测试完毕须将试针擦净并将试模放回养护箱内，整个测试过程要防止试模受振。

五、安定性测定方法与步骤（标准法）

1. 准备工作

（1）检测雷氏夹的弹性。一根指针挂在金属丝上，另一根挂上 300g 的砝码，针尖的距离增加应在 17.5mm±2.5mm，去掉砝码后针尖的距离能复原。

（2）涂油。凡与水泥净浆接触的玻璃板和雷氏夹内表面稍稍涂上一层油。

2. 试件的成型

每个试样需成型两个试件。将雷氏夹放在已插油的玻璃板上，将标准稠度净浆一次装满雷氏夹。装浆时一只手轻轻扶持雷氏夹，另一只手用宽约 25mm 的直边刀在浆体表面插捣 3 次后抹平，盖上稍涂油的玻璃板，立即放入湿气养护箱内养护 24±2h。

3. 测量 A、A′，沸煮

脱去玻璃板取下试件，分别测量两个试件指针尖端间的距离 A、A′，精确到 0.5mm。调整好沸煮箱内的水位，使之在整个沸煮过程中都能超过试件。将试件放入沸煮箱水中的篦板上，指针朝上，试件之间互不交叉，然后在 30min±5min 内加热至沸腾，并恒沸 180±5min。

4. 测量 C、C′

沸煮结束后，放掉热水，打开箱盖，待箱体冷却至室温，取出试件，分别测量两个试件指针尖端间的距离 C、C′，精确到 0.5mm。

5. 结果判别

当两个试件沸煮后增加距离（C－A）的平均值不大于 5.0mm 时，即认为该水泥安定性合格；当两个试件沸煮后增加距离（C－A）的平均值大于 5.0mm 时，应用同一样品立即重做一次试验。以复检结果为准。

水泥标准稠度用水量、凝结时间、安定性试验记录见试表 1-1。

试表 1-1　　　　　　　水泥标准稠度用水量、凝结时间、安定性试验记录表

水泥品种		水泥产地	
试样描述		试验日期	
试样用途		标准依据	
水泥标准稠度用水量			

试验次数	水泥用量（g）	用水量（ml）	试杆沉入净浆距底板（mm）	标准稠度用水量（%）	
				个别值	平均值
1					
2					

续表

		凝 结 时 间					
试验次数	标准稠度用水量（%）	加水时间 h：min	初凝状态 h：min	初凝时间 min		终凝状态 h：min	终凝时间 min	
				个别	平均		个别	平均
1								
2								

		安 定 性					
试验次数	标准稠度用水量（%）	沸煮前指针尖端的距离 A（mm）	沸煮后指针尖端的距离 C（mm）	雷氏夹膨胀值即试件沸煮后增加距离 C—A（mm）		两个试件 C—A 相差（mm）	安定性判别
				个别	平均		
1							
2							

备 注

试验二 水泥胶砂强度检验方法（ISO 法）

一、试验目的、适用范围

（1）为了确定水泥的强度等级，为混凝土配合比设计提供水泥的实际强度。

（2）本方法适用于硅酸盐水泥、普通硅酸盐水泥、矿渣硅酸盐水泥、火山灰硅酸盐水泥、粉煤灰硅酸盐水泥和复合硅酸盐水泥、道路硅酸盐水泥以及石灰石硅酸盐水泥的抗折强度和抗压强度的检验。

（3）本试验执行标准为 JTG E 30 T 0506—2005。

二、仪器设备

（1）胶砂搅拌机（见试图 2-1）。由搅拌锅和搅拌叶片组成，搅拌锅和搅拌叶片作相反运动。

（2）胶砂振实台（见试图 2-2）。由可以跳动的台盘和凸轮等组成。台盘上有固定试模

试图 2-1 胶砂搅拌机

试图 2-2 振实台

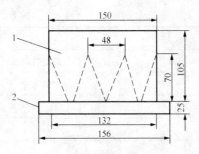

试图 2-3　下料漏斗（尺寸单位：mm）
1—漏斗；2—模套

用的卡具，与模套连成一体。由电动机产生振动，使用时固定于混凝土基座上。

（3）试模及下料漏斗。试模为可拆卸的三联模，由隔板、端板、底座等组成，组装后内壁各接触面应相互垂直。可同时成型三条 40mm × 40mm × 160mm 的棱柱体试件。

下料漏斗（见试图 2-3）由漏斗和模套两部分组成。模套高 20mm，成型时模套壁与试模内壁应重叠，超出内壁不应大于 1mm。

（4）播料器。控制料层厚度和播料用的大小播料器各一个。

（5）金属刮平直尺、天平。（感量为±1g）、滴管。

（6）材料。水泥、ISO 标准砂、饮用水。

（7）试体成型试验室温度应在 20±2℃，相对湿度＞50%。

（8）抗折试验机和抗折夹具。

一般采用双杠杆式抗折试验机，如试图 2-4 所示。通过三根圆柱轴的三个竖向平面应该平行，并在试验时继续保持平行和等距离垂直试件的方向，其中一根支撑圆柱能轻微地倾斜使圆柱与试件完全接触，以便荷载沿试件宽度方向均匀分布，同时不产生任何扭转应力，如试图 2-5 所示。

抗折夹具应符合 JC/T 724—1996 的要求。

试图 2-4　抗折试验机图

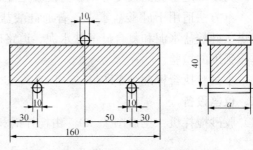

试图 2-5　抗折强度测定加荷图

（9）抗压试验机和抗压夹具。

1）抗压试验机的吨位以 200～300kN 为宜。记录的荷载应有±1.0% 的精度，具有按 2400±200N/s 速率的加荷能力。

2）抗压夹具由硬质钢材制成，受压面积为 40mm×40mm。

三、试验步骤

1. 水泥胶砂强度试件的制备及养护

（1）组装试模、涂油。成型前将试模擦净，四周的模板与底座的接触面上应涂黄油，紧密装配，防止漏浆，内壁均匀地刷一薄层机油。

（2）称料。水泥与 ISO 砂的质量比为 1∶3，水灰比为 0.5。每成型三条试件需称量的材料及用量为：水泥 450g±2g；ISO 砂 1350g±5g；水 225ml±1ml。

（3）搅拌。把水加入锅里，再加入水泥，把标准砂装入漏斗。把锅放在固定架上并上升至固定位置。立即开动机器，低速搅拌 30s 后，在第二个 30s 开始的同时加砂。再高速搅拌 30s。停拌 90s，在停拌中的第一个 15s 内用胶皮刮具将叶片和锅壁上的胶砂刮入锅中。再高速搅拌 60s。

（4）试件成型。用振实台成型时，将试模和模套固定，用勺子将胶砂分两层装入试模。装第一层时，每个槽里约放 300g，用大播料器垂直架在模套顶部，沿每个模槽来回一次将料层播平，振实 60 次。再装第二层胶砂，用小播料器播平，再振实 60 次。

刮平。从振实台上取下试模，用刮尺以 90°的角度架在试模顶的一端，沿试模长度方向以横向锯割动作慢慢向另一端移动，一次将超出试模的胶砂刮去。并用同一直尺在近乎水平的状态下将试件表面抹平。

做标记。在试模上加字条标明试件编号和试件相对于振实台的位置。

（5）养护。

1）脱模前用养护箱养护。试体带模在 20±1℃，相对湿度大于 90%的养护箱养护。对于 24h 龄期的应在破型试验前 20min 内脱模。对于 24h 以上龄期的，应在成型后 20~24h 内脱模。

2）脱模后在水中养护。脱模后将试件放入 20±1℃水中养护。试体水平或竖直放置，水平放置时刮平面应朝上。试件间隔或试体表面的水深不得小于 5mm。

每个养护池中只能养护同类水泥试件，并应随时加水，保持恒定水位，不允许养护期间全部换水。

2. 强度试验

各龄期的试件应在下列时间内进行强度试验。试件龄期从水泥加水搅拌开始算起。

龄期	时间
24h	24h±15min
48h	48h±30min
72h	72h±45rain
7d	7d±2h
28d	28d±8h

（1）抗折强度试验。

1）在试验前 15 min 从水中取出试体，擦去试体表面的水分和沉淀物，并用湿布覆盖。清除夹具上圆柱体表面粘着的杂物。

2）调配重砣应使抗折仪的杠杆成水平状态。

3）将试件成型侧面朝上放入抗折夹具内。调整夹具，使杠杆在试件折断时尽可能地接近水平位置。

4）加荷速度为 50±10N/s，直至折断，并保持两个半截棱柱体试件处于潮湿状态直至抗压试验。

5）抗折强度按下式计算。

$$R_f = \frac{1.5 F_f L}{b^3} = 0.00234 F \text{(MPa)} \tag{试 2-1}$$

式中 R_f——抗折强度，MPa，精确至 0.1MPa；

F_f——破坏荷载，N；

L——支撑圆柱中心距，mm；

b——试件断面正方形的边长，为 40，mm。

抗折强度或直接从抗折仪的标尺上读取。

6）抗折强度的评定。抗折强度结果取一组三个试件的平均值，精确至 0.1MPa。当三个强度值中有超出平均值±10％的，应剔除后再取平均值作为抗折强度试验结果。当有 2 个值均超出平均值的±10％时，试验作废，重新取样进行试验。

（2）抗压强度试验。

抗折试验后的断块应立即进行抗压试验。抗压试验需用抗压夹具进行。

1）清除试体受压面与加压板之间的砂粒或杂物。

2）试验时以试件成型时的两个侧面为受压面，面积为 40mm×40mm。试体的底面靠紧夹具定位销，并使夹具对准压力机压板中心。

3）压力机加荷速度应控制在 2400N/s±200N/s 的范围内，直至破坏。

4）抗压强度按下式计算

$$R_c = \frac{F_c}{A} \qquad\qquad (试 2 - 2)$$

式中 R_c——抗压强度，MPa，精确至 0.1MPa；

F_c——破坏荷载，N；

A——受压面积，40mm×40mm＝1600（mm²）。

5）抗压强度的评定。以一组三个棱柱体上得到的六个测定值的平均值为试验结果。如六个测定值中有一个超出六个平均值的±10％，应剔除，以剩下五个的平均值为试验结果。如五个测定值中再有超过它们平均值±10％的，则此组结果作废。

试表 2 - 1 　　　　　　　　　　　　　　水泥胶砂强度试验记录表

试样编号						试样来源				
试样名称			初拟用途				试验日期			
试体编号	试体龄期（d）	抗折强度					抗压强度				水泥强度等级
		破坏荷载（N）	支点间距（mm）	试件截面尺寸（mm²）	抗折强度（MPa）		破坏荷载（N）	受压面积（mm²）	抗压强度（MPa）		
					个别	平均			个别	平均	
1											
2											
3											

四、注意事项

（1）胶砂的制备时，要注意加料顺序。

（2）试件的制备组装试模时，要紧密装配，防止漏浆。

（3）脱模前养护时不应将试模放在其他试模上，脱模后养护时随时加水保持适当的恒定水位，不允许在养护期间全部换水。养护池只养护同类型的水泥试件。

（4）强度的测定要以试体的侧面为受折面和受压面。抗压强度试验时，试体的底面靠紧夹具定位销，使夹具对准压力机压板中心，应严格控制加荷速度。

五、试验记录

试验记录及结果整理宜为试表 2-1 的格式。

试验三　粗集料及集料混合料筛分试验

一、目的与适用范围

（1）测定粗集料（碎石、砾石、矿渣等）的颗粒组成。

（2）对水泥混凝土用粗集料可采用干筛法筛分，对沥青混合料及基层用粗集料必须采用水洗法试验。

（3）本方法也适用于同时含有粗集料、细集料、矿粉的集料混合料筛分试验，如未筛碎石、级配碎石、天然砂砾、级配砂砾、无机结合料、稳定基层材料、沥青拌和楼的冷料混合料、热料仓材料、沥青混合料经溶剂抽提后的矿料等。

（4）本试验执行标准为 JTG E42 T 0302—2005。

二、仪具与材料

（1）试验筛：根据需要选用规定的标准筛。

（2）摇筛机。

（3）天平或台秤：感量不大于试样质量的 0.1%。

（4）其他：盘子、铲子、毛刷等。

三、试验准备

四分法取样、烘干：按规定将来料用分料器或四分法缩分至试表 3-1 要求的试样所需量，风干后备用。根据需要可按要求的集料最大粒径的筛孔尺寸过筛，除去超粒径部分颗粒后，再进行筛分。

试表 3-1　　　　　　　　　　　筛 分 用 的 试 样 质 量

公称最大粒径（mm）	75	63	37.5	31.5	26.5	19	16	9.5	4.75
试样质量不少于（kg）	10	8	5	4	2.5	2	1	1	0.5

四、试验步骤

1. 水泥混凝土用粗集料干筛法试验步骤

（1）称量试样的质量。取试样一份置 105℃±5℃烘箱中烘干至恒重，称取干燥集料试样的总质量（m_0），准确至 0.1%。

（2）筛分。用搪瓷盘作筛分容器，按筛孔大小排列顺序逐个将集料过筛。人工筛分时，需使集料在筛面上同时有水平方向及上下方向的不停顿的运动，使小于筛孔的集料通过筛孔，直至 1min 内通过筛孔的质量小于筛上残余量的 0.1% 为止；当采用摇筛机筛分时，应在摇筛机筛分后再逐个由人工补筛。将筛出通过的颗粒并入下一号筛，和下一号筛中的试样一起过筛, 顺序进行, 直至各号筛全部筛完为止。应确认 1min 内通过筛孔的质量确实小于筛上残余量的 0.1%。

注: 由于 0.075mm 筛干筛几乎不能把粘在粗集料表面的小于 0.075mm 部分的石粉筛过去, 而且对水泥混凝土用粗集料而言, 0.075mm 通过率的意义不大, 所以也可以不筛, 且把通过 0.15mm 筛的筛下部分全部作为 0.075mm 的分计筛余, 将粗集料的 0.075mm 通过率假设为 0。

(3) 如果某个筛上的集料过多, 影响筛分作业时, 可以分两次筛分。当筛余颗粒的粒径大于 19mm 时, 筛分过程中允许用手指轻轻拨动颗粒, 但不得逐颗塞过筛孔。

(4) 称量并校核。称取每个筛上的筛余量, 准确至总质量的 0.1%。各筛分计筛余量及筛底存量的总和与筛分前试样的干燥总质量 m_0 相比, 相差不得超过 m_0 的 0.5%。

2. 沥青混合料及基层用粗集料水洗法试验步骤

(1) 取一份试样, 将试样置 105℃±5℃ 烘箱中烘干至恒重, 称取干燥集料试样的总质量 (m_3), 准确至 0.1%。

注: 恒重系指相邻两次称量间隔时间大于 3h (通常不少于 6h) 的情况下, 前后两次称量之差小于该项试验所要求的称量精密度。下同。

(2) 将试样置一洁净容器中, 加入足够数量的洁净水, 将集料全部淹没, 但不得使用任何洗涤剂、分散剂、表面活性剂。

(3) 用搅棒充分搅动集料, 使集料表面洗涤干净, 使细粉悬浮在水中, 但不得破碎集料或有集料从水中溅出。

(4) 根据集料粒径大小选择组成一组套筛, 其底部为 0.075mm 标准筛, 上部为 2.36mm 或 4.75mm 筛。仔细将容器中混有细粉的悬浮液倒出, 经过套筛流入另一容器中, 尽量不将粗集料倒出, 以免损坏标准筛筛面。

注: 无需将容器中的全部集料都倒出, 只倒出悬浮液。且不可直接倒至 0.075mm 筛上, 以免集料掉出损坏筛面。

(5) 重复 (2) ~ (4) 步骤, 直至倒出的水洁净为止, 必要时可采用水流缓慢冲洗。

(6) 将套筛每个筛子上的集料及容器中的集料全部回收在一个搪瓷盘中, 容器上不得有粘附的集料颗粒。

注: 粘在 0.075mm 筛面上的细粉很难回收扣入搪瓷盘中, 此时需将筛子倒扣在搪瓷盘上用少量的水并助以毛刷将细粉刷落入搪瓷盘中, 并注意不要散失。

(7) 在确保细粉不散失的前提下, 小心泌去搪瓷盘中的积水, 将搪瓷盘连同集料一起置 105℃±5℃ 烘箱中烘干至恒重, 称取干燥集料试样的总质量 (m_4), 准确至 0.1%。以 m_3 与 m_4 之差作为 0.075mm 的筛下部分。

(8) 将回收的干燥集料按干筛方法筛分出 0.075mm 筛以上各筛的筛余量, 此时 0.075mm 筛下部分应为 0, 如果尚能筛出, 则应将其并入水洗得到的 0.075mm 的筛下部分, 且表示水洗得不干净。

五、计算

1. 干筛法筛分结果的计算

(1) 计算损耗和损耗率。计算各筛分计筛余量及筛底存量的总和与筛分前试样的干燥总质量 m_0 之差, 作为筛分时的损耗, 并计算损耗率, 若损耗率大于 0.3%, 应重新进行试验。

$$m_5 = m_0 - (\sum m_i + m_底) \qquad (试 3 - 1)$$

式中 m_5——由于筛分造成的损耗，g；

m_0——用于干筛的干燥集料总质量，g；

m_i——各号筛上的分计筛余，g；

i——依次为 0.075mm、0.15mm……至集料最大粒径的排序；

$m_底$——筛底（0.075mm 以下部分）集料总质量，g。

（2）干筛分计筛余百分率。干筛后各号筛上的分计筛余百分率按下式计算，精确至 0.1%。

$$p'_i = \frac{m_i}{m_0 - m_5} \times 100 \qquad (\text{试} 3 - 2)$$

式中 p'_i——各号筛上的分计筛余百分率，%；

m_5、m_0、m_i、i——意义同前。

（3）干筛累计筛余百分率。各号筛的累计筛余百分率为该号筛以上各号筛的分计筛余百分率之和，精确至 0.1%。

（4）干筛各号筛的质量通过百分率。各号筛的质量通过百分率 P_i 等于 100 减去该号筛累计筛余百分率，精确至 0.1%。

（5）由筛底存量除以扣除损耗后的干燥集料总质量计算 0.075mm 筛的通过率。

（6）试验结果以两次试验的平均值表示，精确至 0.1%。当两次试验结果 $P_{0.075}$ 的差值超过 1% 时，试验应重新进行。

2. 水筛法筛分结果的计算

（1）计算粗集料中 0.075mm 筛下部分质量 $m_{0.075}$ 和含量 $P_{0.075}$，精确至 0.1%。当两次试验结果 $P_{0.075}$ 的差值超过 1% 时，试验应重新进行。

$$m_{0.075} = m_3 - m_4 \qquad (\text{试} 3 - 3)$$

$$P_{0.075} = \frac{m_{0.075}}{m_3} = \frac{m_3 - m_4}{m_3} \times 100 \qquad (\text{试} 3 - 4)$$

式中 $P_{0.075}$——粗集料中小于 0.075mm 的含量（通过率），%；

$m_{0.075}$——粗集料中水洗得到的小于 0.075mm 部分的质量，g；

m_3——用于水洗的干燥粗集料总质量，g；

m_4——水洗后的干燥粗集料总质量，g。

（2）计算各筛分计筛余量及筛底存量的总和与筛分前试样的干燥总质量 m_4 之差，作为筛分时的损耗，并计算损耗率，若损耗率大于 0.3%，应重新进行试验。

$$m_5 = m_3 - (\sum m_i + m_{0.075}) \qquad (\text{试} 3 - 5)$$

式中 m_5——由于筛分造成的损耗，g；

m_3——用于水筛筛分的干燥集料总质量，g；

m_i——各号筛上的分计筛余，g；

i——依次为 0.075mm、0.15mm……至集料最大粒径的排序；

$m_{0.075}$——水洗后得到的 0.075mm 以下部分质量，即 $m_3 - m_4$，g。

（3）计算其他各筛的分计筛余百分率、累计筛余百分率、质量通过百分率，计算方法与干筛法相同。当干筛时筛分有损耗时，应按干筛法从总质量中扣除损耗部分。

（4）试验结果以两次试验的平均值表示。

六、注意事项

（1）试验前应检查各号筛是否按从大到小的顺序排列。筛分过程中应防止试样损失。

（2）当筛余颗粒的粒径大于 19mm 时，筛分过程中允许用手指轻轻拨动颗粒，但不得逐粒塞过筛孔。

七、试验记录

筛分结果以各筛孔的质量通过百分率表示，宜记录为试表 3-2 的格式。

试表 3-2　　　　　　　　　　粗集料干筛法筛分记录

干燥试样总量 m_0(g)	第1组				第2组				平均
筛孔尺寸（mm）	筛上重 m_i（g）	分计筛余（%）	累计筛余（%）	通过百分率（%）	筛上重 m_i（g）	分计筛余（%）	累计筛余（%）	通过百分率（%）	通过百分率（%）
	(1)	(2)	(3)	(4)	(1)	(2)	(3)	(4)	(5)
37.5									
31.5									
26.5									
19									
16									
13.2									
9.5									
4.75									
2.36									
筛底 $m_底$									
筛分后总量 $\sum m_i$（g）									
损耗 m_5(g)									
损耗率%									

试验日期　　年　　月　　日

试验四　粗集料表观密度试验（网篮法）

一、目的、适用范围

（1）为水泥混凝土组成设计提供原始数据。

（2）本方法适用于测定各种粗集料的表观相对密度和表观密度。

（3）本试验执行标准为 JTG E 42 T 0304—2005。

二、仪具与材料

（1）天平或浸水天平：可悬挂吊篮测定集料的水中质量，称量应满足试样数量称量要求，感量不大于最大称量的 0.05%。

(2) 吊篮：耐锈蚀材料制成，直径和高度为 150mm 左右，四周及底部用 1～2mm 的筛网编制或具有密集的孔眼。

(3) 溢流水槽：在称量水中质量时能保持水面高度一定。

(4) 烘箱：能控温在 105℃±5℃。

(5) 温度计。

(6) 标准筛。

(7) 盛水容器（如搪瓷盘）。

(8) 其他：刷子、毛巾等。

三、试验准备

(1) 试样过筛，四分法取样。将试样用标准筛过筛除去其中的细集料，对较粗的粗集料可用 4.75mm 筛过筛，对 2.36～4.75mm 集料，或者混在 4.75mm 以下石屑中的粗集料，则用 2.36mm 标准筛过筛，用四分法或分料器法缩分至要求的质量，分两份备用。对沥青路面用粗集料，应对不同规格的集料分别测定，不得混杂，所取的每一份集料试样应基本上保持原有的级配。在测定 2.36～4.75mm 的粗集料时，试验过程中应特别小心，不得丢失集料。

(2) 称量试样的质量。经缩分后供测定密度的粗集料质量应符合试表 4-1 的规定。

试表 4-1 　　　　　　　　　　测定密度所需要的试样最小质量

公称最大粒径（mm）	4.75	9.5	16	19	26.5	31.5	37.5	63	75
每一份试样的最小质量（kg）	0.8	1	1	1	1.5	1.5	2	3	3

(3) 洗净试样。将每一份集料试样浸泡在水中，并适当搅动，仔细洗去附在集料表面的尘土和石粉，经多次漂洗干净至水完全清澈为止。清洗过程中不得散失集料颗粒。

四、试验步骤

(1) 试样浸水。取试样一份装入干净的搪瓷盘中，注入洁净的水，水面至少应高出试样 20mm，轻轻搅动石料，使附着在石料上的气泡完全逸出。在室温下保持浸水 24h。

(2) 天平调零，调节水温。将吊篮挂在天平的吊钩上，浸入溢流水槽中，向溢流水槽中注水，水面高度至水槽的溢流孔，将天平调零。吊篮的筛网应保证集料不会通过筛孔流失，对 2.36～4.75mm 粗集料应更换小孔筛网，或在网篮中加放入一个浅盘。调节水温在 15～25℃范围内。

(3) 称集料的水中质量（m_w）：将试样移入吊篮中。溢流水槽中的水面高度由水槽的溢流孔控制，维持不变。称取集料的水中质量（m_w）。

(4) 称集料的烘干质量（m_a）：将集料置于浅盘中，放入 105℃±5℃ 的烘箱中烘干至恒重。取出浅盘，放在带盖的容器中冷却至室温，称取集料的烘干质量（m_a）。

(5) 对同一规格的集料应平行试验两次，取平均值作为试验结果。

五、计算

(1) 粗集料的表观相对密度 γ_a 按式（试 4-1）计算，计算至小数点后 3 位。

$$\gamma_a = \frac{m_a}{m_a - m_w}$$ （试 4-1）

式中　γ_a——集料的表观相对密度，无量纲；

m_a——集料的烘干质量，g；

m_w——集料的水中质量，g。

（2）粗集料的表观密度（视密度）ρ_a 按式（试 4-2）计算，准确至小数点后 3 位。

$$\rho_a = \gamma_a \times \rho_T \text{ 或 } \rho_a = (\gamma_a - \alpha_T) \times \rho_w \qquad (\text{试} 4-2)$$

式中　ρ_a——集料的表观密度，g/cm³；

ρ_T——试验温度 T 时水的密度，g/cm³，按试表 4-2 取用；

α_T——试验温度 T 时水温修正系数；

ρ_w——水在 4℃时的密度，1.000g/cm³。

不同水温条件下测量的粗集料表观密度需进行水温修正，不同试验温度下水的密度 ρ_T 及水温修正系数 α_T 按试表 4-2 选用。

重复试验的精密度，对表观相对密度两次结果相差不得超过 0.02。

试表 4-2　　　　　　　　　不同水温时水的密度 ρ_T 及水温修正系数 α_T

水温（℃）	15	16	17	18	19	20
水的密度 ρ_T（g/cm³）	0.99913	0.99897	0.99880	0.99862	0.99843	0.99822
水温修正系数 α_T	0.002	0.003	0.003	0.004	0.004	0.005
水温（℃）	21	22	23	24	25	
水的密度 ρ_T（g/cm³）	0.99802	0.99779	0.99756	0.99733	0.99702	
水温修正系数 α_T	0.005	0.006	0.006	0.007	0.007	

六、注意事项

（1）要用四分法取样，每次试验应满足一份试样最小质量的要求。

（2）试样的各项称量应在 15～25℃范围内进行。

七、试验记录

试验记录及结果整理宜为试表 4-3 的格式。

试表 4-3　　　　　　　　　　　粗集料表观密度试验记录（网篮法）

试验次数	集料的烘干质量 m_a（g）	集料的水中质量 m_w（g）	粗集料的表观密度 ρ_a（g/cm³）		试验日期	备注
			个别值	平均值		
1						
2						

试验五　粗集料堆积密度及空隙率试验

一、目的、适用范围

（1）测定粗集料的堆积密度，包括自然堆积状态、振实状态、捣实状态下的堆积密度，以及堆积状态下的间隙率，以了解粗集料的密实程度，为计算空隙率提供必要的数据。

（2）本试验执行标准为 JTG E 42 T 0309—2005。

二、仪器设备

（1）天平或台秤：感量不大于称量的 0.1%。

（2）容量筒：适用于粗集料堆积密度测定的容量筒，应符合试表 5-1 的要求。

试表 5-1   容量筒的规格要求

粗集料公称最大粒径 （mm）	容量筒容积 （L）	容量筒规格（mm）			筒壁厚度 （mm）
		内径	净高	底厚	
≤4.75	3	155±2	160±2	5.0	2.5
9.5～26.5	10	205±2	305±2	5.0	2.5
31.5～37.5	15	255±5	295±5	5.0	3.0
≥53	20	355±5	305±5	5.0	3.0

（3）平头铁锹。

（4）烘箱：能控温 105℃±5℃。

（5）振动台：频率为 3000 次/min±200 次/min，负荷下的振幅为 0.35mm，空载时的振幅为 0.5mm。

（6）捣棒：直径 16mm、长 600mm、一端为圆头的钢棒。

三、试验准备

取样、缩分、烘干或风干：按四分法取样、缩分，质量应满足试验要求，在 105℃±5℃的烘箱中烘干，也可以摊在清洁的地面上风干，拌匀后分成两份备用。

四、试验步骤

1. 自然堆积密度

（1）称容量筒的质量 m_1。

（2）装料：取试样 1 份，置于平整干净的水泥地（或铁板）上，用平头铁锹铲起试样，使石子自由落入容量筒内。此时，从铁锹的齐口至容量筒上口的距离应保持为 50mm 左右，装满容量筒并除去凸出筒口表面的颗粒，并以合适的颗粒填入凹陷空隙，使表面稍凸起部分和凹陷部分的体积大致相等。

（3）称取试样和容量筒总质量（m_2）。

2. 振实密度

按堆积密度试验步骤，将装满试样的容量筒放在振动台上，振动 3min，或者将试样分三层装入容量筒：装完一层后，在筒底垫放一根直径为 25mm 的圆钢筋，将筒按住，左右交替颠击地面各 25 下；然后装入第二层，用同样的方法颠实（但筒底所垫钢筋的方向应与第一层放置方向垂直）；然后再装入第三层，如法颠实。待三层试样装填完毕后，加料填到试样超出容量筒口，用钢筋沿筒口边缘滚转，刮下高出筒口的颗粒，用合适的颗粒填平凹处，使表面稍凸起部分和凹陷部分的体积大致相等，称取试样和容量筒总质量（m_2）。

3. 捣实密度

根据沥青混合料的类型和公称最大粒径，确定起骨架作用的关键性筛孔（通常为 4.75mm 或 2.36mm 等）。将矿料混合料中此筛孔以上颗粒筛出，作为试样装入符合要求规格的容器中达 1/3 的高度，由边至中用捣棒均匀捣实 25 次。再向容器中装入 1/3 高度的试样，用捣棒均匀地捣实 25 次，捣实深度约至下层的表面。然后重复上一步骤，加最后一层，捣实 25 次，使集料与容器口齐平。用合适的集料填充表面的大空隙，用直尺大体刮平，目测估计表面凸起部分与凹陷部分的容积大致相等，称取容量筒与试样的总质量（m_2）。

4. 容量筒容积的标定

用水装满容量筒，测量水温、擦干筒外壁的水分，称取容量筒与水的总质量（m_w），并按水的密度对容量筒的容积作校正。

容量筒的容积按式（试 5-1）计算。

$$V = \frac{m_w - m_1}{\rho_T} \tag{试 5-1}$$

式中 V——容量筒的容积，L；

m_1——容量筒的质量，kg；

m_w——容量筒与水的总质量，kg；

ρ_T——试验温度 T 时水的密度，g/cm³，按试表 4-2 选用。

五、计算

1. 堆积密度（包括自然堆积状态、振实状态、捣实状态下的堆积密度）按式（试 5-2）计算至小数点后 2 位。

$$\rho = \frac{m_2 - m_1}{V} \tag{试 5-2}$$

式中 ρ——与各种状态相对应的堆积密度，t/m³；

m_1——容量筒的质量，kg；

m_2——容量筒与试样的总质量，kg；

V——容量筒的容积，L。

2. 水泥混凝土用粗集料振实状态下的空隙率按式（试 5-3）计算。

$$V_c = \left(1 - \frac{\rho}{\rho_a}\right) \times 100 \tag{试 5-3}$$

式中 V_c——水泥混凝土用粗集料的空隙率，%；

ρ_a——粗集料的表观密度，t/m³；

ρ——按自然下落或振实法测定的粗集料的堆积密度，t/m³。

3. 沥青混合料用粗集料骨架捣实状态下的间隙率按式（试 5-4）计算。

$$VCA_{DRC} = \left(1 - \frac{\rho}{\rho_b}\right) \times 100 \tag{试 5-4}$$

式中 VCA_{DRC}——捣实状态下粗集料骨架间隙率，%；

ρ_b——按网篮法测定的粗集料的毛体积密度，t/m³；

ρ——按捣实法测定的粗集料的堆积密度，t/m³。

以两次平行试验结果的平均值为测定值。

六、注意事项

（1）要用四分法取样，每次试验应满足一份试样最小质量的要求。

（2）测定自然堆积密度时，装料时铁锹的齐口至容量筒上口的距离应保持在 50mm 左右，使石子自由落入容量筒内，从装料起到称量前不许碰动容量筒，以免影响试样的质量。

七、试验记录

试验记录及结果整理宜为试表 5-2、试表 5-3 的格式。

试表 5-2 粗集料堆积密度试验记录表

试验次数	容量筒的容积 V (L)	容量筒的质量 m_1 (kg)	试样和容量筒质量 m_2 (kg)	试样质量 m_2-m_1 (kg)	粗集料的堆积密 ρ (t/m³)	
					个别值	平均值
1						
2						

试表 5-3 水泥混凝土用粗集料的空隙率计算记录表

试验次数	粗集料的表观密度 ρ_a (t/m³)	粗集料的堆积密度 ρ (t/m³)	空隙率 V_c (%)		试验日期
			个别值	平均值	
1					
2					

试验六 细集料筛分试验

一、目的、适用范围

（1）测定细集料（天然砂、人工砂、石屑）的颗粒级配及粗细程度。

（2）对水泥混凝土用细集料可采用干筛法，如果需要也可采用水洗法筛分。对沥青混合料及基层用细集料必须用水洗法筛分。

注：当细集料中含有粗集料时，可参照此方法用水洗法筛分，但需特别注意保护标准筛筛面不遭损坏。

（3）本试验执行标准为 JTG E 42 T 0327—2005。

二、仪具与材料

（1）标准筛。

（2）天平：称量 1000g，感量不大于 0.5g。

（3）摇筛机。

（4）烘箱：能控温在 105℃±5℃。

（5）其他：浅盘和硬、软毛刷等。

三、试验准备

根据样品中最大粒径的大小，选用适宜的标准筛，通常为 9.5mm 筛（水泥混凝土用天然砂）或 4.75mm 筛（沥青路面及基层用的天然砂、石屑、机制砂等）筛除其中的超粒径材料。然后将样品在潮湿状态下充分拌匀，用分料器法或四分法缩分至每份不少于 550g 的试样两份，在 105℃±5℃ 的烘箱中烘干至恒重，冷却至室温后备用。

注：恒重系指相邻两次称量间隔时间大于 3h（通常不少于 6h）的情况下，前后两次称量之差小于该项试验所要求的称量精密度。

四、试验步骤

1. 干筛法试验步骤

（1）称量试样的质量：准确称取烘干试样约 500g（m_1），准确至 0.5g。

（2）筛分：将试样置于套筛的最上面一只筛，即 4.75mm 筛上，将套筛将入摇筛机，摇筛约 10min，然后取出套筛，再按筛孔大小顺序，从最大的筛号开始，在清洁的浅盘上逐个进行手筛，直到每分钟的筛出量不超过筛上剩余量的 0.1% 时为止，将筛出通过的颗粒并入下一号筛，和下一号筛中的试样一起过筛，以此顺序进行至各号筛全部筛完为止。

注：①试样如为特细砂时，试样质量可减少到 100 g；

②如试样含泥量超过 5%，不宜采用干筛法；

③无摇筛机时，可直接用手筛。

（3）称量并校核：称量各筛筛余试样的质量，精确至 0.5g。所有各筛的分计筛余量和底盘中剩余量的总量与筛分前的试样总量，相差不得超过后者的 1%。

2. 水洗法试验步骤

（1）准确称取烘干试样约 500g（m_1），准确至 0.5g。

（2）将试样置一洁净容器中，加入足够数量的洁净水，将集料全部盖没。

（3）用搅棒充分搅动集料，使集料表面洗涤干净，使细粉悬浮在水中，但不得有集料从水中溅出。

（4）用 1.18mm 筛及 0.075mm 筛组成套筛。仔细将容器中混有细粉的悬浮液徐徐倒出，经过套筛流入另一容器，但不得将集料倒出。

注：不可直接倒至 0.075mm 筛上，以免集料掉出损坏筛面。

（5）重复（2）～（4）步骤，直至倒出的水洁净且小于 0.075mm 的颗粒全部倒出。

（6）将容器中的集料倒入搪瓷盘中，用少量水冲洗，使容器上粘附的集料颗粒全部进入搪瓷盘中。将筛子反扣过来，用少量的水将筛上的集料冲洗入搪瓷盘中。操作过程中不得有集料散失。

（7）将搪瓷盘连同集料一起置 105℃±5℃烘箱中烘干至恒重，称取干燥集料试样的总质量（m_2），准确至 0.1%。m_1 与 m_2 之差即为通过 0.075mm 部分。

（8）将全部要求筛孔组成套筛（但不需 0.075mm 筛），将已经洗去小于 0.075mm 部分的干燥集料置于套筛上（通常为 4.75mm 筛），将套筛装入摇筛机，摇筛约 10min，然后取出套筛，再按筛孔大小顺序，从最大的筛号开始，在清洁的浅盘上逐个进行手筛，直至每分钟的筛出量不超过筛上剩余量的 0.1% 时为止，将筛出通过的颗粒并入下一号筛，和下一号筛中的试样一起过筛，这样顺序进行，直至各号筛全部筛完为止。

注：如为含有粗集料的集料混合料，套筛筛孔根据需要选择。

（9）称量各筛筛余试样的质量，精确至 0.5g。所有各筛的分计筛余量和底盘中剩余量的总质量与筛分前后试样总量 m_2 的差值不超过后者的 1%。

五、计算

（1）计算分计筛余百分率。各号筛的分计筛余百分率为各号筛上的筛余量除以试样总量（m_1）的百分率，准确至 0.1%。对沥青路面细集料而言，0.15mm 筛下部分即为 0.075mm 的分计筛余，由步骤（7）测得的 m_1 与 m_2 之差即为小于 0.075mm 的筛底部分。

(2) 计算累计筛余百分率。各号筛的累计筛余百分率为该号筛及大于该号筛的各号筛的分计筛余百分率之和，准确至 0.1%。

(3) 计算质量通过百分率。各号筛的质量通过百分率等于 100 减去该号筛的累计筛余百分率，准确至 0.1%。

(4) 根据各筛的累计筛余百分率或通过百分率，绘制级配曲线。

(5) 天然砂的细度模数按式（试 6 - 1）计算，准确至 0.01。

$$M_x = \frac{(A_{0.15} + A_{0.3} + A_{0.6} + A_{1.18} + A_{2.36}) - 5A_{4.75}}{100 - A_{4.75}} \qquad \text{（试 6 - 1）}$$

式中 M_x——砂的细度模数；

$A_{0.15}$、$A_{0.3}$、…、$A_{4.75}$——分别为 0.15mm、0.3mm、…、4.75mm 各筛上的累计筛余百分率，%。

(6) 应进行两次平行试验，以试验结果的算术平均值作为测定值。如两次试验所得的细度模数之差大于 0.2，应重新进行试验。

六、注意事项

试验前应检查各号筛是否按从大到小的顺序排列。筛分过程中应防止试样损失。

七、试验记录

筛分结果以各筛孔的质量通过百分率表示，宜记录为试表 6 - 1 的格式，并绘制级配曲线于试图 6 - 1 上。

试表 6 - 1   **细集料筛分试验记录表**

筛孔尺寸 (mm)	试样质量（g）			分计筛余 a_i（%）	累计筛余 A_i（%）	通过率 P_i（%）	标准级配 范围（%）
	分计筛余质量 m_i（g）						
	1	2	平均				
筛底							
Σ							
细度模数	$M_x =$						
结论			备注			试验日期	

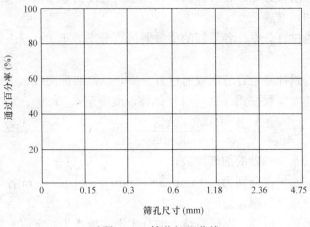

试图 6 - 1　筛分级配曲线

试验七　细集料表观密度试验（容量瓶法）

一、目的、适用范围

（1）为水泥混凝土组成设计提供原始数据。

（2）用容量法测定细集料（天然砂、石屑、机制砂）在 23℃时对水的表观相对密度和表观密度。本方法适用于含有少量大于 2.36mm 部分的细集料。

（3）本试验执行标准为 JTG E 42 T 0328—2005。

二、仪具与材料

（1）天平：称量 1kg，感量不大于 1g。

（2）容量瓶：500mL。

（3）烘箱：能控温在 105℃±5℃。

（4）烧杯：500mL。

（5）洁净水。

（6）其他：干燥器、浅盘、铝制料勺、温度计等。

三、试验准备

将缩分至 650g 左右的试样在 105℃±5℃的烘箱中烘干至恒重，并在干燥器内冷却至室温，分成两份备用。

四、试验步骤

（1）称 300g（m_0）：称取烘干的试样约 300g（m_0）。

（2）装入容量瓶中、排气、静置、称试样、水及容量瓶总质量 m_2：将试样装入盛有半瓶洁净水的容量瓶中。摇转容量瓶，使试样在已保温至 23℃±1.7℃的水中充分搅动以排除气泡，塞紧瓶塞，在恒温条件下静置 24h 左右，然后用滴管添水，使水面与瓶颈刻度线平齐，再塞紧瓶塞，擦干瓶外水分，称其总质量（m_2）。

（3）称水及容量瓶总质量 m_1：倒出瓶中的水和试样，将瓶的内外表面洗净，再向瓶内注入同样温度的洁净水（温差不超过 2℃）至瓶颈刻度线，塞紧瓶塞，擦干瓶外水分，称其总质量（m_1）。

  注：在砂的表观密度试验过程中应测量并控制水的温度，试验期间的温度不得超过1℃。

五、计算

1. 细集料的表观相对密度按式（试7-1）计算至小数点后3位。

$$\gamma_a = \frac{m_0}{m_0 + m_1 - m_2} \tag{试7-1}$$

式中　γ_a——细集料的表观相对密度，无量纲；

      m_0——试样的烘干质量，g；

      m_1——水及容量瓶总质量，g；

      m_2——试样、水及容量瓶总质量，g。

2. 表观密度 ρ_a 按式（试7-2）计算，准确至小数点后3位。

$$\rho_a = \gamma_a \times \rho_T \ 或 \ \rho_a = (\gamma_a - \alpha_T) \times \rho_w \tag{试7-2}$$

式中　ρ_a——细集料的表观密度，g/cm³；

      ρ_w——水在4℃时的密度，g/cm³；

      α_T——试验时水温对水密度影响的修正系数，按试表4-2取用；

      ρ_T——试验温度 T 时水的密度，g/cm³，按试表4-2取用。

以两次平行试验结果的算术平均值作为测定值，如两次结果之差值大于 0.01g/cm³ 时，应重新取样进行试验。

六、注意事项

（1）要用四分法取样，缩分后的试样应具有代表性。

（2）向容量瓶中装入试样时，要防止试样损失。装入试样后，排气要充分。

（3）两次加水要至瓶颈的同一刻度线，应当以弯液面为准。

七、试验记录

试验记录及结果整理宜为试表7-1的格式。

试表7-1　　　　　　　　　　　**细集料表观密度试验记录表（容量瓶法）**

试验次数	试样的烘干质量 m_0（g）	试样、水及容量瓶总质量 m_2（g）	水及容量瓶总质量 m_1（g）	细集料的表观密度 ρ_a（g/cm³）		试验日期
				个别值	平均值	
1						
2						

试验八　细集料堆积密度及紧装密度试验

一、目的与适用范围

（1）测定砂自然状态下堆积密度、紧装密度，以了解细集料的密实程度，为计算空隙率提供必要的数据。

（2）本试验执行标准为 JTG E 42 T 0331—1994。

二、仪具与材料

（1）台秤：称量 5kg，感量 5g。

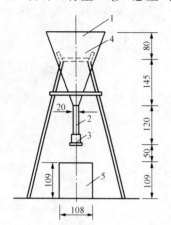

试图 8-1　标准漏斗（尺寸单位：mm）

1—漏斗；2—ϕ20mm 管子；3—活动门
4—筛；5—金属量筒

（2）容量筒：金属制，圆筒形，容积为 1L。

（3）标准漏斗（试图 8-1）。

（4）烘箱：能控温在 105℃±5℃。

（5）其他：小勺、直尺、浅盘等。

三、试验准备

（1）试样制备：用浅盘装来样约 5kg，在温度为 105±5℃的烘箱中烘干至恒量，取出并冷却至室温，分成大致相等的两份备用。

注：试样烘干后如有结块，应在试验前先予捏碎。

（2）容量筒容积的校正方法：以 20℃±5℃的洁净水装满容量筒，用玻璃板沿筒口滑移，使其紧贴水面，玻璃板与水面之间不得有空隙。擦干筒外壁水分，然后称量，用式（试 8-1）计算筒的容积：

$$V = m'_2 - m'_1 \qquad （试 8-1）$$

式中　V——容量筒的容积，mL；

m'_1——容量筒和玻璃板总质量，g；

m'_2——容量筒、玻璃板和水总质量，g。

四、试验步骤

1. 堆积密度

（1）称容量筒的质量 m_0。

（2）装试样、刮平：将试样装入漏斗中，打开底部的活动门，将砂流入容量筒中，也可直接用小勺向容量筒中装试样，但漏斗出料口或料勺距容量筒筒口均应为 50mm 左右。试样装满并超出容量筒筒口后，用直尺将多余的试样沿筒口中心线向两个相反方向刮平。

（3）称容量筒和试样的总质量（m_1）。

2. 紧装密度

取试样 1 份，分两层装入容量筒。装完一层后，在筒底垫放一根直径为 10mm 的钢筋，将筒按住，左右交替颠击地面各 25 下，然后再装入第二层。

第二层装满后用同样方法颠实（但筒底所垫钢筋的方向应与第一层放置方向垂直）。两层装完并颠实后，添加试样超出容量筒筒口，然后用直尺将多余的试样沿筒口中心线向两个相反方向刮平，称其质量（m_2）。

五、计算

（1）堆积密度及紧装密度，分别按式（试 8-2）和式（试 8-3）计算，计算至小数点后 3 位。

$$\rho = \frac{m_1 - m_0}{V} \qquad （试 8-2）$$

$$\rho' = \frac{m_2 - m_0}{V} \qquad （试 8-3）$$

式中　ρ——砂的堆积密度，g/cm^3；

　　　ρ'——砂的紧装密度，g/cm^3；

　　　m_0——容量筒的质量，g；

　　　m_1——容量筒和堆积砂的总质量，g；

　　　m_2——容量筒和紧装砂的总质量，g；

　　　V——容量筒的容积，mL。

以两次试验结果的算术平均值作为测定值。

（2）砂的空隙率按式（试8-4）计算，精确至0.1%。

$$n = \left(1 - \frac{\rho}{\rho_a}\right) \times 100 \qquad (\text{试}8\text{-}4)$$

式中　n——砂的空隙率，%；

　　　ρ——砂的堆积或紧装密度，g/cm^3；

　　　ρ_a——砂的表观密度，g/cm^3。

以两次试验结果的算术平均值作为测定值。

六、注意事项

测定细集料堆积密度时，从装料起到称量前，不许碰动容量筒，以免影响试样的质量。

七、试验记录

试验记录及结果整理宜为试表8-1、试表8-2的格式。

试表8-1　　　　　　　　细集料堆积密度试验记录表

试验次数	容量筒的容积 V (mL)	容量筒质量 m_0 (g)	容量筒和砂总质量 m_1 (g)	砂质量 m_1-m_0 (g)	细集料的堆积密度 ρ (g/cm^3)		试验日期
					个别值	平均值	
1							
2							

试表8-2　　　　　　　　细集料空隙率计算记录表

试验次数	砂的表观密度 ρ_a (g/cm^3)	砂的堆积密度 ρ (g/cm^3)	细集料的空隙率 n (%)		试验日期
			个别值	平均值	
1					
2					

试验九　水泥混凝土拌和物的拌和方法

一、试验目的

（1）拌制混凝土拌和物，用来测定其工作性及强度试件的制备。

（2）本试验执行标准为 JTG E 30 T 0521—2005。

二、仪器设备、材料

（1）搅拌机：自由式或强制式。

（2）振动台：标准振动台，符合《混凝土试验用振动台》的要求。

（3）磅秤：感量满足称量总量1%的磅秤。

（4）天平：感量满足称量总量0.5%的天平。

（5）其他：铁板、铁铲、量筒、方盘、抹布等。

（6）材料：所有材料均应符合有关要求，拌和前材料应放置在温度20℃±5℃室内。为防止粗集料的离析，可将集料按不同粒径分开，使用时再按一定比例混合。试样从抽取至试验完毕过程中，不要风吹日晒，必要时应采取保护措施。

三、试验步骤

（1）拌和时保持室温20℃±5℃。

（2）拌和物的总量至少应比所需量高20%以上。拌制混凝土的材料用量应以质量计，称量的精确度：集料为±1%，水、水泥、掺和料及外加剂为±0.5%。

（3）粗、细集料均以干燥状态为基准，计算用水量时应扣除粗、细集料的含水量。

注：干燥状态是指含水率小于0.5%的细集料和含水率小于0.2%的粗集料。

（4）外加剂的加入。

对不溶于水或难溶于水且不含潮解型盐类，应先和一部分水泥拌和，以保证充分分散。

对不溶于水或难溶于水但含潮解型盐类，应先和细集料拌和。对于水溶性或液体，应先加水拌和。其他特殊外加剂，应遵守有关规定。

（5）搅拌机搅拌试验步骤。

1）涮膛：使用搅拌机前，先用少量砂浆进行涮膛，再刮出涮膛砂浆，以避免正式拌和混凝土时水泥砂浆黏附筒壁的损失。涮膛砂浆的水灰比及砂灰比，应与正式的混凝土配合比相同。

2）拌和：按规定称好原材料，往搅拌机拌和机内顺序加入粗集料、细集料、水泥。开动搅拌机，将材料拌和均匀，在拌和过程中徐徐加水，全部加料时间不宜超过2min。水全部加入后，继续拌和约2min，而后将拌和物倒在铁板上，再人工翻拌1~2min，务必使拌和物均匀一致。

3）拌和量宜为搅拌机公称容量1/4~3/4之间。

（6）人工拌和试验步骤

1）称料：按设计配合比称好原材料，装在各容器中。

2）润湿：用湿布润湿铁板和铁铲。

3）拌和：将砂倒在铁板上，加入水泥后拌匀，加入粗集料，再拌匀。将拌和物堆成长堆，中心扒成长槽，加水约一半，将其与拌和物仔细拌匀，再将拌和物堆成长堆，扒成长槽，加剩余的水，继续拌和，来回翻拌至少6遍。务必使拌和物均匀一致。

（7）从试样制备完毕到开始做各项性能试验不宜超过5min（不包括成型试件）。

（8）拌制混凝土所用各种用具，如铁板、铁铲、抹刀应预先用水润湿，使用完后必须清洗干净。

试验十　水泥混凝土拌和物稠度试验方法
（坍落度仪法）

一、试验目的、适用范围

（1）坍落度是表示混凝土拌和物稠度的一种指标。测定坍落度的目的是判定混凝土的稠度是否满足设计要求，作为配合比调整的依据。

（2）本试验适用于坍落度大于10mm，集料公称最大粒径不大于31.5mm的水泥混凝土的坍落度测定。

（3）本试验执行标准为 JTG E 30 T 0522—2005。

二、仪器设备

（1）坍落筒：如试图10-1所示，坍落筒为铁板制成的截头圆锥筒，厚度不小于1.5mm，内侧平滑，没有铆钉头之类的突出物，在筒上方约2/3高度处有两个把手，近下端两侧焊有两个踏脚板，保证坍落筒可以稳定操作。

（2）捣棒：直径16mm，长约600mm并具有半球形端头的钢质圆棒。

（3）其他：小铲、木尺、小钢尺、镘刀和钢平板等。

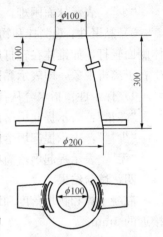

试图10-1　坍落度试验用坍落筒（单位：mm）

三、试验步骤

（1）润湿：试验前将坍落筒内外洗净，放在经水润湿过的平板上，踏紧踏脚板。

（2）装料、插捣、抹平、提筒：将试样分三层装入筒内，每层装入高度稍大于筒高的1/3，用捣棒在每一层的横截面上均匀插捣25次，插捣在全部面积上进行，沿螺旋线由边缘至中心。插捣底层时插至底部，插捣其他两层时，应插透本层并插入下层约20～30mm，插捣须垂直压下（边缘部分除外），不得冲击。在插捣顶层时，装料应高于坍落筒，随插捣过程随时添加拌和物。当顶层插捣完毕时，将捣棒用锯和滚的动作，清除多余的混凝土，用镘刀抹平筒口，刮净筒底周围的拌和物，而后立即垂直地提起坍落筒，提筒在5～10s内完成，并使混凝土不受横向及扭力作用。从开始装料到提起坍落筒整个过程应在150s内完成。

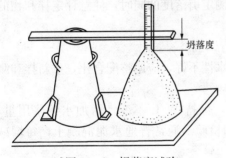

试图10-2　坍落度试验

（3）测定：将坍落筒放在锥体试样一旁，用尺子量出筒口至试样顶面最高点的垂直距离，即为该混凝土拌和物的坍落度，精确至1mm。如试图试10-2所示。

（4）当混凝土试件的一侧发生崩坍或一边剪切破坏，则应重新取样另测。如果第二次仍发生上述情况，则表示该混凝土和易性不好，应记录。

（5）当拌和物的坍落度大于220mm时，用钢尺测量混凝土扩展后最终的最大直径和最小直径，在这两个直径之差小于50mm的条件下，用其算术平均值作为坍落扩展度值；否则，此次试验无效。

（6）坍落度试验同时，可用目测方法评定混凝土拌和物的下列性质，并予记录。

1）棍度：按插捣混凝土拌和物时难易程度评定。分"上"、"中"、"下"三级。

"上"：表示插捣容易；

"中"：表示插捣时稍有石子阻滞的感觉；

"下"：表示很难插捣。

2）含砂情况：按拌和物外观含砂多少而评定，分"多"、"中"、"少"三级。

"多"：表示用馒刀抹拌和物表面时，一两次即可使拌和物表面平整无蜂窝；

"中"：表示抹五、六次才可使表面平整无蜂窝；

"少"：表示抹面困难，不易抹平，有空隙及石子外露等现象。

3）黏聚性：观测拌和物各组分相互黏聚情况。评定方法是用捣棒在已坍落的混凝土锥体侧面轻打，如锥体在轻打后渐渐下沉，表示黏聚性良好；如锥体突然倒坍，部分崩裂或发生石子离析现象，即表示黏聚性不好。

4）保水性：指水分从拌和物中析出情况，分"多量"、"少量、"无"三级评定。

"多量"：表示提起坍落筒后，有较多水分从底部析出；

"少量"：表示提起坍落筒后，有少量水分从底部析出；

"无"：表示提起坍落筒后，没有水分从底部析出。

四、试验结果

混凝土拌和物坍落度和坍落扩展度值以 mm 为单位，测量精确至 1mm，结果修约至最接近的 5mm。

五、注意事项

（1）采用人工拌和混凝土时，拌和前应将铁板和铁铲用湿布润湿，拌和时要注意加料顺序，拌和中不得让水分流失，拌和后要使拌和物均匀一致。要控制好拌和时间。

（2）坍落度试验时，先要用湿布擦净坍落度筒，防止吸收试验中的水分。插捣时注意插捣方式和评定棍度。要控制好从装料至提筒的时间。测定坍落度的同时，注意评定拌和物的含砂情况、黏聚性和保水性。

（3）测试拌和物性质时，应在拌和后 5min 内进行试验。

（4）若坍落度不能满足设计要求，或黏聚性和保水性不好，应调整配合比，重新拌和测定，直至符合要求为止，提出基准配合比。

1）坍落度小于设计要求，应把拌和物收集起来，保持 W/C 不变，增加水泥浆用量，如一次调整不符合要求，作废，再调，重新称料拌和检验。通常普通水泥混凝土，每增减 2%～5%水泥浆，坍落度增减 10mm。

2）坍落度大于设计要求，拌和物作废，保持 W/C 不变，减少水泥浆用量。重新称料拌和检验。

3）黏聚性和保水性不好，调整砂率：砂少，增加砂率，加砂，重新称料拌和检验；黏聚性大，砂多，减少砂率，加石子，重新称料拌和检验。

六、试验记录

试验记录及结果整理宜为试表 10 - 1 的格式。

试表 10 - 1   **水泥混凝土拌和物坍落度试验记录表**

试验次数	调整前初步配合比								坍落度 (mm)	棍度	含砂情况	黏聚性	保水性
	1m³ 材料用量（kg）				20L 材料用量（kg）								
	m_{co}	m_{wo}	m_{so}	m_{go}	m_c	m_w	m_s	m_g					
1													

试验次数	调整后基准配合比								坍落度 (mm)	棍度	含砂情况	黏聚性	保水性
	1m³ 材料用量（kg）				20L 材料用量（kg）								
	m_{ca}	m_{wa}	m_{sa}	m_{ga}	m_c'	m_w'	m_s'	m_g'					
1													

环境温度____和湿度____；试验日期：   年   月   日；时间：____

试验十一   水泥混凝土试件制作方法

一、试验目的

（1）工作性合格的混凝土混合料，为测定其强度，必须制备标准试件。

（2）本试验执行标准为 JTG E 30 T 0551—2005。

二、仪器设备

（1）标准振动台。

（2）试模：铸铁或钢制成，内表面抛光磨光，试件尺寸（试模内部尺寸）规定见试表 11 - 1。正立方体试模可拆卸，内部尺寸允许偏差为±2%；相邻面夹角为 90°±0.3°。试件边长的尺寸公差为 1mm。

试表 11 - 1   **立方体抗压强度试件尺寸**

集料公称最大粒径（mm）	试件尺寸（mm）	备注
31.5	150×150×150	标准尺寸
26.5	100×100×100	非标准尺寸
53	200×200×200	非标准尺寸

（3）捣棒：直径 16mm，长约 600mm 并具有半球形端头的钢质圆棒。

三、试验步骤

（1）组装试模、涂油：成型前试模内壁涂一层矿物油，为了防止漏浆，试模接缝处涂黄油。

取拌和物的总量至少应比所需量高 20% 以上，并取出少量混凝土拌和物代表样，在 5 min 内进行坍落度或维勃试验，认为品质合格后，应在 15min 内开始制件或作其他试验。

（2）成型：

1）对于坍落度小于 25mm 时，可采用 ϕ25mm 的插入式振捣棒成型。将拌和物一次装入试模，装料时应用抹刀沿各模壁插捣，并使拌和物高出试模口；振捣时振捣棒距底板 10～20mm，且不要接触底板。振至表面出浆为止，且应避免过振，以防止混凝土离析，一般振捣时间为 20s。振捣棒拔出时要缓慢，拔出后不得留有孔洞。用刮刀刮去多余的混凝土，在临近初凝时，用抹刀抹平。试件抹面与试模边缘高低差不得超过 0.5mm。

注：这里不适于用水量非常低的水泥混凝土；同时不适于直径或高度不大于 100mm 的试件。

2）当坍落度大于 25mm 且小于 70mm 时，用标准振动台成型。将试模放在振动台上夹牢，防止试模自由跳动，将拌和物一次装满试模并稍有富余，开动振动台至表面出现乳状水泥浆时为止，振动过程中随时添加混凝土使试模保持充满状态，记录振动时间（约为维勃秒数的 2～3 倍，一般不超过 90s）。振动结束后，用金属直尺沿试模边缘刮去多余混凝土，用镘刀将表面初次抹平，待试件收浆后，再次用镘刀将试件仔细抹平，试件抹面与试模边缘的高低差不得超过 0.5mm。

3）当坍落度大于 70mm 时，用人工成型。拌和物分厚度大致相等的两层装入试模。捣固时按螺旋方向从边缘到中心均匀地进行。插捣底层时，捣棒应到达模底；插捣上层时，捣棒应贯穿上层后插入下层 20～30mm 处。插捣时应用力将捣棒垂直压下，不得冲击，捣完一层后，用橡皮锤轻轻击打试模外端面 10～15 下，以填平插捣过程中留下的孔洞。

每层插捣次数 100cm² 截面积内不得少于 12 次。试件抹面与试模边缘高低差不得超过 0.5mm。

（3）养护。

1）脱模前养护：试件成型后，用湿布覆盖表面（或其他保持湿度方法），在 20℃±5℃，相对湿度大于 50% 的室温下，静放 1～2 个昼夜，拆模，编号并作第一次外观检查，对有缺陷的试件应除去，或加工补平。

2）脱模后养护：将试件在 20℃±2℃，相对湿度在 95% 以上的标准养护室［或在 20℃±2℃ 的不流动的 Ca（OH）₂ 饱和溶液中］养护至规定龄期。试件宜放在铁架或木架上，间距至少 10～20mm，试件表面应保持一层水膜，并避免用水直接冲淋。

3）标准养护龄期为 28d（以搅拌加水开始），非标准的龄期为 1、3、7、60、90、180d。

四、注意事项

（1）组装试模时，试模相互接触的两个面要相互垂直，必须紧密装配拧紧螺丝，以防在振动台上成型时试模出现震开的现象。

（2）浇制试件时，应在拌和后 15min 内装入试模。从开始拌和到测试性质直至浇制试件，整个过程应在 20min 内完成。

试验十二 水泥混凝土立方体抗压强度试验方法

一、试验目的、适用范围

（1）试验规定了测定水泥混凝土抗压极限强度的方法和步骤。根据试验数据计算混凝土的立方体抗压强度，以确定水泥混凝土的强度等级，作为评定水泥混凝土品质的主要指标。

（2）本方法适于各类水泥混凝土立方体试件的极限抗压强度试验。

（3）本试验执行标准为 JTG E 30 T 0553—2005。

二、仪器设备

（1）压力机或万能试验机：压力机除符合《液压式压力试验机》GB/T 3722 及《试验机通用技术要求》GB/T 2611 中的要求外，其测量精度为 ±1%，试件破坏荷载应大于压力机全量程的 20% 且小于压力机全量程的 80%。同时应具有加荷速度指示装置或加荷速度控制装置。上下压板平整并有足够刚度，可以均匀地连续加荷卸荷，可以保持固定荷载，开机停机均灵活自如，能够满足试件破型吨位要求。

（2）球座：钢质坚硬，面部平整度要求在 100mm 距离内高低差值不超过 0.05mm，球面及球窝粗糙度 $R_a = 0.32\mu m$，研磨、转动灵活。不可在大球座上做小试件破型，球座最好放置在试件顶面（特别是棱柱试件），并凸面朝上，当试件均匀受力后，一般不宜再敲动球座。

（3）混凝土抗压强度试件应同龄期者为一组，每组为 3 个同条件制作和养护的试块。

三、试验步骤

（1）取出试件，检查其尺寸及形状，相对两面应平行。量出棱边长度，精至 1mm。试件受力截面积按其与压力机上下接触面的平均值计算。在破型前，保持试件原有湿度，在试验时擦干试件。

（2）以成型时侧面为上下受压面，试件中心应与压力机几何对中。试件要放在球座上（压力机下加压板中心），球座置于压力机中心，几何对中（指试件或球座偏离机台中心在 5mm 以内）。

（3）强度等级小于 C30 的混凝土取 0.3~0.5MPa/s 的加荷速度；强度等级大于 C30 且小于 C60 时，则取 0.5~0.8MPa/s 的加荷速度；强度等级大于 C60 的混凝土取 0.8~1.0MPa/s 的加荷速度。当试件接近破坏而开始迅速变形时，应停止调整试验机油门，直至试件破坏，记下破坏极限荷载 F（N）。

四、试验结果

（1）混凝土立方体试件抗压强度：

$$f_{cu} = \frac{F}{A} \tag{试 12-1}$$

式中　f_{cu}——混凝土立方体抗压强度，MPa；

　　　　F——试件破坏极限荷载，N；

　　　　A——受压面积，mm²。

计算结果精确至 0.1MPa。

（2）以三个试件测值的算术平均值为测定值。三个测值中的最大值或最小值中如有一个与中间值之差超过中间值的 15% 时，则取中间值为测定值；如最大值和最小值与中间值之差均超过中间值的 15%，则该组试验结果无效。

混凝土强度等级小于 C60 时，非标准试件的抗压强度应乘以尺寸换算系数（见试表试 12-1），并应在报告中注明。当混凝土强度等级不大于 C60 时，宜用标准试件，使用非标准试件时，换算系数由试验确定。

试表 12-1　　　　　　　　立方体抗压强度尺寸换算系数表

试件尺寸（mm）	尺寸换算系数（mm）	试件尺寸（mm）	尺寸换算系数（mm）
100×100×100	0.95	200×200×200	1.05

五、注意事项

（1）以实测试件尺寸计算承压面积，必须以试件的侧面作为受压面。

（2）试件应连续而均匀地加荷，要严格控制加荷速度。

六、试验记录

试验记录及结果整理宜为试表 12 - 2 的格式。

试表 12 - 2 　　　　　　　水泥混凝土抗压强度试验记录表

试件编号	制备日期(y. m. d)	试验日期(y. m. d)	龄期(d)	最大荷载(N)	试件尺寸 mm		试件截面(mm²)	抗压强度(MPa)	
					a	b		个别	平均

（表头：试样编号 / 试样来源，试样名称 / 试样用途）

试验十三　岩石密度试验

一、目的和适用范围

（1）测定岩石的密度，以了解岩石密度的含义，并为计算岩石的孔隙率提供必要的数据。

（2）岩石的密度（颗粒密度）是选择建筑材料、研究岩石风化、评价地基基础工程岩体稳定性及确定围岩压力等必需的计算指标。

本法用洁净水做试液时适用于不含水溶性矿物成分的岩石的密度测定，对含水溶性矿物成分的岩石应使用中性液体如煤油做试液。

（3）本试验执行标准为 JTG E 41 T 0203—2005。

二、仪器设备

（1）密度瓶：短颈量瓶，容积 100mL。

（2）天平：感量 0.001g。

（3）轧石机、球磨机、瓷研钵、玛瑙研钵、磁铁块和孔径为 0.315mm（0.3mm）的筛子。

（4）砂浴、恒温水槽（灵敏度 ±1℃）及真空抽气设备。

（5）烘箱：能使温度控制在 105～110℃。

（6）干燥器：内装氯化钙或硅胶等干燥剂。

（7）锥形玻璃漏斗和瓷皿、滴管、牛骨匙和温度计等。

三、试样制备

取代表性岩石试样在小型轧石机上初碎（或手工用钢锤捣碎），再置于球磨机中进一步磨碎，然后用研钵研细，使之全部粉碎成能通过 0.315mm 筛孔的岩粉。

将岩粉放在瓷皿中，置于 105～110℃ 的烘箱中烘至恒量，烘干时间一般为 6～12h，然后再置于干燥器中冷却至室温（20℃±2℃）备用。

四、试验步骤

（1）称试样、灌入密度瓶：用四分法取两份岩粉，每份试样从中称取 15g（m_1），精确至 0.001g（本试验称量精度皆同），用漏斗灌入洗净烘干的密度瓶中，并注入试液至瓶的一半处，摇动密度瓶使岩粉分散。

（2）排气：当使用洁净水作试液时，可采用沸煮法或真空抽气法排除气体。当使用煤油作试液时，应采用真空抽气法排除气体。采用沸煮法排除气体时，沸煮时间自悬液沸腾时算起不得少于 1h；采用真空抽气法排除气体时，真空压力表读数宜为 100kPa，抽气时间维持 1～2h，直至无气泡逸出为止。

（3）恒温、称密度瓶、试液与岩粉的总质量：将密度瓶取出擦干，冷却至室温，再向密度瓶中注入排除气体且同温条件的试液，使它接近满瓶，然后置于恒温水槽（20℃±2℃）内。待密度瓶内温度稳定，上部悬液澄清后，塞好瓶塞，使多余试液溢出。从恒温水槽内取出密度瓶，擦干瓶外水分，立即称其质量（m_3）。

（4）恒温、称密度瓶与试液的总质量：倾出悬液，洗净密度瓶，注入经排除气体并与试验同温度的试液至密度瓶，再置于恒温水槽内。待瓶内试液的温度稳定后，塞好瓶塞，将逸出瓶外试液擦干，立即称其质量（m_2）。

五、结果整理

（1）岩石密度值（精确 0.01g/cm³）：

$$\rho_t = \frac{m_1}{m_1 + m_2 - m_3} \times \rho_{wt} \qquad (\text{试} 13\text{-}1)$$

式中　ρ_t——岩石的密度，g/cm³；

m_1——岩粉的质量，g；

m_2——密度瓶与试液的合质量，g；

m_3——密度瓶、试液与岩粉的总质量，g；

ρ_{wt}——与试验同温度试液的密度，g/cm³，洁净水的密度由（试表 4-2）查得，煤油的密度按式（试 13-2）计算：

$$\rho_{wt} = \frac{m_5 - m_4}{m_6 - m_4} \rho_w \qquad (\text{试} 13\text{-}2)$$

式中　m_4——密度瓶的质量，g；

m_5——瓶与煤油的合质量，g；

m_6——密度瓶与经排除气体的洁净水的合质量，g；

ρ_w——经排除气体的洁净水的密度（由试表 4-2 查得），g/cm³。

（2）以两次试验结果的算术平均值作为测定值，如两次试验结果之差大于 0.02g/cm³ 时，应重新取样进行试验。

六、注意事项

（1）用牛骨匙通过漏斗装入岩粉时，勿使岩粉损失，每次加入少量岩粉，避免漏斗颈堵塞。

（2）装入岩粉后，应当充分排除密度瓶中的气泡。

（3）本实验的关键是恒温水槽的温度和天平的精度。

七、试验记录

试验记录宜为试表 13-1 的格式。

试表 13-1   **岩石密度试验记录表**

岩石名称			试样编号		
岩石产地			用途		
试液温度（℃）			试液密度（g/cm³）		
试验次数	试样的烘干质量 m_1（g）	试样、试液与瓶总质量 m_3（g）	试液与瓶总质量 m_2（g）	岩石的密度 ρ_1（g/cm³）	
				个别值	平均值
1					
2					

试验十四　岩石毛体积密度试验

一、目的和适用范围

（1）岩石的毛体积密度（块体密度）是一个间接反映岩石致密程度、孔隙发育程度的参数，也是评价工程岩体稳定性及确定围岩压力等必需的计算指标。根据岩石含水状态，毛体积密度可分为干密度、饱和密度和天然密度。

（2）岩石毛体积密度试验可分为量积法、水中称量法和蜡封法。

量积法适用于能制备成规则试件的各类岩石；水中称量法适用于除遇水崩解、溶解和干缩湿胀外的其他各类岩石；蜡封法适用于不能用量积法或直接在水中称量进行试验的岩石。

（3）本试验执行标准为 JTG E 41 T 0204—2005。

二、仪器设备

（1）切石机、钻石机、磨石机等岩石试件加工设备。

（2）天平：感量 0.01g，称量大于 500g。

（3）烘箱：能使温度控制在 105～110℃。

（4）石蜡及熔蜡设备。

（5）水中称量装置。

（6）游标卡尺。

三、试件制备

（1）量积法试件制备，标准试件尺寸应符合直径为 50±2mm、高径比为 2∶1。每组试件共 6 个。

（2）水中称量法试件制备，试件尺寸应符合下列规定：试件可采用规则或不规则形状，试件尺寸应大于组成岩石最大颗粒粒径的 10 倍，每个试件质量不宜小于 150g。

（3）蜡封法试件制备，试件尺寸应符合下列规定：将岩样制成边长约 40～60mm 的立方体试件，并将尖锐棱角用砂轮打磨光滑；或采用直径为 48～52mm 圆柱体试件。测定天然密度的试件，应在岩样拆封后，在设法保持天然湿度的条件下，迅速制样、称量和密封。

（4）试件数量，同一含水状态，每组不得少于 3 个。

四、试验步骤

1. 量积法试验步骤

(1) 量测试件的直径或边长：用游标卡尺量测试件两端和中间三个断面上互相垂直的两个方向的直径或边长，按截面积计算平均值。

(2) 量测试件的高度：用游标卡尺量测试件断面周边对称的四个点（圆柱体试件为互相垂直的直径与圆周交点处；立方体试件为边长的中点）和中心点的五个高度，计算平均值。

(3) 测定天然密度：应在岩样开封后，在保持天然湿度的条件下，立即加工试件和称量。测定后的试件，可作为天然状态的单轴抗压强度试验用的试件。

(4) 测定饱和密度：试件的饱和过程和称量，应符合下列规定。测定后的试件，可作为饱和状态单轴抗压强度试验用的试件。

试件强制饱和，任选如下一种方法：

用煮沸法饱和试件：将称量后的试件放入水槽，注水至试件高度的一半，静置 2h。再加水使试件浸没，煮沸 6h 以上，并保持水的深度不变。煮沸停止后静置水槽，待其冷却，取出试件，用湿纱布擦去表面水分，立即称试件质量。

用真空抽气法饱和试件：将称量后的试件置于真空干燥器中，注入洁净水，水面高出试件顶面 20mm，开动抽气机，抽气时真空压力需达 100kPa，保持此真空状态直至无气泡发生时为止（不少于 4h）。经真空抽气的试件应放置在原容器中，在大气压力下静置 4h，取出试件，用湿纱布擦去表面水分，立即称试件质量。

(5) 测定干密度：将试件放入烘箱内，控制在 105～110℃ 温度下烘 12～24h，取出放入干燥器内冷却至室温，称干试件质量。测定后的试件，可作为干燥状态单轴抗压强度试验用的试件。

(6) 本试验称量精确至 0.01g；量测精确至 0.01mm。

2. 水中称量法试验步骤

(1) 称质量：测天然密度时，应取有代表性的岩石制备试件并称量；测干密度时，将试件放入烘箱，在 105～110℃ 下烘至恒量，烘干时间一般为 12～24h。取出试件置于干燥器内冷却至室温后，称干试件质量。

(2) 浸水：将干试件浸入水中进行饱和，饱和方法可依岩石性质选用煮沸法或真空抽气法。试件的饱和过程和称量，应符合本试验量积法试验步骤（4）的规定。

(3) 称饱水试件质量：取出浸水饱和试件，用湿纱布擦去试件表面水分，立即称试件质量。

(4) 称试件水中质量：将试样放在水中称量装置的丝网上，称取试样在水中的质量（丝网在水中质量可事先用砝码平衡）。在称量过程中，称量装置的液面应始终保持同一高度，并记下水温。

(5) 本试验称量精确至 0.01g。

3. 蜡封法试验步骤

(1) 称试件质量：测天然密度时，应取有代表性的岩石制备试件并称量；测干密度时，将试件放入烘箱，在 105～110℃ 下烘至恒量，烘干时间一般为 12～24h，取出试件置于干燥器内冷却至室温。从干燥器内取出试件，放在天平上称量，精确至 0.01g（本试验称量精度皆同此）。

（2）称蜡封试件的质量：把石蜡装在干净铁盆中加热熔化，至稍高于熔点（一般石蜡熔点在 55～58℃）。岩石试件可通过滚涂或刷涂的方法使其表面涂上一层厚度 1mm 左右的石蜡层，冷却后准确称出蜡封试件的质量。

（3）称蜡封试件水中的质量：将涂有石蜡的试件系于天平上，称出其在洁净水中的质量。

（4）检查：擦干试件表面的水分，在空气中重新称取蜡封试件的质量，检查此时蜡封试件的质量是否大于浸水前的质量。如超过 0.05g，说明试件蜡封不好，洁净水已浸入试件，应取试件重新测定。

五、结果整理

（1）量积法岩石毛体积密度按下列公式计算：

$$\rho_0 = \frac{m_0}{V} \qquad \text{（试 14 - 1）}$$

$$\rho_s = \frac{m_s}{V} \qquad \text{（试 14 - 2）}$$

$$\rho_d = \frac{m_d}{V} \qquad \text{（试 14 - 3）}$$

式中　ρ_0——天然密度，g/cm^3；

　　　ρ_s——饱和密度，g/cm^3；

　　　ρ_d——干密度，g/cm^3；

　　　m_0——试件烘干前的质量，g；

　　　m_s——试件强制饱和后的质量，g；

　　　m_d——试件烘干后的质量，g；

　　　V——岩石的体积，cm^3。

（2）水中称量法岩石毛体积密度按下列公式计算：

$$\rho_0 = \frac{m_0}{m_s - m_w} \times \rho_w \qquad \text{（试 14 - 4）}$$

$$\rho_s = \frac{m_s}{m_s - m_w} \times \rho_w \qquad \text{（试 14 - 5）}$$

$$\rho_d = \frac{m_d}{m_s - m_w} \times \rho_w \qquad \text{（试 14 - 6）}$$

式中　ρ_0、ρ_s、ρ_d、m_0、m_s、m_d——意义同前；

　　　m_w——试件强制饱和后在洁净水中的质量，g；

　　　ρ_w——洁净水的密度，g/cm^3，由试表 4 - 2 查得。

（3）蜡封法岩石毛体积密度按下列公式计算：

$$\rho_0 = \frac{m_0}{\dfrac{m_1 - m_2}{\rho_w} - \dfrac{m_1 - m_d}{\rho_N}} \qquad \text{（试 14 - 7）}$$

$$\rho_d = \frac{m_d}{\dfrac{m_1 - m_2}{\rho_w} - \dfrac{m_1 - m_d}{\rho_N}} \qquad \text{（试 14 - 8）}$$

式中 m_1——蜡封试件质量，g；

m_2——蜡封试件在洁净水中的质量，g；

ρ_N——石蜡的密度，g/cm³。

（4）毛体积密度试验结果精确至 0.01g/cm³，3 个试件平行试验。组织均匀的岩石，毛体积密度应为 3 个试件测得结果之平均值；组织不均匀的岩石，毛体积密度应列出每个试件的试验结果。

（5）孔隙率计算。求得岩石的毛体积密度及密度后，用公式（试 14 - 9）计算总孔隙率 n，试验结果精确至 0.1%：

$$n = \left(1 - \frac{\rho_d}{\rho_t}\right) \times 100 \qquad (\text{试 } 14 - 9)$$

式中 n——岩石总孔隙率，%；

ρ_t——岩石的密度，g/cm³。

六、注意事项

（1）要对试件进行编号，避免试验中出现数据混淆。

（2）称量试件水中质量时，应使试件处于水的中间部位。

（3）擦拭浸水试件表面的水分时，不得使用干纱布。

七、试验记录

试验记录宜为试表 14 - 1 的格式。

试表 14 - 1　　　　　岩石毛体积密度试验记录表（水中称量法）

岩石名称		试验编号		试件描述		
岩石产地		用途		水的密度（g/cm³）		
试件编号	干燥试件的质量 m_d (g)	吸水饱和试件的质量 m_s (g)	吸水饱和试件在水中的质量 m_w (g)	石料体积 $V = \dfrac{m_s - m_w}{\rho_w}$ (cm³)	毛体积密度 $\rho_d = \dfrac{m_d}{V}$ (g/cm³)	
					个别值	平均值
1						
2						
3						

试验十五　沥青针入度试验

一、目的与适用范围

（1）会根据试验结果确定沥青的标号。

（2）本方法适用于测定道路石油沥青、聚合物改性沥青针入度以及液体石油沥青蒸馏或乳化沥青蒸发后残留物的针入度。其标准试验条件为温度 25℃，荷重 100g，贯入时间 5s。

（3）本试验执行标准为 JTG E 20 T 0604—2011。

二、仪具与材料

（1）针入度仪：宜采用能够自动计时的针入度仪。针入度仪由下列几部分组成：

1）针和针连杆总质量为 $50\pm0.05g$，另附 $50\pm0.05g$ 砝码一只，试验时总质量为 $100\pm0.05g$。针连杆易于装拆，以便检查其质量。

2）放置平底玻璃保温皿的平台，并有调节水平的装置，针连杆应与平台相垂直。

3）针连杆制动按钮，使针连杆可自由下落。

4）自由转动与调节距离的悬臂。

5）小镜或聚光灯泡，借以观察针尖与试样表面接触情况。

（2）标准针：由不锈钢制成，针及针杆总质量 $2.5\pm0.05g$。针杆上应有号码标志，针应有固定装置盒，以免碰撞针尖。

（3）盛样皿：金属制，圆柱形平底。小盛样皿内径 55mm、深 35mm（适用于针入度＜200 的试样）；大盛样皿内径 70mm、深 45mm（适用于针入度 200～350 的试样）；对针入度大于 350 的试样需使用特殊盛样皿，深度不小于 60mm，容积不小于 125ml。

（4）恒温水槽：容量不少于 10 L，控温的准确度为 0.1℃。水槽中设有一带孔的搁架，位于水面下不得少于 100mm，距水槽底不得少于 50mm 处。

（5）平底玻璃皿：容量不少于 1L，深度不少于 80mm，内设有一不锈钢三脚支架，能使盛样皿稳定。

（6）其他：温度计、平板玻璃、三氯乙烯、电炉、石棉网、金属锅等。

三、试验准备

（1）按规定的方法准备试样。

（2）将恒温水槽调节到要求的试验温度 25℃。

四、试验步骤

（1）加热沥青。将脱水过滤的沥青加热熔化，加热温度不超过软化点以上 100℃。

（2）灌模。将试样注入盛样皿中，试样高度应超过预计针入度值 10mm，盖上盛样皿，以防灰尘落入。

（3）冷却后恒温。试样在 15～30℃的室温中冷却不少于 1.5h（小盛样皿）、2h（大盛样皿）或 3h（特殊盛样皿）后，移入保持规定试验温度±0.1℃的恒温水槽中，保温 1.5h（小盛样皿）、2h（大盛样皿）后或 2.5h（特殊盛样皿）。

（4）调整针入度仪使之水平，检查针连杆和导轨，确认无水和无摩擦。用三氯乙烯或其他溶剂清洗标准针并擦干，安装试针及砝码。

（5）测定针入度。

1）取出达到恒温的盛样皿，移入水温控制在试验温度±0.1℃的平底玻璃皿中，试样表面以上的水层深不少于 10mm。

2）将盛有试样的平底玻璃皿置于针入度仪的平台上。慢慢放下针连杆，使针尖恰好与试样表面接触（用反光镜观察）。将位移计或刻度盘指针复位为零。

3）按启动键，使标准针自动下落贯入试样，5s 时自动停止贯入。

4）读取位移计或刻度盘指针的读数，准确至 0.1mm。

5）同一试样平行试验至少 3 次，各测试点之间及与盛样皿边缘的距离不应少于 10mm。每次试验应使平底玻璃皿中水温始终保持试验温度。每次试验应将标准针取下用蘸有三氯乙烯的棉花揩净，再用布檫干。

6）测定针入度大于 200 的试样时，至少用 3 支标准针，每次试验后将针留在试样中，直至 3 次平行试验完成后，才能将标准针取出。

五、报告

同一试样 3 次平行试验结果的最大值和最小值之差在试表 15 - 1 允许偏差范围内时，计算 3 次试验结果的平均值，取整数作为针入度试验结果，以 0.1mm 为单位。当试验值不符此要求时，应重新进行试验。

试表 15 - 1   **针 入 度 的 允 许 误 差**

针入度（0.1mm）	允许误差（0.1mm）	针入度（0.1mm）	允许误差（0.1mm）
0～49	2	150～249	12
50～149	4	250～500	20

六、注意事项

（1）盛样皿试样的高度应大于预计针入度 10mm。灌模时不应留有气泡，如有气泡可用明火消掉，以免影响试验结果。

（2）要注意试验条件，针入度试验的条件分别为温度、时间和针质量，如三项要求不同，会影响结果的正确性。要严格控制试验温度，测定时试样表面以上的水层深不小于 10mm，不能使用针尖被损的标准针。

（3）影响针入度测定值的关键步骤是标准针与试样表面的接触情况。试验时一定要让针尖刚好与试样表面接触。

（4）同一试样平行试验至少 3 次，各测试点之间及测试点与盛样皿边缘之间的距离不应小于 10mm，3 次平行试验结果的最大值和最小值之差应在规定的允许偏差范围内，否则试验应重做。

七、试验记录

试验记录及结果整理宜为试表 15 - 2 的格式。

试表 15 - 2   **沥青针入度试验记录表**

试样编号		试样来源		
试样名称		试样用途		
3 次平行试验	试验温度（℃）	贯入时间（s）	试验荷载（g）	针入度 0.1（mm）
				个别值 / 平均值
1				
2				
3				

试验十六　沥 青 延 度 试 验

一、试验目的与适用范围

（1）了解黏稠沥青的塑性。

（2）本方法适用于测定道路石油沥青、聚合物改性沥青、液体石油沥青蒸馏残留物和乳化沥青蒸发残留物等材料的延度。

（3）沥青延度的试验温度与拉伸速率可根据要求采用，通常采用 25、15、10℃或 5℃，拉伸速度为 5cm/min±0.25cm/min。当低温采用 1cm/min±0.05 cm/min 拉伸速度时，应在报告中注明。

（4）本试验执行标准为 JTG E 20 T 0605—2011。

二、仪具与材料

（1）延度仪：应有自动控温、控速系统。将试件浸没于水中，能保持规定的试验温度及规定拉伸速度拉伸试件，且试验时无明显振动。其形状及组成如试图 16-1 所示。

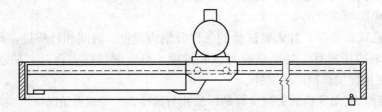

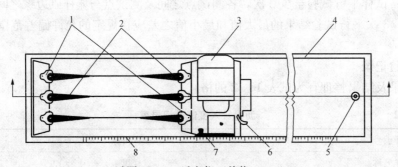

试图 16-1　延度仪（单位：mm）

1—试模；2—试样；3—电机；4—水槽
5—泄水孔；6—开关柄；7—指针；8—标尺

（2）试模：黄铜制，由两个端模和两个侧模组成，其形状及尺寸如试图 16-2 所示。

（3）试模底板：玻璃板。

（4）恒温水槽：容量不少于 10L，控制温度的准确度为 0.1℃，水槽中应设有带孔搁架，搁架距水槽底不得少于 50mm。试件浸入水中深度不小于 100mm。

（5）温度计：0～50℃，分度为 0.1℃

（6）加热炉具：电炉。

（7）隔离剂：甘油与滑石粉的质量比为 2∶1。

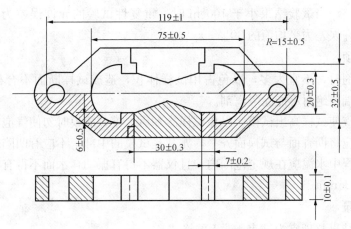

试图 16-2　延度试模（单位：mm）

（8）其他：平刮刀、石棉网、酒精、食盐等。

三、试验步骤

（1）涂隔离剂，组装试模。将隔离剂拌匀，涂于玻璃板和两个侧模的内表面，并将试模在玻璃板上装妥。

（2）灌模。将脱水过滤加热的试样自试模的一端至另一端往返数次注入试模中，略高出试模，灌模时不得使气泡混入。

（3）冷却。试件在室温中冷却 1.5h。用热刮刀刮除高出试模的沥青，使沥青面与试模面齐平。刮法应自试模的中间刮向两端，且表面应刮得平滑。

（4）恒温。将试模连同底板再浸入规定试验温度的水槽中 1.5h。

（5）检查。检查延度仪的拉伸速度、水温达试验温度±0.1℃，移动滑板使指针对零。

（6）安装试件。将试件连同底板移入延度仪的水槽中，取下底板，将试模的两端孔分别套在滑板及槽端的金属柱上，取下侧模。水面距试件表面应不小于25mm。

（7）拉伸、调水的密度。开动延度仪，注意观察试件的延伸情况。在拉伸过程中，水温应在试验温度规定范围内，且仪器不得有振动，水面不得有晃动。

在试验中，如发现沥青细丝浮于水面或沉入槽底，应在水中加入酒精或食盐，调整水的密度至与试样相近后，重新试验。

（8）读数。试件拉断时，读取指针所指标尺上的读数，以 cm 表示。在正常情况下，试件延伸时应成锥尖状，拉断时实际断面接近于零。如不能得到这种结果，则应在报告中注明。

四、报告

（1）同一样品，每次平行试验不少于 3 个，如 3 个测定结果均大于 100cm，试验结果记作＞100cm，特殊需要也可分别记录实测值。3 个测定结果中，当有一个以上的测定值小于100cm 时，若最大值或最小值与平均值之差满足重复性试验要求，则取 3 个测定结果的平均值的整数作为试验结果，若平均值大于 100cm，记作"＞100cm"；若最大值或最小值与平均值之差不符合重复性试验要求时，试验重做。

注：重复性试验是指短期内在同一试验室，由同一个试验人员采用同一仪器，对同一试样完成两次以上的试验操作，所得试验结果之间的误差应不超过规定的允许差。

（2）允许误差。当试验结果小于 100cm 时，重复性试验的允许误差为平均值的 20%；再现性试验的允许误差为平均值的 30%。

五、注意事项

（1）涂隔离剂时，不宜太多，以免占用试样体积，造成试样断面不合格，影响试验结果。试模的两个端模绝对不能涂隔离剂。

（2）灌模时应使试样高出试模，以免试样冷却后欠模，灌模时勿使气泡混入。

（3）刮平时应将沥青面与试模面齐平，尤其是试模的中部，不应有凹陷或高出现象。

（4）拉伸过程中水温应在规定范围内，且仪器不得有振动，水面不得有晃动，水面应距试件表面不小于 25mm。

六、试验记录

试验记录及结果整理宜为试表 16-1 的格式。

试表 16-1　　　　　　　　　　　沥青延度试验记录表

试样编号				试样来源		
试样名称				试样用途		
试验日期	试验温度（℃）	延伸速率（cm/min）	延度（cm）			
			试件 1	试件 2	试件 3	平均

试验十七　沥青软化点试验（环球法）

一、试验目的、适用范围

（1）测定软化点用以评定沥青的热稳定性。

（2）本方法适用于测定道路石油沥青、聚合物改性沥青的软化点，也适用于测定液体石油沥青、煤沥青蒸馏残留物或乳化沥青蒸发残留物的软化点。

（3）本试验执行标准为 JTG E20 T 0606—2011。

二、仪具与材料

（1）软化点仪：如试图 17-1 所示。由下列部件组成：

1）钢球：直径 9.53mm，质量 3.5±0.05g。

2）试样环：黄铜或不锈钢制成。

3）钢球定位环：黄铜或不锈钢制成。

4）金属支架：由两个主杆（一侧立杆刻有水高标记）和三层平行的金属板组成（中层板距底板为 25.4mm）。

5）玻璃烧杯：容量 800～1000ml。

6）温度计：0～100℃，分度值 0.5℃。

（2）环夹：由钢条制成，用以夹持金属环，以便刮平表面。

（3）电炉：应采用装有温度调节器和振荡搅拌器的电炉。

（4）试样底板：玻璃板。

（5）恒温水槽：控制的准确度为±0.5℃。

（6）平直刮刀。

（7）隔离剂（甘油与滑石粉的比例为质量比2：1）

（8）蒸馏水或纯净水

（9）石棉网。

三、试验步骤

（1）涂隔离剂：将试样环（有槽口的面在下）置于涂有隔离剂的底板上。

（2）灌模：将脱水过滤和加热的试样注入试样环内至略高出环面。（如估计软化点高于120℃，则试样环和金属板均应预热至80～100℃。）

（3）冷却：试样在室温冷却30min后，用环夹夹着试样环，并用热刀刮除环面上的试样，务使与环面齐平。

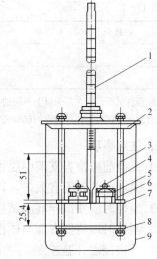

试图 17-1 软化点仪

1—温度计；2—上盖板；3—立杆；4—钢球
5—钢球定位环；6—金属环；7—中层板
8—下层板；9—烧杯

（4）恒温：

1）软化点低于80℃的试样：将试样环连同底板、金属支架、钢球、钢球定位环置于5℃±0.5℃恒温水槽中至少15min。

2）软化点高于80℃的试样：将试样环连同底板、金属支架、钢球、钢球定位环置于32℃±1℃甘油的恒温槽中至少15min。

（5）软化点低于80℃的试样注水：烧杯内注入新沸煮冷却至5℃的蒸馏水或纯净水（软化点高于80℃的试样加32℃甘油），液面略低于深度标记。

（6）组装：将盛有试样的试样环放在中层板的圆孔中，套上定位环，将环架放入烧杯中，调整液面至深度标记，水温为5℃±0.5℃（或甘油温度为32℃±1℃）。环架上任何部分不得有气泡。将温度计由上层板中心孔插入，使测温头底部与试样环下面齐平。

（7）加热测定：将盛有水（或甘油）和环架的烧杯放在有石棉网的炉具上，将钢球放在定位环的试样中央，开动振荡搅拌器，开始加热，使水温在3min内调至每分钟上升5±0.5℃。在加热中，应记录每分钟上升的温度值，如温度上升速度超出此范围时，则试验应重做。

（8）读数：试样受热软化逐渐下坠，至与底板接触时，立即读取温度，准确至0.5℃（甘油准确至1℃）。

四、报告

（1）同一试样平行试验两次，当两次的差值符合重复性试验允许误差要求时，取其平均值作为试验结果，准确至0.5℃。

（2）允许误差，见试表17-1。

试表 17 - 1　　　　　　　　　　　**软 化 点 的 允 许 误 差**

软化点（℃）	重复性试验的允许误差（℃）	再现性试验的允许误差（℃）
<80℃	1	4
≥80℃	2	8

注　复现性试验是指在两个以上不同的试验室，由各自的试验人员采用各自的仪器，按相同的试验方法对同一试样分别完成试验操作，所得的试验结果之间的误差亦不应超过规定的允许误差。

五、注意事项

（1）试验前应检查支架中层板与下层板的距离是否为 25.4mm。

（2）涂隔离剂时不宜太多，以免占用试样体积，影响试验结果，试模内不涂隔离剂。

（3）灌模时应使试样高出试模，以免试样冷却后欠模，灌模时勿使气泡混入。

（4）刮模时应将沥青面与试模面齐平，不应有凹陷或高出现象，以免影响试验结果。

（5）严格控制升温速度，一定要在规定范围内。

六、试验记录

试验记录及结果整理宜为试表 17 - 2 的格式。

试表 17 - 2　　　　　　　　　　**沥青软化点试验记录表**

试样编号					试样来源		
试样名称					试样用途		
试验次数	加热介质	起始温度（℃）	升温速度（℃/min）	每分钟温度上升（℃）		试样与底板接触时的温度（℃）	软化点（℃）
1							
2							

附表　本教材采用的主要标准、规范和试验规程一览表

序号	标准、规范和试验规程标准编号、标准名称
1	GB/T 50145—2007　土的工程分类标准
2	JC/T 479—2013　建筑生石灰
3	JC/T 481—2013　建筑消石灰
4	GB/T 9776—2008　建筑石膏
5	GB/T 9775—2008　纸面石膏板
6	JC/T 799—2007　石膏装饰板
7	JC/T 829—2010　石膏空心条板
8	GB/T 4209—2008　工业硅酸钠
9	GB 175—2007　通用硅酸盐水泥
10	GB 175—2007/XG1—2009　通用硅酸盐水泥. 国家标准第 1 号修改
11	GB 13693—2005　道路硅酸盐水泥
12	GB 201—2000　铝酸盐水泥
13	GB20472—2006　快硬硫铝酸盐水泥
14	GB 200—2003　低热硅酸盐水泥、中热硅酸盐水泥、低热矿渣硅酸盐水泥
15	GB 748—2005　抗硫酸盐水泥
16	GB/T 1346—2011　水泥标准稠度用水量、凝结时间、安定性检验方法
17	GB/T 17671—1999　水泥胶砂强度标准试验规程（ISO 法）
18	GB/T 14685—2011　建筑用卵石、碎石
19	GB/T 14684—2011　建筑用砂
20	JTG E42— 2005　公路工程集料试验规程
21	JGJ 63—2006　混凝土用水标准
22	GB/T 1596—2005　用于水泥和混凝土中的粉煤灰
23	GB/T 18046—2008　用于水泥和混凝土中的粒化高炉矿渣粉
24	GB/T 18736—2002　高强高性能混凝土用矿物外加剂
25	GB/T 50082—2009　普通混凝土长期性能和耐久性能试验方法标准
26	GB 50164—2011　混凝土质量控制标准
27	GB/T 50476—2008　混凝土结构耐久性设计规范
28	JGJ55—2011　普通混凝土配合比设计规程
29	JTG E 30—2005　公路工程水泥及水泥混凝土试验规程
30	GB/T 13304.1—2008　钢分类　第 1 部分按化学成分分类
31	GB/T 13304.2—2008　钢分类　第 2 部分按主要质量等级和主要性能或使用特性的分类
32	GB 1499.1—2008　钢筋混凝土用钢　第 1 部分：热轧光圆钢筋

续表

序号	标准、规范和试验规程标准编号、标准名称
33	GB 1499.1—2008/XG1—2012 《钢筋混凝土用钢 第1部分：热轧光圆钢筋》国家标准第1号修改单
34	GB 1499.2—2007 钢筋混凝土用钢 第2部分：热轧带肋钢筋
35	GB 1499.2—2007/XG1—2009 《钢筋混凝土用钢 第2部分：热轧带肋钢筋》国家标准第1号修改单
36	GB 13788—2008 冷轧带肋钢筋
37	GB/T 5223—2002 预应力混凝土用钢丝
38	GB/T 5223—2002/XG2—2008 预应力混凝土用钢丝
39	GB/T 5224—2003 预应力混凝土用钢绞线
40	GB/T 5224—2003/XG1—2008 预应力混凝土用钢绞线
41	JTG E41—2005 公路工程岩石试验规程
42	GB 5101—2003 烧结普通砖
43	GB 13544—2011 烧结多孔砖和多孔砌块
44	GB/T 13545—2014 烧结空心砖和空心砌块
45	GB 11945—1999 蒸压灰砂砖
46	JC 239—2001 粉煤灰砖
47	JGJ/T 98—2010 砌筑砂浆配合比设计规程
48	JGJ/T 223—2010 预拌砂浆应用技术规程
49	JGJ/T 70—2009 建筑砂浆基本性能试验方法标准
50	JTG E 20—2011 公路工程沥青及沥青混合料试验规程
51	JTG F 40—2004 公路沥青路面施工技术规范
52	JTJ 034—2000 公路路面基层施工技术规范
53	GB/T 28886—2012 建筑用塑料门
54	GB/T 28887—2012 建筑用塑料窗
55	GB 15763.2—2005 建筑用安全玻璃 第2部分：钢化玻璃

参 考 文 献

［1］张俊才，董梦臣，高均昭. 土木工程材料. 徐州：中国矿业大学出版社，2009.03.

［2］阎培渝. 土木工程材料. 北京：人民交通出版社，2009.05.

［3］王元纲，李洁，周文娟. 土木工程材料. 北京：人民交通出版社，2007.07.

［4］姜志清. 道路建筑材料，4版. 北京：人民交通出版社，2013.02.

［5］刘存柱，张丽，王加弟. 道路建筑材料. 北京：人民交通出版社，2010.01.

［6］刘存柱. 道路工程材料试验检测. 北京：中国电力出版社，2014.08.

［7］严家伋. 道路建筑材料. 北京：人民交通出版社，1996.06.

［8］刘祥顺. 土木工程材料. 北京：中国建材工业出版社，2001.02.

［9］李晶，尹洪峰. 工程岩土学. 沈阳：东北大学出版社，2006.08.

［10］张国强. 土木工程材料. 北京：科学出版社，2004.07.

［11］李福普，李闯民. 公路工程试验检测人员考试用书材料（2014版）. 北京：人民交通出版社，2014.03.

［12］施惠生，郭晓潞. 土木工程材料. 重庆：重庆大学出版社，2011.10.

［13］刘军. 土木工程材料. 北京：中国建筑工业出版社，2009.11.

［14］张思梅. 土木工程材料. 北京：机械工业出版社，2011.07.